U0188014

北京市公园管理中心
中国园林博物馆 编著

北京皇家园林
样式雷
图档选编

学苑出版社

## 参编单位

北京市颐和园管理处

北京市香山公园管理处

北京市北海公园管理处

## 编辑委员会

# 目 录

# 前 言

皇家园林是中国古典园林的重要组成，它们代表着同时代造园艺术的最高水平。清代是我国最后一个封建王朝，受几千年皇家园林营建传统和民族生活习俗等因素的影响，清代统治者在北京及其周边地区营建（修建、改建、扩建）了为数众多的皇家园林，主要包括位于紫禁城西侧的西苑，位于西郊海淀的三山五园（以万寿山、香山、玉泉山、清漪园 [后为颐和园]、静宜园、静明园、畅春园和圆明园为主体的皇家御苑群），位于南郊的南苑，位于京北的承德避暑山庄和外八庙，位于天津蓟州的盘山行宫等。

研究清代北京皇家园林营建，样式雷图档是不可或缺的重要资料。"样式雷"是对清代 200 多年间主持皇家建筑工程设计的雷姓世家的誉称。样式房是清代皇家建筑的设计部门，样式雷家族长期主管样式房工作，根据皇帝的旨意和主管建筑工程官员的要求，按照"例制之法"，如《工部工程做法》等官方颁布的文件，结合清代各种类型的建筑特点进行设计，绘制图样并制作烫样（设计图纸和模型）。样式雷图档，包括图样和文档两部分。图样包括总图、局部景点图、内外檐装修图等；文档则包括尺寸略节、做法说帖、装修略节等各类说明性文字资料。这些图档为清中晚期所制，为认识、研究古代皇家园林提供了第一手资料，图文相参具有极高的文献价值和艺术价值。

2020—2021 年，北京市公园管理中心统筹组织中国园林博物馆、北京市颐和园管理处、北京市北海公园管理处、北京市香山公园管理处四家单位率先立项开展"北京皇家园林'样式雷'图档研究"课题研究工作，之后梳理的图档还涉及天坛、动物园、中山、景山、紫竹院、北京植物园 6 家历史园林公园。课题主要成果包括：1. 制定《样式雷图档编目说明》《样式房图档研究凡例参考》等图档编目采集标准，课题组四家成员单位按照统一标准对图名、年代、类型等 18 项基础信息进行采集，对内容形状描述、分析延展、著

1

录及有关资料等指标进行分析研究，历时 8 个月完成了 2300 幅皇家园林样式雷图档信息的解读与编目。2.建设《皇家园林样式雷图档资源库》，构建了样式雷及数字人文领域研究的新空间，突破了传统出版传播的范围与时效，实现了公园管理中心系统内的资源共享。为深入研究中国皇家园林造园思想、历史变迁、空间布局和古建复原提供了基础资料和检索功能。3.结合样式雷图档整理成果开展园林植物景观、建筑内檐装修、复原修缮等案例的重点研究，为皇家园林区域复原及古建保护奠定了基础。4.从园林学的视角研究样式雷图档，除开展传统的建筑设计、布局规划等领域的研究外，还开展植物花木、园路桥涵、叠石陈设等园林要素的研究。

《北京皇家园林样式雷图档选编》一书作为"北京皇家园林'样式雷'图档研究"课题绩效指标之一，分四个章节对样式雷课题成果进行部分展示。第一章简述北京皇家园林与样式雷家族、样式雷图档之间的关系；第二章选取具有代表性的北京皇家园林样式雷图档计 80 余幅，将包含山形水系布局规划、建筑及装修、植物花木、园路桥涵、叠石陈设等园林要素的图档和文档进行分类解读；第三章为中国园林博物馆馆藏样式雷图档《［中海海晏堂地盘图样］》考析；第四章介绍《皇家园林样式雷图档资源库》的设计与应用；另有附表——样式雷园林图档编目索引、参考文献。

本书所涉及内容精选自颐和园、香山、北海、圆明园、畅春园、南苑的样式雷园林图档研究成果，由于编著水平及课题时间所限，不甚完美，错漏之处祈望得到专家读者的批评指正。

编 者

2021 年 5 月

# 第一章　清代北京皇家园林与样式雷图档

中国古典园林有着3000多年的发展史，历经生成期、转折期、繁盛期、成熟期、集盛期，承载着华夏民族几千年深厚的历史积淀，兼容并蓄，汇众家之长。受儒释道传统文化和美学思想的影响，中国古典园林营造于咫尺天地之中，配置园林建筑、小品陈设，诠释着"师法自然""天人合一""虽由人作，宛自天开"的造园思想和设计理念。

皇家园林是中国古典园林的重要组成部分，其产生、发展、演进、衰败始终与国家政治、经济的发展紧密相连。清代是皇家园林发展的集盛期：辽金时期几代帝王营建所奠定的基础，经康雍乾盛世的宏构赓续，都直接推动着北京地区皇家园林进入博采众长、推陈出新的巅峰时期。位于今北京海淀区西北郊的三山五园御苑群，即万寿山清漪园（后为颐和园）、香山静宜园、玉泉山静明园、圆明园和畅春园等，是我国皇家园林的集大成之作。以满足帝王需求为目的的大内御苑、离宫御苑、行宫御苑，集避喧听政、园居"燕寝"、游憩赏玩、骑马射猎、祭祀礼佛等多重功能于一体，构建起宏大的清代北京地区的皇家园林体系。

清朝（1644—1911）统治的260余年间，一个来自江西（今永修县）的雷氏建筑师家族供职于皇家建筑工程专门机构——样式房，世袭八代人执掌样式房事业，被后世誉称为"样式雷"，其服务于皇家工程的营建，负责、参与大量北京皇家园林工程，为历代皇帝设计、建造了大量顶尖的皇家建筑，这些皇家工程与当时的政治、经济、科技、文化等因素都紧密结合，是历代帝王政治思想、艺术造诣的具象化体现。至今仍耳熟能详的文化遗址、旅游景区，如故宫、颐和园、北海公园、香山公园、天坛公园、景山公园、圆明园遗址公园、团河行宫遗址公园、承德避暑山庄等都凝聚着雷氏家族的设计、营建之功。

## 1. 顺治时期（1644—1661）——皇家园林工程营建期

清代是继隋唐之后的又一个皇家园林发展鼎盛期。1636年，皇太极称帝，改国号为大清。1644年，清军入关，十月，朝廷从盛京（今沈阳）迁都至北京。

定都北京后，明都城改为清都城并没有出现以往王朝更迭时毁于战乱兵燹的情况。

明宣德年间，皇城内呈现出北海、中海、南海三海并立的格局，整体布局由元代"一池三山"转变为"三海两岛"。

清顺治年间，北海基本保留明代建筑的原貌和特有的山林野趣。刚刚入关不久的顺治帝笃信佛教，在北海琼华岛正中修筑了一座体量巨大的白塔，此塔为喇嘛塔。

此外，还对南郊的南苑做了较大规模的修缮和改建。

## 2. 康雍乾盛世时期（1662—1795）——皇家园林工程宏构期

康熙帝继位后进行了一系列稳固政权的军事行动以及促进政治、经济、外交、文化发

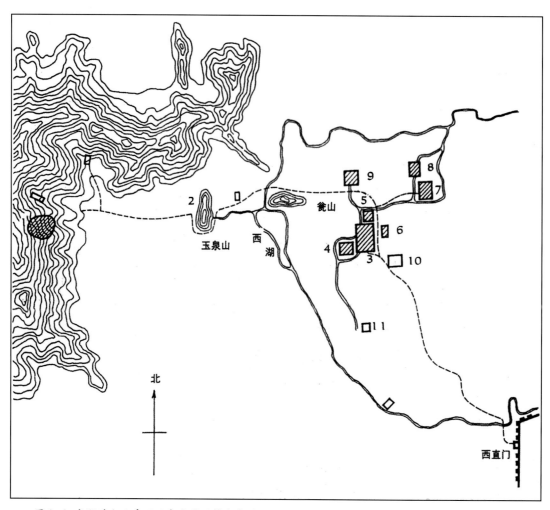

图1-1 康熙时期北京西北郊主要园林分布图

1.香山行宫 2.澄心园 3.畅春园 4.西花园 5.含芳园 6.集贤园 7.熙春园 8.自怡园 9.圆明园 10.海淀 11.皋宗庙

（图片来源：周维权.中国古典园林史[M].北京：清华大学出版社，2008：277.）

展的有力举措，国富民强，天下安定，开启了长达134年的康雍乾盛世，也开启了大规模兴建行宫御苑、离宫御苑的时代，尤以北京西北郊为盛。

康熙十六年（1677）建成香山行宫，康熙十九年（1680）建成玉泉山澄心园，后更名为静明园，为内向型山地园林。这两座御苑充分依托地势营建，规模不算很大，仅供皇帝偶尔游憩驻跸。

香山行宫在康熙年间为一处风格简朴的皇家行宫。乾隆年间，香山行宫经历了大规模的扩建、重修，更名为静宜园，营造了香山二十八景，又为配合西郊水利整治和清漪园工程的营建，将香山旁边的玉泉山静明园扩建为玉泉山十六景，两园均为依托山地基础而建的山地园林，完美地融合了自然地势与人文景观。

乾嘉年间，静明园扩建为"五湖绕三峰"，外有高水湖、养水湖、泄水湖的格局。盛时，园内建筑达40余组，玉峰塔、妙高塔分居南北二峰上，是园中的标志性建筑，与周围环境相互映衬，营造出御苑群园林借景、对景与西山园林构景的空间景观。

畅春园位于北京西北郊海淀，旧为明代官员李伟的私家园林——清华园，占地面积约为60公顷。康熙二十三年（1684），康熙首次下江南回到北京后，便在此旧址上修建了一座仿造江南园林山水形态的大型皇家园林。康熙二十六年（1687），清代第一座离宫御苑畅春园建成，成为康熙帝处理政务和日常居住的地方，从此开启了清代帝王在郊外离宫中长期"园居理政"的传统。畅春园是清代北京皇家园林的开山之作，自此拉开了三山五园营建的序幕。

畅春园取自《易经》"乾元统天，则四德归之，四时皆春"，借指治国理念为施行仁政，使天下众生皆安得其所，使四时皆春、风调雨顺、国泰民安。畅春园是一座以水景为造园精髓的离宫御苑，其山水布局和叠石造型均保留了清华园的原貌。全园建筑朴素，山水花木清雅。布局规整，依照皇家宫殿格局布置，中轴线为主线，建筑左右对称，前朝后寝，井然有序。园内有五座大门，中间有大宫门，外有东西朝房各五间，门内正殿为康熙帝处理朝政、举行朝会活动的九经三事殿，相当于紫禁城的太和殿。中路沿中轴线向内依次为大宫门、九经三事殿、二宫门、春晖堂、寿萱春永殿、后罩殿、云涯馆、瑞景轩、延爽楼、鸢飞鱼跃亭。亭北有丁香堤、芝兰堤、桃花堤、前湖和后湖。东路为澹宁居、龙王庙、剑山、渊鉴斋、藏拙斋、兰藻斋、太朴轩、清溪书屋、小东门、恩慕寺和恩佑寺。西路为玩芳斋、买卖街、无逸斋、菜园、关帝庙、娘娘庙、凝春堂、蕊珠院、观澜榭、集凤轩等景点。全园水源充沛，河湖水道纵横，水中荷花遍布，以岛、堤分隔为前后两湖，堤岸曲折，中央大岛上有三进院落，其北为九间三层高的延爽楼，是全园制高点。

咸丰十年（1860），畅春园被英法联军焚毁，现仅存恩佑寺、恩慕寺两座琉璃山门。

圆明园初为皇子赐园，位于北京西北郊挂甲屯北，清华大学以西，与畅春园、颐和园相邻。康熙四十六年（1707），康熙将畅春园北边上的一座小园赐给四皇子胤禛作为宅园，并赐名圆明园。雍正继位后将此赐园大规模创建为离宫御苑，其占地规模、建筑气派都远胜畅春园。此后150年间，先后有五位皇帝均在圆明园避喧听政、园居"燕寝"、举办朝会典礼，圆明园成为紫禁城之外第二大政治中心。圆明园在18世纪被西方誉为"最宏伟的宫殿""万园之园""一切造园艺术的典范"，在清代离宫御苑系统中占据着最为重要的位置。

乾隆年间，清王朝经过百年的休养生息已国力鼎盛，御苑建设达到巅峰，创造了以圆明园为中心，辐射周边的三山五园离宫御苑群，各园连而不断，山水环抱相望，风景绮丽，气势宏伟壮观。在圆明园三园平地造园、挖湖堆山的广阔土地上，用人工堆叠成自然起伏的山丘加以围合各组建筑群，并通过回环往复的水系连接各景区，栽植各类植物美化园居环境，形成各景区相互独立而又协调一致、规模宏大、景色秀丽，充满诗情画意的皇家苑囿。圆明园集合了清代帝王、优秀造园家及工匠的智慧，以北京西郊优越的自然条件为基础，借景西山峰峦叠嶂，采用小园集锦的造园手法再现自然山水，模仿各地名山胜景，并与传统的美学、哲学、文学乃至宗教紧密结合，不仅表现了北方皇家园林的隽秀多姿，同时将皇帝的治世思想融入其中，集中反映了设计者和建设者的艺术创造力和造园技艺，在掇山理水、建筑艺术、植物配置等各方面都展现了时代的最高水平，因此圆明园可谓是中国古典园林艺术的集大成者。到乾隆四十七年（1782）时，圆明园包括圆明园、长春园、绮春园、春熙院、熙春园五座园林，"圆明五园"正式形成，占地面积超过400公顷，到达全盛时期。

圆明园和玉泉山之间有一处山水相间、地势优越之地，原为元代瓮山和山前的瓮山泊。乾隆十五年（1750），乾隆亲自策划，以庆贺母亲六十大寿和兴修京城西北郊水系的双重名义，开始兴建清漪园，即颐和园的前身。将曾被称为瓮山泊、西湖的水面大幅拓展，并在湖东面筑堤坝，形成蓄水库，取名昆明湖。利用挖湖所出的土石将瓮山增高，改名万寿山。全园占地面积约300.9公顷，水面面积占全园面积的四分之三，是继畅春园、圆明园之后的又一以大型水景为主的皇家园林，建筑百余处，整体布局以西湖为范本，融合了北方皇家园林恢宏的气势、殿堂的富丽堂皇，借鉴私家园林清雅精巧的造园风格，大量仿建江南园林的建筑和名园胜景，湖中堆筑三座岛屿用以摹拟海上三仙山，西部仿西湖苏堤建有一条横穿水面的长堤，各式桥梁点缀其间，各式园林建筑与湖光山色完美结合，后溪湖仿建苏州水街式买卖街，西所仿建扬州廿四桥买卖街，仿写民间街市。为使园内景色与周围融为一体，东西南三面不设围墙，园外大片水稻田、远处的玉泉山及其主峰玉峰塔成为园子的延伸和借景。整个工程历时15年，于1764年终告完工，此时北京西北郊呈现畅春园、圆明园、香山静宜园、玉泉山静明园和万寿山清漪园五处大型皇家园林并立的格局，总占地面积近1600公顷，互为连通，楼阁相望，山水环抱，著名的三山五园离宫御苑群体系构建完成。

乾隆年间，乾隆帝又对北京南海子的南苑皇家猎场进行扩建，全苑包括旧衙门行宫、新衙门行宫、南红门行宫和团河行宫四座相对独立的行宫以及官署、元灵宫、永慕寺、永佑寺等建筑群。四座行宫中又属团河行宫最为豪华，约占地230公顷，有"小江南"的誉称，前身为元代飞放泊，经明和清初的多次扩建，至乾隆时期已建成既融汇南北方造园精粹，又彰显皇家园林风范的皇家猎场。南苑历史悠久，是辽、金、元、明、清五代王朝的皇家苑囿，供帝王围猎、阅武、演习的场地，列为明代燕京十景之一——"南囿秋风"。

清代小汤山汤泉行宫位于昌平区小汤山镇，原为明代皇家禁苑，兴建于康熙三年（1664），历经康雍乾三代帝王修整、扩建，于乾隆末年形成前宫理政、后宫龙浴的清幽雅致园林。它是康熙帝兴建的四大温泉主题行宫之一，也是其驻跸时间最长的养生休闲苑囿。它融合温泉文化与江南、中原等地士大夫文化于一体，是继唐代华清池之后的又一皇室疗养的汤泉行宫。1900年，汤泉行宫被八国联军焚毁。

此外，西北郊还建置乐善园、泉宗庙等皇家行宫。

### 3. 嘉庆至清末时期（1796—1911）—— 皇家园林工程整修、重修期

从嘉庆、道光至咸丰时期，清王朝内忧外患，逐渐走向衰落，皇家园林的兴建也由盛转衰，除在已有园林中添改建、修缮个别景点外，没有新建园林。圆明园五园中的两座附园 —— 熙春园和春熙院分别赐给惇亲王和庄静公主，圆明园正式奠定圆明三园并置的格局。咸丰十年（1860），圆明园、畅春园、清漪园、静宜园、静明园等三山五园珍奇物品被洗劫一空，英法联军在园中放火，以圆明园为首的三山五园付之一炬，遭到大规模毁灭性的劫掠。几代帝王精心营造的理想家园只能从画作、诗文中一睹往昔的风采与辉煌，圆明园只留断壁残柱、衰草朽木，静宜园仅存被焚毁牌坊的石头基座，畅春园只留有两座山门，这些焚后残迹记述着曾经的盛世与历史上的苦难。

同治时期清廷一度重修圆明园，终因耗费巨大不得不中止。光绪时期，慈禧以操练水师为名，不惜挪用海军军费，耗巨资重修万寿山清漪园，并改名颐和园。工程历时10年，因1895年中日甲午战争失败而被迫停工，当时工程主体已完工。1900年，颐和园又遭八国联军劫掠，局部被破坏。1902年，慈禧返京，又拨巨款修复颐和园。1904年，慈禧在颐和园举办七十大寿庆典，此后清王朝大规模兴建皇家园林的历史也随着清朝的灭亡而永远被定格在史册中。颐和园历经沧桑磨难终被保留下来，成为三山五园中仅存硕果。

上述提及的皇家园林工程以及北京其他的皇家园林的建设都离不开一个家族 —— 样式雷家族。雷氏家族的事业发展始终伴随着清王朝的兴衰而跌宕起伏，帝王们是造园理念的先导者，但整个工程的设计、施工各个环节都离不开样式房机构及样式雷家族成员的参与，在这个过程中留下了设计草图、现场踏勘图、施工进程图、设计变更图、平面规划图、设计施工规范、官方批示、用料价值则例等多种类型的图档。从流传至今的样式雷图档中不难窥见，当时的工程管理制度严谨、精密，施工流程和方法标准、精细。将图档进行相互对比，可以看出设计师在帝后喜好、审美情趣、社会风尚等因素共同影响下几易其稿的设计变更过程。这些不同年代的大小不一、类型繁复的工程图档，凝聚着精严的匠人匠心精神及其独特的古建设计智慧。

样式雷家族连续八代工匠执掌清宫廷建筑工程的样式房，以其超凡的创造才能和精湛的营造技艺，不但为世人留下了上万件已被列入《世界记忆名录》的样式雷图档，而且也为中国建筑史乃至世界建筑史创造了不朽的经典巨作。

表1-1 清代北京皇家园林与样式雷家族大事记表

| 历史名园 | 清（1644—1911） | | | 样式雷家族 | |
| --- | --- | --- | --- | --- | --- |
| | 顺治时期（1644—1661） | 康雍乾盛世（1662—1795） | 嘉庆至清末（1796—1911） | 负责人 | 负责工程 |
| 西苑三海 | 北海基本保留明代建筑的原貌 | | | 第六代雷思起 | 同治、光绪时期扩建三海 |
| | 琼华岛正中修筑一座体量巨大的白色喇嘛塔 | | | 第七代雷廷昌 | 三海工程的设计工作 |
| 南苑 | 进行较大规模修缮和改建 | | | 第八代雷献彩 | 光绪二十六年（1900）八国联军劫掠后，主持颐和园大规模修复、重建工程 |
| 小汤山汤泉行宫 | | 兴建于康熙三年（1664）；经康雍乾三代的大规模建设，于乾隆末年展现盛世全貌 | | | |
| 香山行宫 | | 康熙十六年（1677）建成 | | | |
| 静宜园 | | 乾隆十年（1745）进行大规模扩建、重修，更名为静宜园 | 咸丰十年（1860）和光绪二十六年（1900）遭英法联军、八国联军两次焚掠 | 第四代雷家玮、雷家玺、雷家瑞三兄弟 | 主持营建京西海淀的皇家园林"三山五园"御苑群 |
| 玉泉山澄心园 | | 康熙十九年（1680）建成 | 咸丰十年（1860）遭英法联军，（1900）遭英国联军焚掠 | | |
| 静明园 | | 康熙三十一年（1692），更名澄心园为静明园 | | 第四代雷家玮、雷家玺、雷家瑞三兄弟 | 主持营建京西海淀的皇家园林"三山五园"御苑群 |

| 历史名园 | 清（1644—1911） | | | 样式雷家族 | |
| --- | --- | --- | --- | --- | --- |
| | 顺治时期（1644—1661） | 康雍乾盛世（1662—1795） | 嘉庆至清末（1796—1911） | 负责人 | 负责工程 |
| 畅春园 | | 康熙二十六年（1687）建成 | 咸丰十年（1860）被英法联军焚掠 | 第四代雷家玮、雷家玺、雷家瑞三兄弟 | 主持营建京西海淀的皇家园林"三山五园"御苑群 |
| 圆明园 | | 始建于康熙四十六年（1707） | | 第二代雷金玉 | 海淀园廷工程——圆明园 |
| | | 雍正登基后大规模修建 乾隆年间再扩建 | 嘉庆、道光、咸丰添改修、局部重修 | 第四代雷家玺 | 方壶胜境、含经堂、圆明园东路及同乐园戏楼、如园等皇家园林工程 |
| | | | 咸丰十年（1860）遭英法联军焚掠 | 第五代雷景修 | 道光、咸丰时期圆明园修缮工程，九州清晏、上下天光、四宜书屋、同乐园等添改建工程 |
| | | | | 第六代雷思起 | 重修圆明园天地一家春、清夏堂、圆明园殿等 |
| | | | | 第七代雷廷昌 | 重修圆明园同等工程 |
| | | | | 第八代雷献彩 | 被八国联军损毁的皇家建筑的重建和修缮，如慎修思永、四宜书屋等工程及内檐装修设计 |

9

| 历史名园 | 清（1644—1911） | | | 样式雷家族 | |
| --- | --- | --- | --- | --- | --- |
| | 顺治时期（1644—1661） | 康雍乾盛世（1662—1795） | 嘉庆至清末（1796—1911） | 负责人 | 负责工程 |
| 清漪园 | | 始建于乾隆十五年（1750），乾隆二十九年（1764）竣工 | 咸丰十年（1860）遭英法联军焚掠 | | |
| 颐和园 | | | 光绪十二年（1886），慈禧挪用海军军费再度兴建 | | |
| | | | 光绪二十八年（1902）年，慈禧拨巨款修复颐和园。两年后，慈禧在颐和园举办七十大寿庆典 | 第六代雷思起 | 重修颐和园工程 |
| | | | | 第八代雷献彩 | 光绪二十六年（1900）八国联军劫掠后，主持颐和园大规模修复、重建工程 |

注：本表仅对西苑三海、南苑、小汤山汤泉行宫、香山行宫、静宜园、玉泉山澄心园、静明园、圆明园、畅春园、清漪园、颐和园的历史大事记及其工程负责人进行归总。

第二章　皇家园林样式雷图档编目

本章精选八十余幅颐和园、北海、香山、圆明园、南苑、畅春园样式雷图档（图样和文档），不涉及烫样，运用园林要素对画样图档进行分类，分为山形水系布局规划、建筑及装修、植物花木、园路桥涵、叠石陈设五种类型，与文字档案共六个部分，共同构成图档编目类型的划分依据，打破固有仅以图档类型或工程地点作为分类标准的形式，按照统一标准著录，分析其所涉及的工程内容、格局变迁，挖掘其所蕴含的皇家园林文化内涵。本书以皇家园林主题为切入点，通过分析研究样式雷图档来探讨其与北京皇家园林的紧密关系，为古代建筑的复原与修缮提供参考依据，以期助推园林文化遗产复原与保护。

# 编写说明

样式雷图档类型主要分为图样和文档两部分。其中，图样包括大类（按形制分）：立样、平样、地盘样、内部装修图样、进呈样等；子类（按施工进程分）：测绘图、规划图（或平面规划图）、单体建筑设计与施工设计图、装修陈设图、施工组织设计图、施工进程图、设计变更图等。文档包括尺寸略节、做法说帖、估料册、随工日记、旨意档、堂司谕档、书信等文字资料。

样式雷图档的内容包括图档说明与图样信息。图档说明主要介绍图档概貌，并将相关资料延展以小字方式补充于其后。图样信息依次为题名、图号、绘制年代、颜色、款式、图档类型、原图尺寸、所涉工程、工程地点等，缺项则不录。图档的题名、绘制年代、原图尺寸等以《国家图书馆藏样式雷图档》为依据编制信息。其他编制原则说明如下：

（一）题名有原题名和自拟题名两种。原题名是图档正面或背面的既有题名；原题名缺，依据图档内容拟定题名，并以方括号（[ ]）表示；题名中部分内容不确定（如字破损或模糊不清等），图档题名以两者集合的方式呈现。

（二）图号为国家图书馆藏样式雷图档编号，如：343-0666。

（三）图档上注明绘制年代的，全部照录。绘制年代不明确的以方括号（[ ]）表示，可以鉴别出年号或具体纪年的写年号或具体纪年，并在其后括号内注明公元纪年；年号或公元纪年不明的，注明历史朝代及历史时期。

（四）原图尺寸按"高 × 宽"的格式表示，计算单位为厘米，精确到小数点后一位。

（五）所涉工程为雷氏家族营造的工程项目名称，一般从图档名称中提炼出来。工程地点为所涉工程的具体位置。

（六）图纸朝向一般为上北下南。囿于纸张尺寸，不能以上为北时，则以左为上，按左北右南阅读。若为单体建筑或其他非正方位建筑，以建筑正方位不知上下。此外，也有根据图档文字或题签文字方向调整上下的情况，以读者阅读便利为首要目标。

（七）样式雷图样中有贴页者，有些为早期原图，覆贴页为修改后图样，出版时，掀开贴页和覆上贴页的图片皆附上，以利读者对比。一般按照先掀开贴页、后覆盖贴页的顺序排列。如遇贴页粘牢，则不予揭开，以利文献保护。

（八）本章图档信息照录原文，原图档与题名中有错别字、异体字等情况，将规范字录入括号内。

# 一、山形水系布局规划

清代北京地区皇家园林既有北方皇家园林的壮阔雄伟，又融汇江南私家园林的清雅幽丽。其造园立意在继承中创新，博采全国园林造园艺术精髓，以经典园林案例为设计蓝本，充分考虑北京生态地理环境，汲取厚重传统文化滋养，渗透皇权至尊的礼法制度，构建出风格包罗万象、文化意蕴深厚的皇家御苑群体系。

# 颐和园

## 清漪园地盘画样

该图档绘制了清漪园地盘全图，反映清漪园整体及部分建筑规划布局设计。

图档绘制较为清晰，黄签从左边起标注有"船坞""水村居""耕织图""多宝塔""治镜阁""青龙桥""西宫门""桑桥""贝阙""水周堂""看云起石""绘芳堂""湖山真意""画中游""五圣祠""石丈亭""青遥亭""鱼藻轩""秋水亭""嘉荫轩""绮望轩""赅春园""云会寺""佛香阁""智慧海""罗汉堂""须弥灵境""香岩宗印之阁""大报恩延寿寺""善现寺""写秋轩""无尽意轩""千峰彩翠""留佳亭""连（莲）座盘云""重翠亭""养云轩""扬仁风""乐寿堂""昙华（花）阁""小东门""云绘轩""霁清轩""清琴峡""涌远堂""谐趣园""澄碧亭""知春堂""对鸥舫""怡春堂""玉兰堂""藕香榭""勤政殿""军机处""知春亭""文昌阁""东宫门""畅观堂""藻鉴堂""景明桥""柳桥""南新桥""镜桥""练桥""凤凰墩""绣漪桥""大堤""龙王庙""鉴远堂""□〔洞〕庭留赏""十七孔桥""廓如亭""铜牛""得志门"等景点及建筑七十五个。

清漪园地盘样中建筑格局较全，部分区域表达粗略，黄签因脱落重贴后部分位置有误。根据中国第一历史档案馆现存《陈设清册》和《库贮陈设清册》来看，乐安和道光十七年（1837）拆除，云绘轩道光二十年（1840）有库贮物品，怡春堂道光二十四年（1844）失火全烧，构虚轩道光十九年（1839）失火烧毁。图上无乐安和，有怡春堂，构虚轩仅余边界，因此可以推断该图所绘制的是道光二十年至二十四年（1840-1844）之间清漪园的建筑布局情况。该图所见牌楼以西跨金水河有影壁一座。在中国第一历史档案馆舆 1623 万寿山颐和园东宫门外修补牌楼粘修桥座图档中也有影壁画样，由于其为砖石结构，不易被战火毁坏，其体量和形式应是乾隆时期的延续。[1]

---

1 张龙.济运疏名泉，延寿创刹宇 乾隆时期清漪园山水格局分析及建筑布局初探〔D〕.天津：天津大学建筑学院，2006:32.

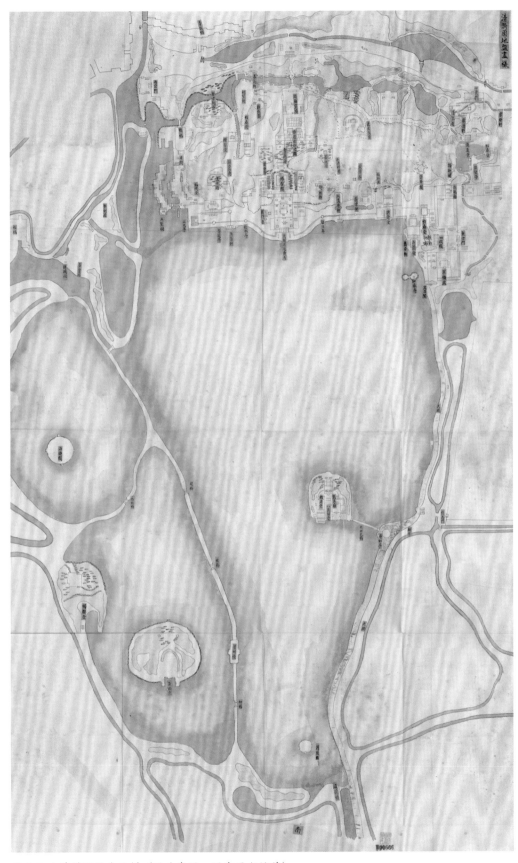

图号：343-0666

绘制年代：[道光二十年至二十四年（1840-1844）]

颜色：彩色

款式：墨线淡彩，黄签

图档类型：大类：地盘画样

子类：勘察图

原图尺寸(cm)：114.2×70.0

所涉工程：清漪园河道勘察工程

工程地点：清漪园

图 2.1-1 清漪园地盘画样（图片来源：国家图书馆藏）

清漪园地盘画样（局部）

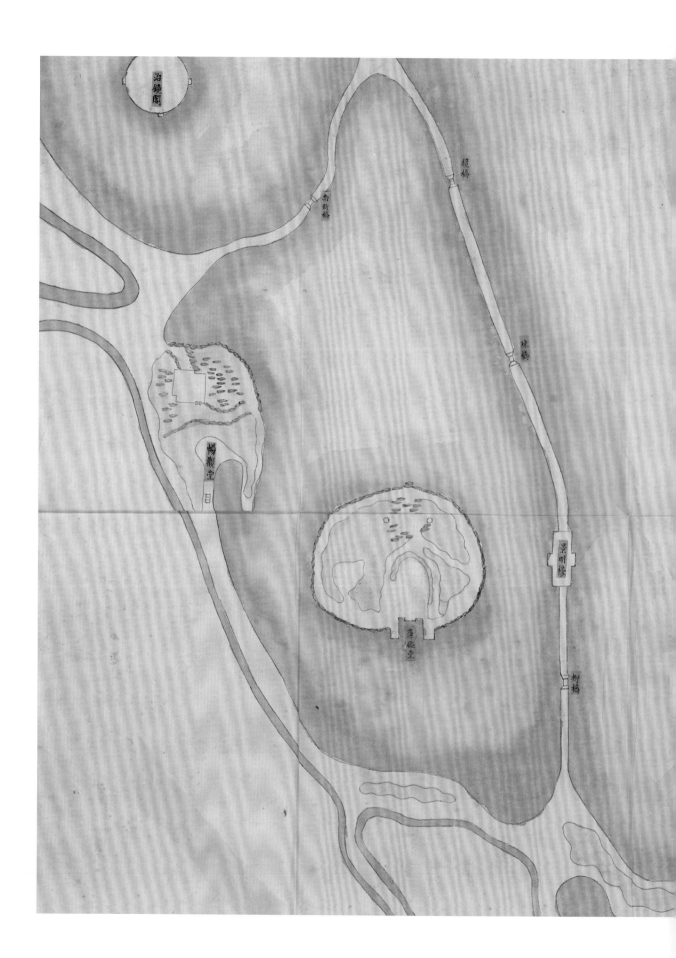

清漪园地盘画样（局部）

## 清漪园河道地 [盘样]

该图档绘制了勘察昆明湖淤滩及水深的情况。

图档中青绿色表示水域，黄褐色表示山。黄签标注水深、建筑名称等，凤凰墩北侧水域标注"水深二三寸"，治镜阁水域标注"水深一尺二三寸"。西宫门外小湖西北部标注"淤滩"，水村居西北河道西岸标注"两边淤滩"，应是其他位置掉落移贴至此，耕织图东侧小湖、南新桥东侧及南侧、畅观堂南侧水域、藻鉴堂湖南端、景明楼以南西堤两侧、凤凰墩西南岸边等处标注"淤滩"。图中以凤凰墩为中心有至绣漪桥、东堤、柳桥、景明楼、八方亭、南湖岛的黑色虚线。图中建筑标注有"大报恩延寿寺""买卖街""澹宁堂""锯齿桥""澄鲜堂""北新桥""半边桥""治镜阁""南新桥""柳桥"，"澹宁堂"黄签移动至后溪河西侧南岸，"半边桥"黄签移动至玉带桥处。图中反映的建筑还有东宫门与左右廊房、左右朝房、影壁、挡众木、金水河及两座桥梁，文昌阁，知春亭，长廊、四亭及水木自亲，对鸥舫，鱼藻轩，无尽意轩，大报恩延寿寺天王殿，谐趣园内诸建筑，东北门，后溪河船坞，北宫门，西宫门，大船坞，西堤六桥，景明楼，耕织图，西船坞，畅观堂船坞，藻鉴堂宫门及伸入水中的两座方亭，南如意门内外及绣漪桥西牌楼。

图号：146-0045

绘制年代：[不详]

颜色：彩色

款式：墨线淡彩，黄签

图档类型：大类：地盘画样

子类：勘察图

原图尺寸(cm)：97.0×66.0

所涉工程：清漪园河道勘察工程

工程地点：清漪园

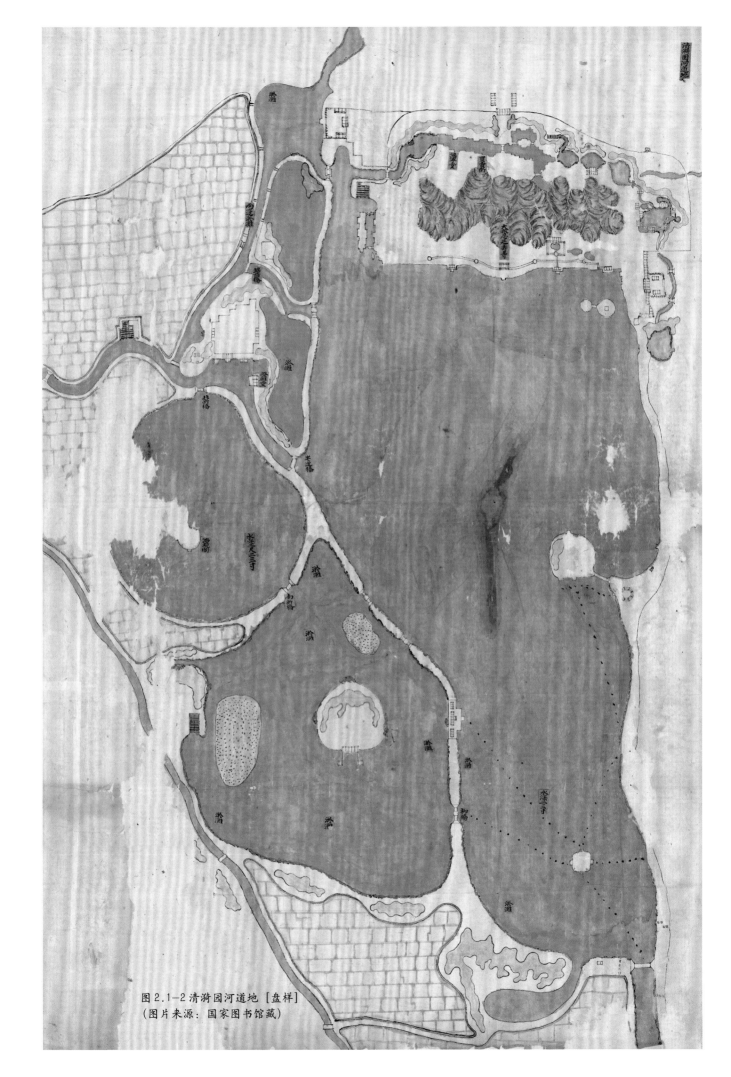

图 2.1-2 清漪园河道地 [盘样]
（图片来源：国家图书馆藏）

## [万寿山前山中路地盘样]

该图档绘制了万寿山前山中路，反映了万寿山前山中路的整体及部分建筑规划布局设计。

图档对建筑轮廓、墙体、山体、湖泊、码头、游廊、假山石等立面进行了清晰的绘制，并施以不同颜色。红签标注"万寿山""智慧海""添修后大墙""角门""众香界""云步山石踏跺""山门""佛香阁""佛香阁八方三重簷（檐）殿一座，八面各显三间，每面（面）内明间面（面）宽一丈一尺五寸，二次间各面（面）宽一丈""重簷（檐）四方亭""前后山门各三间，内明间面宽一丈二尺二，次间各面（面）宽一丈，进深一丈二尺，随院内周围游廊""山门""五方阁一座三间，各面（面）宽一丈二寸，进深一丈""五方阁""游廊""宝云阁""山门一座三间，各面（面）宽一丈进深一丈四寸""叠落高四尺""叠落高一丈八尺二寸""券门""石牌楼""叠落高一丈七尺""添修大墙面（面）宽一丈""添修大墙进深四丈一尺""添修大墙面（面）宽五丈""添修大墙进深一丈三尺""门口""马尾蹉（磋）蹼（磙）""添修大墙面（面）宽二丈""福式踏跺""一丈三尺""一丈二尺""福式踏跺通高□□""转轮藏""重簷（檐）八方亭""万寿山昆明湖石碑一统""叠落高一丈五寸""石影壁""叠落高一丈五尺""叠落高一丈五尺六寸"。黄签标注："东""南""西""北""穿堂殿""门口""值房""角门""扒山游廊""谨拟建修多宝室一座五间，改后殿，内明间面（面）宽一丈三尺，四次稍间各面（面）宽一丈一尺，进深一丈六尺，外前后廊各深四尺五寸""多宝室""福式踏跺""琉璃""琉璃花墙""福式踏跺高一丈八尺""福式踏跺高三丈""谨拟建修穿堂殿二座各三间，内明间面（面）宽一丈一尺，二次间各面（面）宽一丈，进深一丈二尺，外前后廊各深四尺""大雄宝殿""叠落高四尺三寸""西配殿""月台""月台高五尺""东配殿""谨拟建修东西配殿各五间，内明间面（面）宽一丈三尺，二次间各面（面）宽一丈二尺，二稍间各面（面）宽一丈一尺五寸，进深一丈八尺，外周围廊俱深五尺""宫门""游廊""月台高七尺""叠落高六尺五寸""谨拟建修宫门一座三间，内明间面（面）宽一丈三尺，二次间各面（面）宽一丈一尺，进深一丈二尺""鱼池""谨拟建修东西配殿各五间，内明间面（面）宽一丈，四次稍间各面（面）宽九尺，进深一丈八尺，外周围廊俱深五尺""谨拟建修宫门一座五间，内明间面（面）宽一丈三尺二寸，四次稍间各面（面）宽一丈一尺二寸，进深一丈八尺，前后廊各深八尺五寸""看面影壁""宫门""长游廊""阑干""码头""昆明湖"。

图号：343-0694

绘制年代：[清光绪十三年（1887）]

颜色：彩色

款式：红线、黄线淡彩，红签、黄签

图档类型：大类：地盘画样

　　　　　子类：规划图

原图尺寸(cm)：132.7×97.7

所涉工程：万寿山前山中路规划工程

工程地点：万寿山前山中路

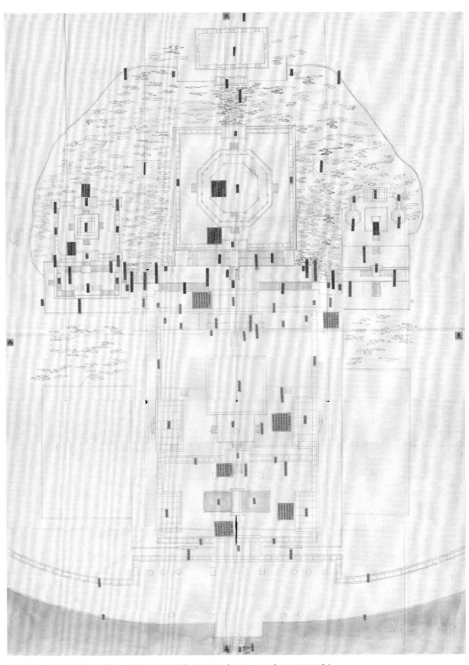

图2.1-3 [万寿山前山中路地盘样]（图片来源：国家图书馆藏）

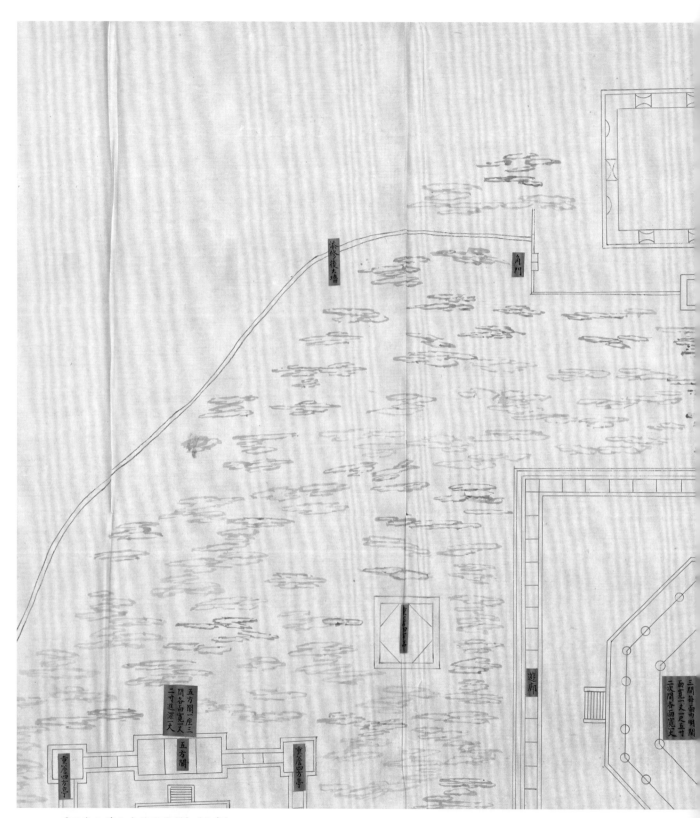

［万寿山前山中路地盘样］（局部）

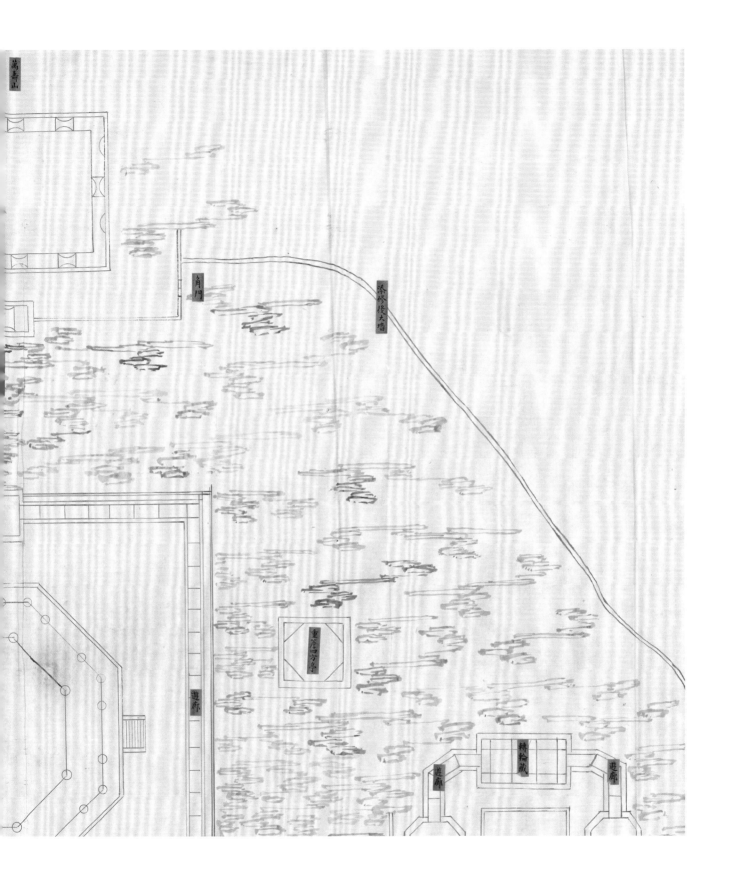

萬壽山

角門

添修後大墻

重簷四方亭

轉輪藏

遊廊

遊廊

遊廊

27

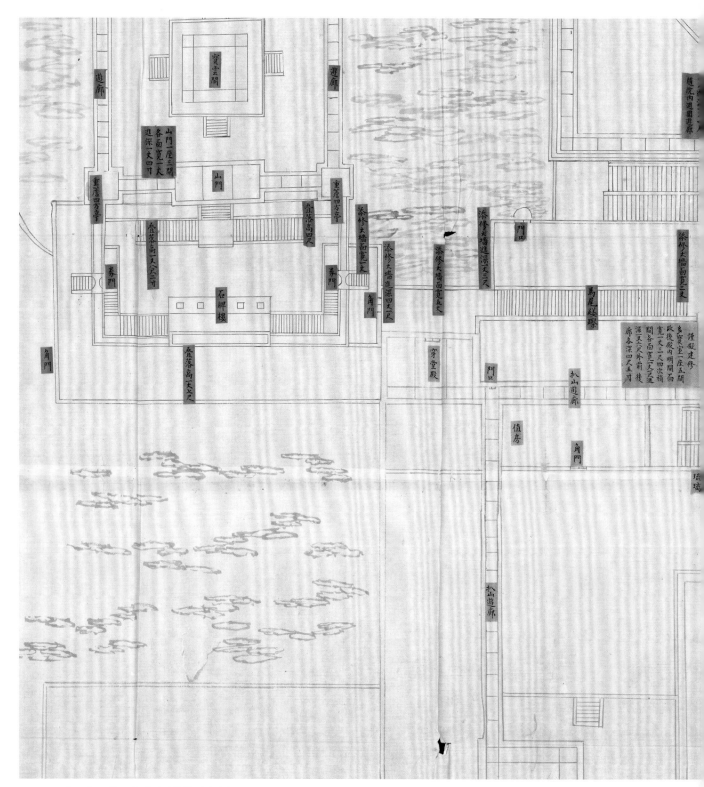

［万寿山前山中路地盘样］（局部）

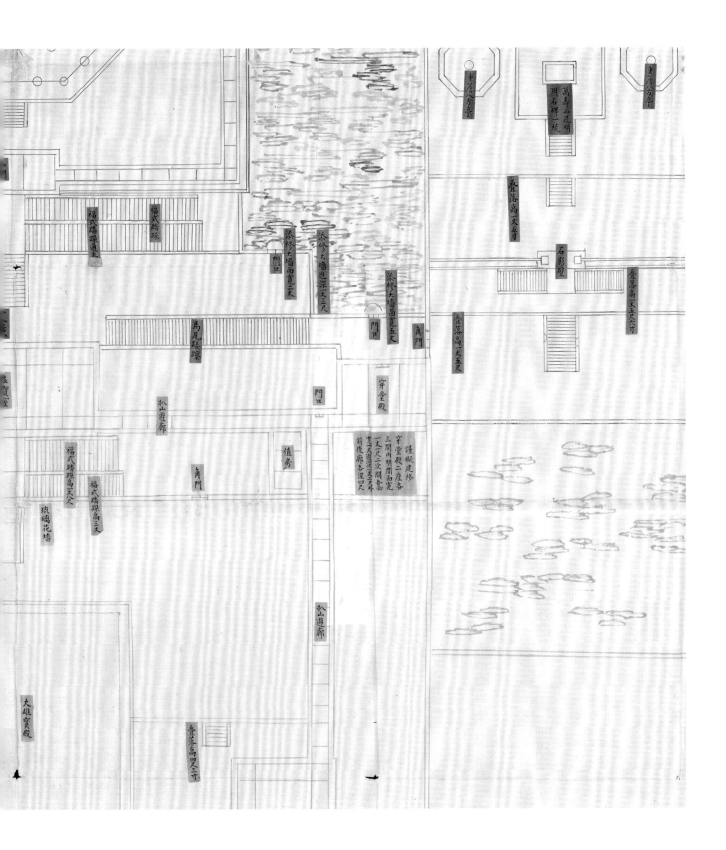

大雄寶殿

琉璃花牆

福式踏跺高三天今

福式踏跺高三天

馬尾踏跺

松山遊廊

角門

值房

福式踏跺通直

福式踏跺

添修大牆面寬三天

添修大牆進深天三尺

添修大牆面寬五天

門口

角門

門口

穿堂殿

松山遊廊

謹擬建修
穿堂殿二座各
三間內明間面寬
一天八尺次間面
寬七天進深二天六尺
前後廊各深四尺

萬壽山莊明
湖石碑一統

垂落高一丈五寸

石影壁

垂落高一天五尺八寸

垂落高一丈五尺

垂落高四尺三寸

重簷八方亭

重簷八方亭

29

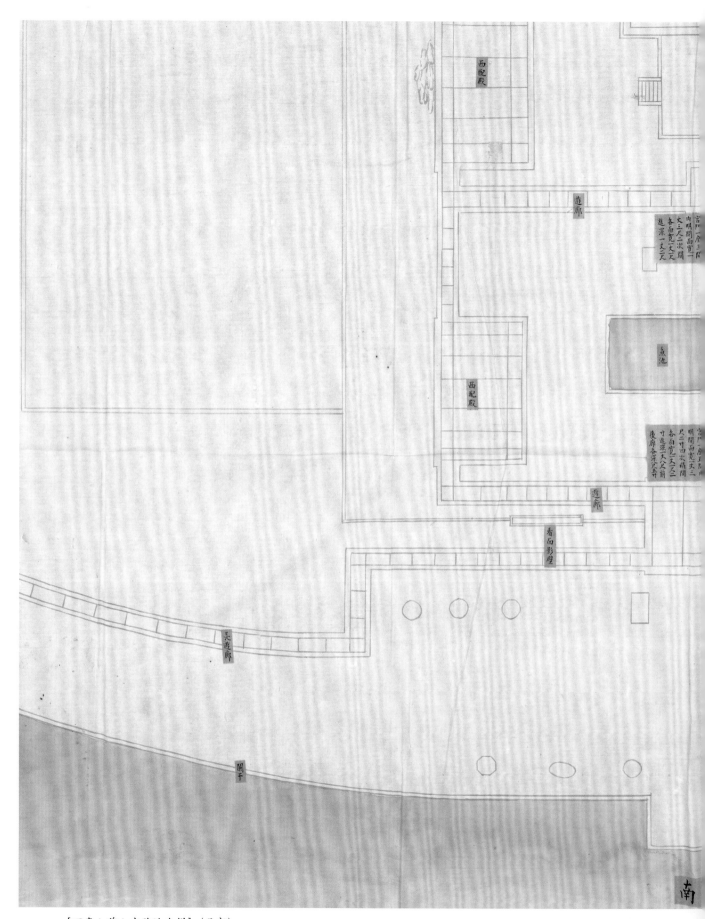

西配殿

遊廊

宮門一座三間
內明間面寬一
丈三尺二次間
各面寬一丈五
進深一丈五尺

魚池

西配殿

宮門一座五間
明間面寬一丈三
尺二寸四次稍間
各面寬一丈又二
寸進深一丈又一
後廊各深六尺

遊廊

看向影壁

長遊廊

閘干

南

[万寿山前山中路地盘样]（局部）

30　　北京皇家园林样式雷图档选编

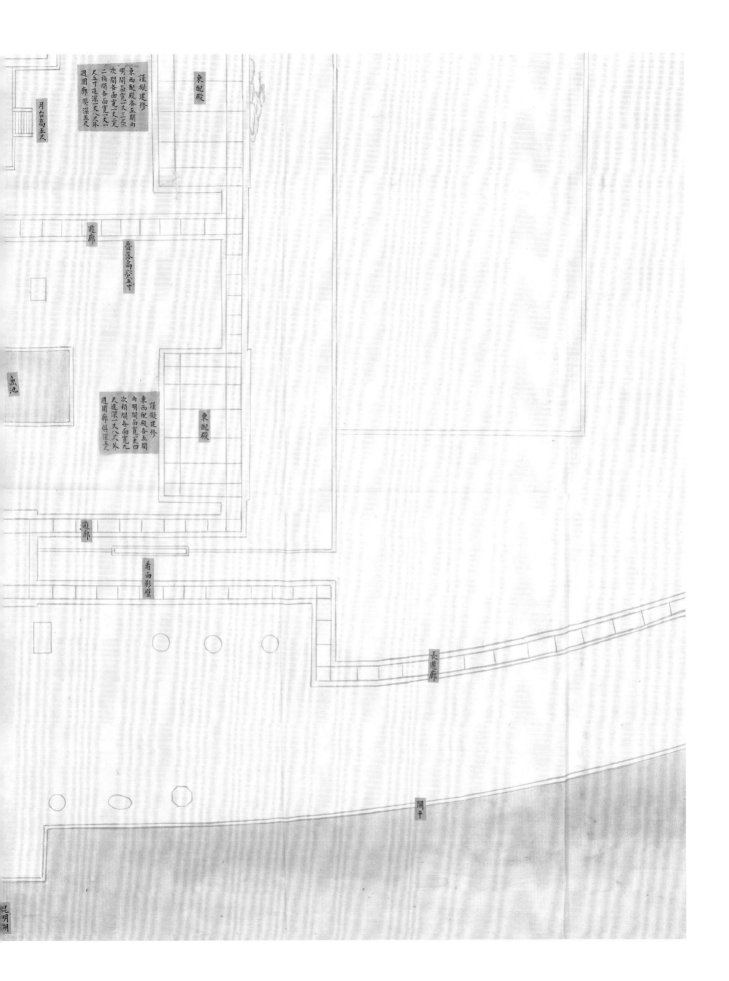

東配殿

月臺高五尺

遊廊

臺基高六尺五寸

魚池

東配殿

遊廊

看面影壁

長連廊

闢干

昆明湖

謹擬建修
東西配殿各五間
明間面寬一丈三尺
次間各面寬一丈二尺
二稍間各面寬一丈
週圍廊俱進深一丈大木架
尺五寸進深二丈大木架

謹擬建修
東西配殿各五間
內明間面寬一丈三尺四
次稍間各面寬一丈二尺九
尺進深二丈大木架
週圍廊俱進深一丈

## 清漪园西宫门 [买卖街地盘图]

该图档绘制了清漪园西宫门买卖街。

图档绘制了西堤、后溪河、西北边万寿山、昆明湖等。黄签标注有："西宫门""朝房""宇墙""大墙""牌楼""码头""空地座""土山""值房""界湖桥""西堤""河""河泡""桑桥""一孔石券桥""八间房""河桶""船坞""坞桶""井""湾转桥""贝阙""山道""屏门""杂粮店""裕丰当""烟钱铺""游廊""旷风斋""延清赏""小有天""扒山墙""转角房""斜门殿""穿堂殿""圆光门""荇桥""近乐堂""墩台""福清榭""石舫""宝兴楼""买卖街空地座""门楼码头""五圣祠""润古""湖"等。

西宫门位于后溪河以北，是清漪园的一座园门，专为清代帝后去玉泉山、香山游览时出入方便和临时休息所修。西堤北界湖桥始，浩渺的昆明湖收拢为曲折幽深的河溪，沿万寿山的北坡，时宽时窄、时直时曲，清流宛转直达万寿山东部的谐趣园。[1]

此图档为颐和园西宫门买卖街地盘图，北至西宫门，南到石舫，西达西堤，淡彩，还绘制了沿路殿座、桥、廊等位置及平面，以及山体、水系等环境。[2]

图号：338-0198

绘制年代：清光绪十三年到十四年（1887-1888）二月

颜色：彩色

款式：墨线淡彩，黄签

图档类型：大类：地盘画样

　　　　　子类：规划图

原图尺寸(cm)：102.9×68.7

所涉工程：清漪园西宫门内西路整修工程

工程地点：清漪园西宫门内西路

1 张龙.颐和园样式雷建筑图档综合研究［D］.天津：天津大学建筑学院，2009：63.
2 张龙、翟小菊.颐和园"界湖桥"和"柳桥"之辨［J］.天津大学学报（社会科学版），2013（2）：139.

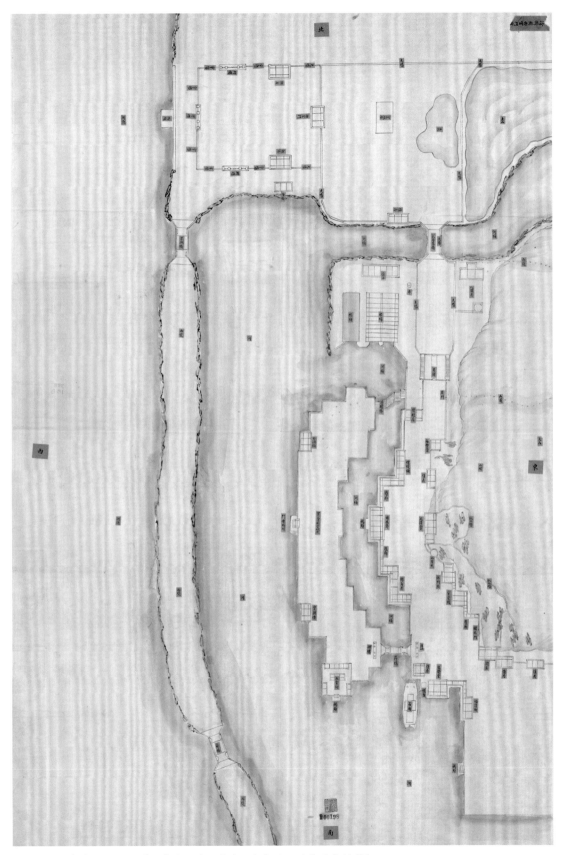

图 2.1-4 清漪园西宫门［买卖街地盘图］（图片来源：国家图书馆藏）

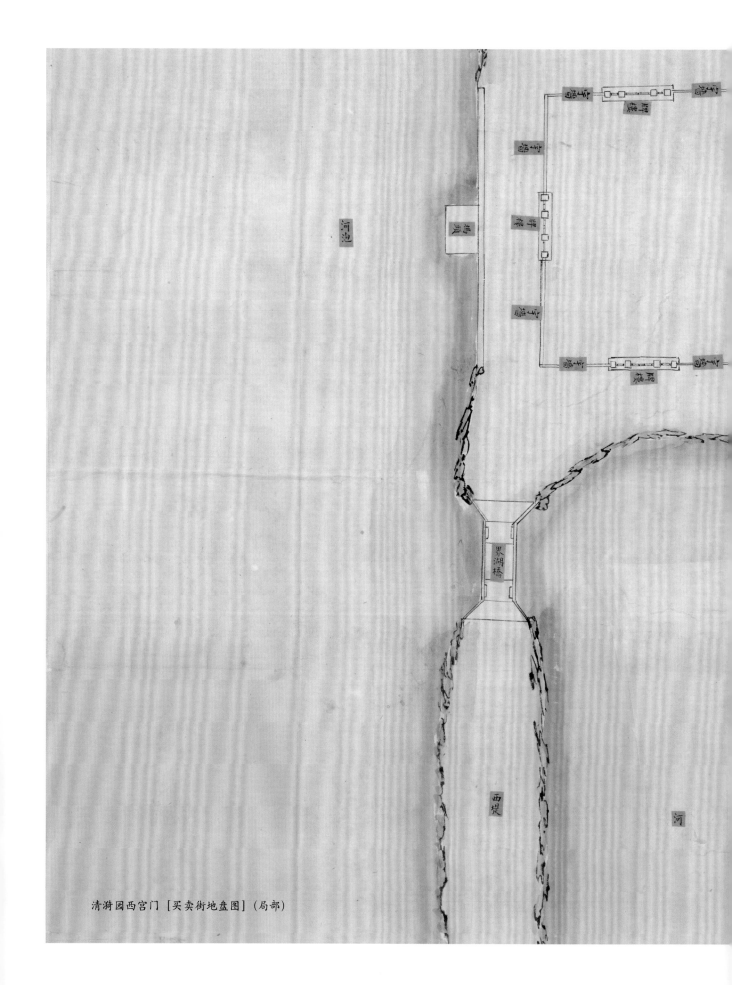

河泡

买卖街

回廊十间

茶膳

回廊十间

茶膳

回廊十间

回廊十间

茶膳

回廊十间

界湖桥

西堤

河

清漪园西宫门［买卖街地盘图］（局部）

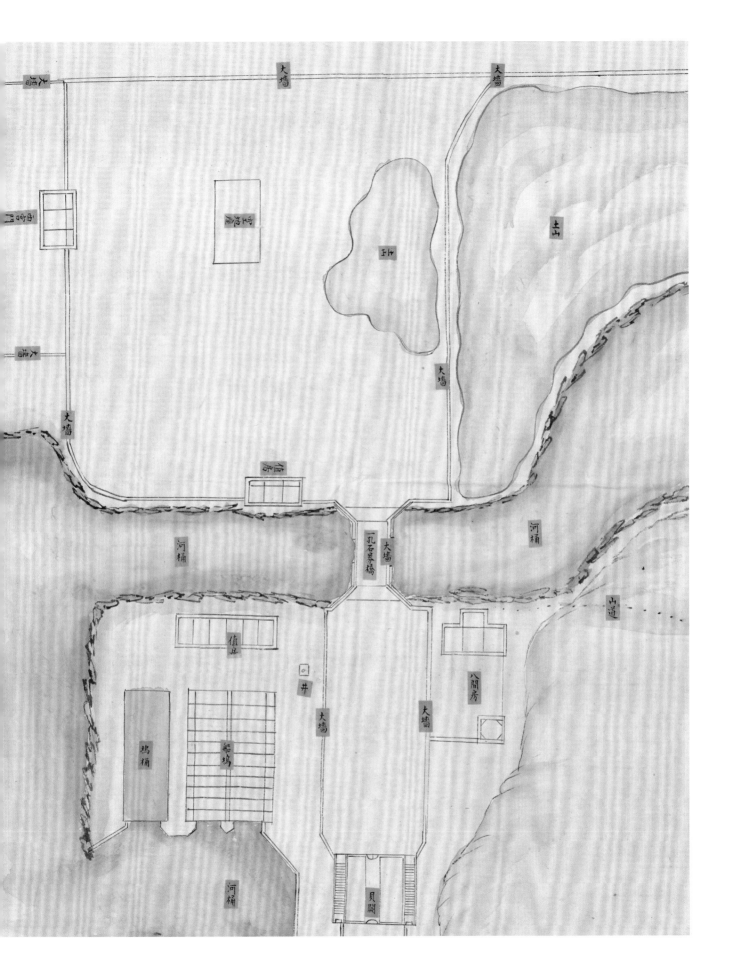

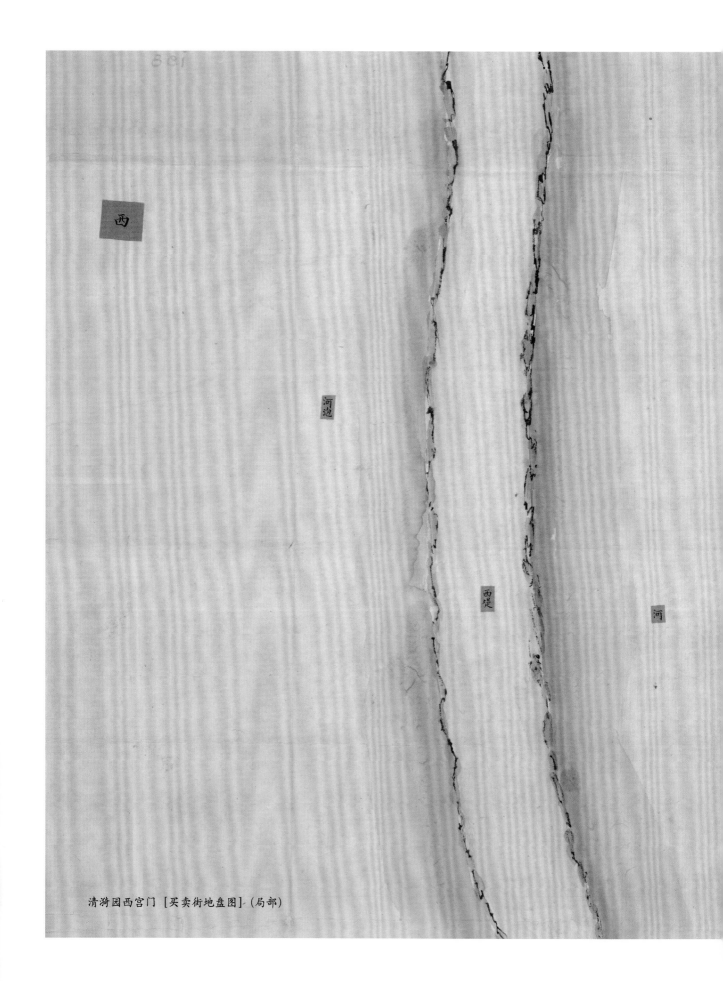

清漪园西宫门 [买卖街地盘图]（局部）

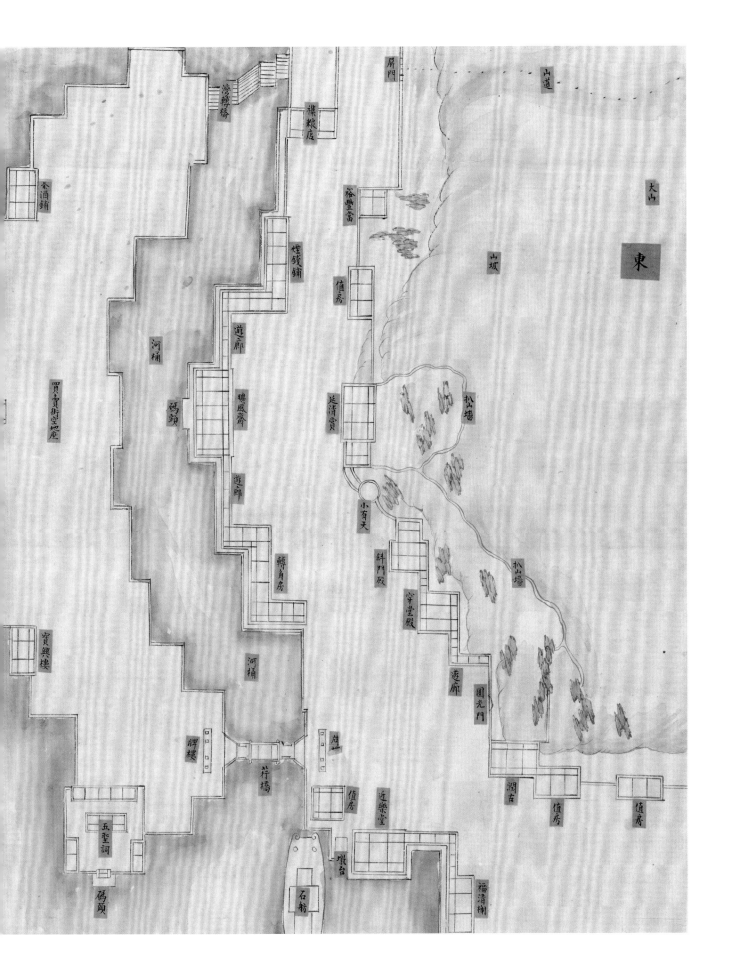

屏門　山道

大山

山坡

東

裕豐當

煙麵鋪

值房

太酒鋪

遊廊

扒山牆

河桶

聽風齋

延清景

碼頭

遊廊

小有天

斜門殿

扒山牆

四買賣街空地座

寧營街空地座

轉角房

淨豐殿

遊廊

河桶

圓光門

潤古

寶興樓

牌樓

假山

值房

值房

步行橋

值房

近樂堂

玉聖詞

墩台

福濤榭

碼頭

石舫

37

## [昆明湖鉴远堂至藻鉴堂等处船道图]

该图档绘制了昆明湖范围内（北岸、南岸、东岸、治镜阁西）挖船道路线图。

图档中墨线绘制图形、记录文字，红线绘制需要改动的船道。昆明湖中心南北向的西堤将湖面分为三部分，西堤以西为小西湖，湖中心为治镜阁岛屿；西堤西南侧为西湖，湖中心为藻鉴堂岛；西堤以东至东堤水面又分为两部分，南湖岛以北墨线记录"昆明湖"，以南墨线记录"南湖"，凤凰墩岛靠近南岸附近。红线实线船道有三条，通过练桥和南荇桥连接南湖岛、藻鉴堂岛、治镜阁岛，南湖岛至练桥墨线记录"东西一百三十丈，共长一百四十丈"，练桥至南荇桥记录"撤去，东西斜长一百二十丈"，练桥至藻鉴堂岛记录"撤去"，南荇桥至藻鉴堂岛记录"南北斜长一百五十三丈"，西湖水面上记录"谨查得南荇桥一座，原金门一丈五尺六寸，船宽一丈六尺五寸，今拟金门改宽一丈九尺，上安活木板"，南湖岛西南侧墨线虚线记录"原船道十丈"，红线实线记录"再加宽十丈"，南湖岛至绣漪桥墨线虚线连接记录"原旧船道"。南湖水面记录"谨拟添修木板桥等往南挪修船道，东西加长四十丈，南北长减去十丈，船道共合加长三十丈"。昆明湖水面记录"谨拟练桥以南添修一孔活面木板桥一座，金门宽一丈九尺，船面宽一丈二尺，由桩板上皮至桥面上皮通高一丈"。穿过木板桥红线虚线记录"挪挖"。画面其他墨线记录建筑物等从北侧顺时针依次有："万寿山颐和园""文昌阁""角门""二孔闸""石碣（碑）""新宫门""铜牛""十七孔桥""龙王堂""鉴远堂""大堤""稻田""负薪庄""东角门""牌楼""石碣（碑）""绣漪桥""牌楼""牌楼""涵洞""战船坞""涵洞""涵洞""稻田"。西堤上墨线记录建筑从北向南有："界湖桥""豳风桥""南挪（牵）桥""木板桥""玉带桥""西堤""南荇桥""镜桥""练桥""木板桥""景明楼""柳桥""牌楼"。

图号：337-0157

绘制年代：[清光绪年间（1875-1908）]

颜色：彩色

款式：墨线、红线淡彩

图档类型：大类：地盘画样

　　　　　　子类：规划图

原图尺寸(cm)：68.1×63.8

所涉工程：昆明湖鉴远堂至藻鉴堂船道工程

工程地点：昆明湖

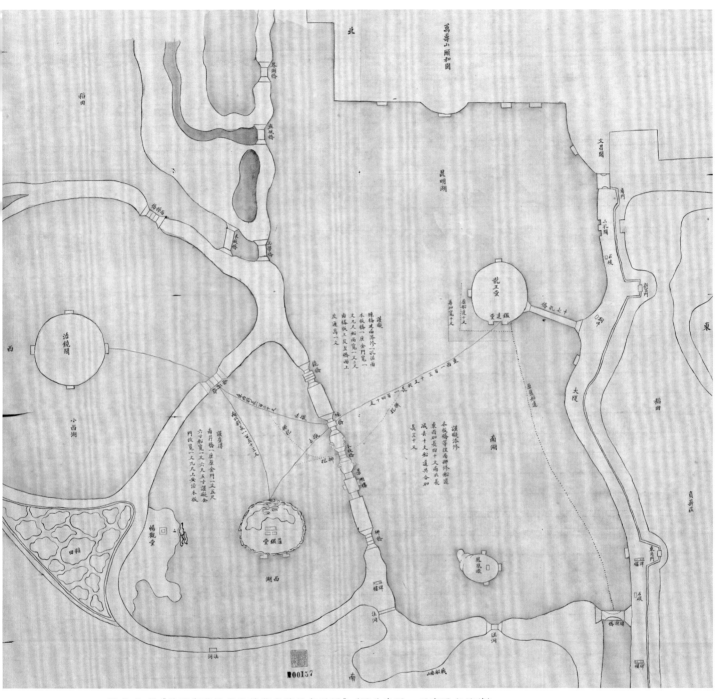

图 2.1-5 [昆明湖鉴远堂至藻鉴堂等处船道图]（图片来源：国家图书馆藏）

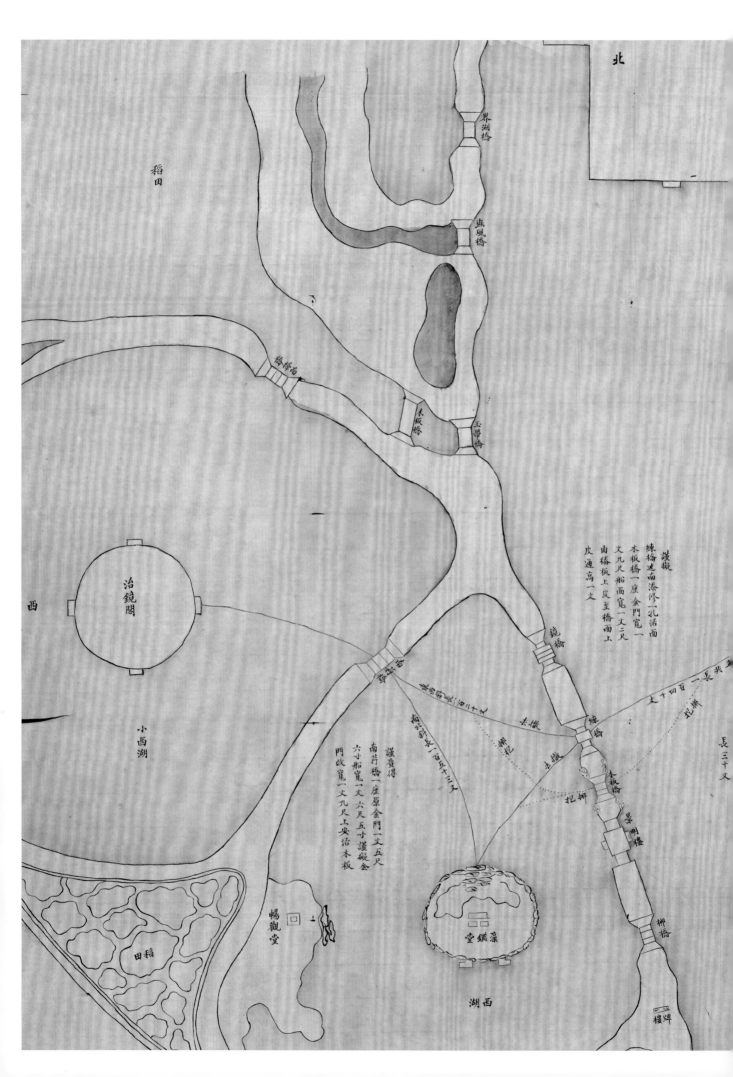

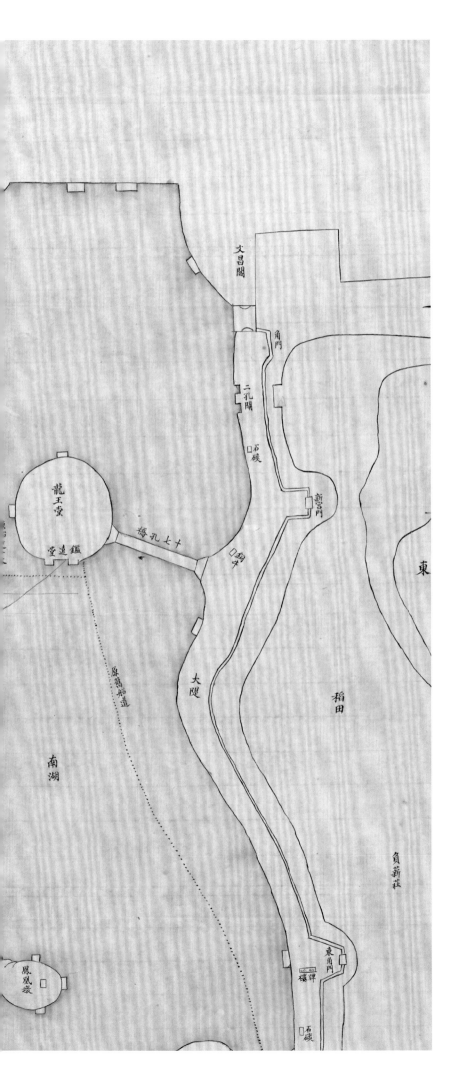

文昌閣

角門

二孔閘

石磯

龍王堂

鑑遠堂

橋孔七十

銅牛

新宮門

東

大隄

原舊御道

稻田

南湖

負薪莊

[昆明湖鑒远堂至藻鑒堂
等处船道图] (局部)

東角門

樓埠

石磯

鳳凰墩

石磯

## 遵绘东宫门外各处占用地位房间地盘画样 [准底]

该图档绘制了颐和园东宫门外建筑布局、河道地形及规划设计。

图档绘制工整，色彩鲜艳，用墨线绘制建筑及地形轮廓，黄签标注方位和名称，红线绘制添建建筑形制和布局，红签标注谨拟建筑名称。建筑周边标注尺寸的字迹较潦草。图档左上角黄签"遵绘东宫门外内外各处占用地位房间地盘画样图"，右侧题字"此样系于五月拾五呈进恩大人奉旨定准底"。图档中东宫门内外拟建和改建的建筑主要有以下几处：

东宫门南北九卿房两侧分别为"谨拟寿膳房""原军机处谨拟御膳房"，尺寸均为"东西长十七丈，南北宽二十三丈"。宫门外南北朝房，两侧添修"散秩大臣乾清门侍卫值房""大门侍卫值房"，面阔五间，前后廊与朝房形制相同，标注"进深一丈八尺"。

宫门外北侧以大墙、御路为界，东西两侧分别规划有几组院落，按照由北至南、由西至东的顺序分别开列，北段御路"东西宽三丈"，南端御路"东西宽五丈五尺"。御路西侧记有南花园，呈L形，由三个院落组成。北侧"谨拟南花园房间""东西长十八丈，南北宽二十四丈五尺"，标注尺寸，院内还有花神庙。西侧"谨拟南花园房间""东西长三十八丈，南北宽十一丈"，院内有四组花洞，各十间，面阔一丈，进深一丈六尺。东侧为东屋，上有贴页。

寿膳房北侧大他坦由东西两个院落组成，中间以夹道和栏杆门相连。西侧"谨拟大他坦房间""东西长二十三丈，南北宽二十一丈"，东侧"谨拟大他坦房间""东西长二十丈，南北宽十八丈"。

御路东侧由北至南分别为"谨拟升平署房间"（包括前后两个三进大院落）"东西宽十六丈五尺，南北长五十二丈"，"谨拟颐和园堂档房值房""东西长十四丈，南北宽三十四丈"。

宫门外南侧以河桶、土山为界，包括东西两个部分。西侧"谨拟銮仪卫库房值房""东西长二十三丈，南北宽十五丈"，有值房二处、库房二处，用算筹码标注尺寸。东侧"谨拟外边各项下处值房""东西长二十八丈，南北宽十九丈"。

此外，图档中还有园内的紫气东来、谐趣园及园外北侧的观音庵、官房地基、城关及大有庄村等处。

图号：339-0271
绘制年代：[清光绪十六年（1890）五月十五日]
颜色：彩色
款式：墨线、红线淡彩，红签、黄签
图档类型：大类：地盘画样
　　　　　　子类：规划图
原图尺寸(cm)：115×68.2
所涉工程：东宫门外各处占用地位房间规划工程
工程地点：东宫门外

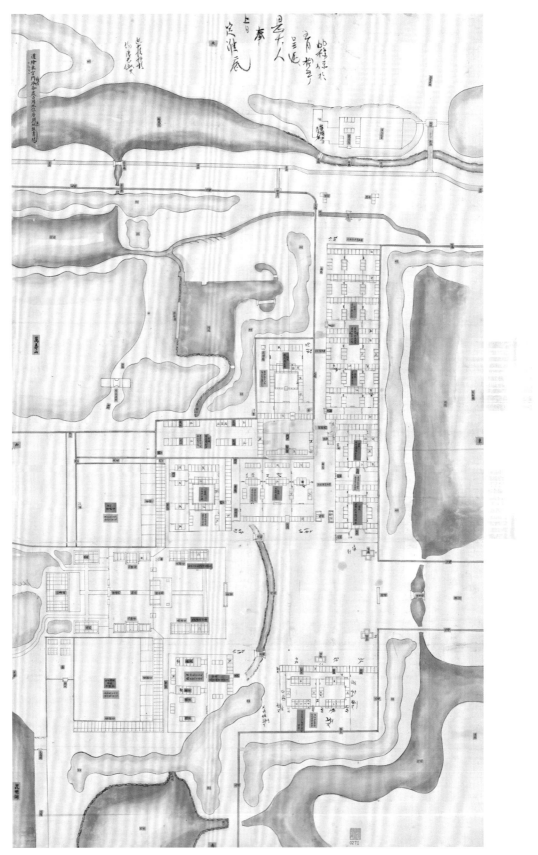

图 2.1-6 遵绘东宫门外各处占用地位房间地盘画样 [准底] (图片来源：国家图书馆藏)

图档339-0271东宫门外各处占用地位房间地盘画样准底包含的内容十分丰富，主要反映了东宫门外配套办公、服务设施的添修和改建。[1] 和现状对比可知，图中所反映的格局基本上是最后的实施方案，结合工程进展，可断定图中所题日期应为光绪十六年（1890）五月十五日。

与图档385-0077东宫门外内外各处占用地位房间地盘画样相比，该图档反映的内容更为详尽，各处形制和尺寸也有标注，是图档385-0077的修正版，侧面印证了图档385-0077的绘制时间要更早。

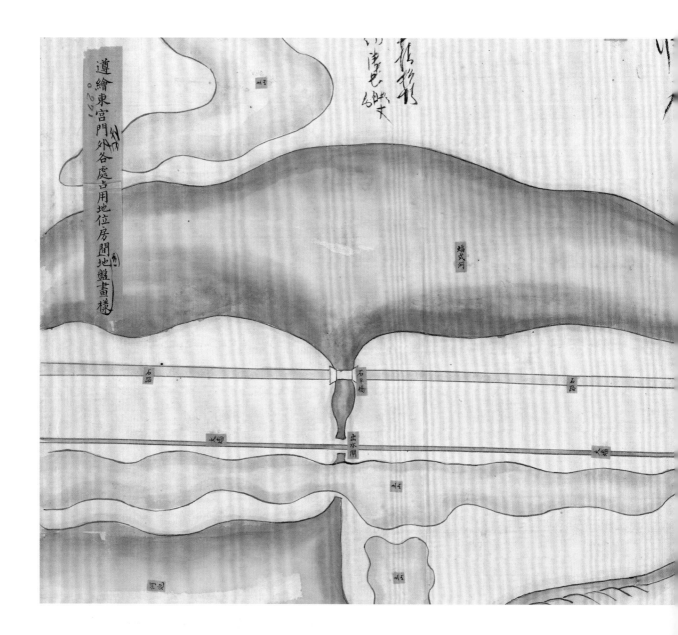

---

1 张龙.济运疏名泉，延寿创刹宇 乾隆时期清漪园山水格局分析及建筑布局初探［D］.天津：天津大学建筑学院，2006:32.

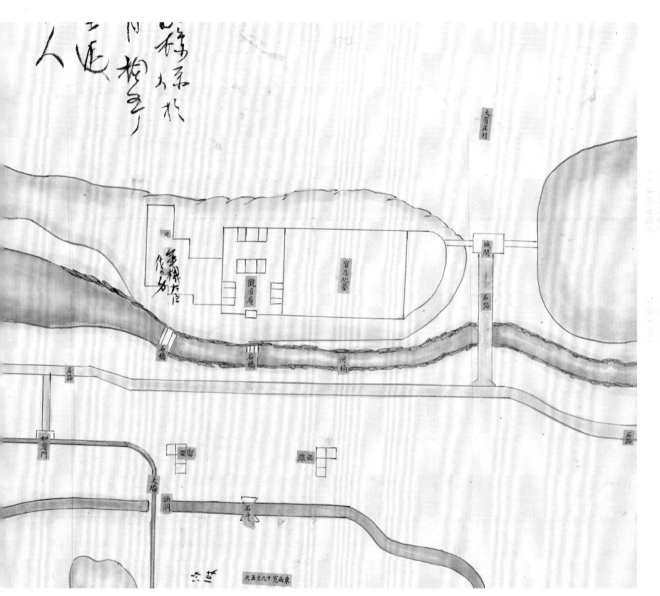

遵绘东宫门外各处占用地位房间地盘画样 [准底]（局部）

萬壽山

西

山路

紫氣東來

山路

諧趣園

河池

花洞

山

花洞

山

花洞

山

花洞

山

閘口

閘口

閘口

南花園房間
東西長三十八丈
南北寬十丈

溝

溝

門

夾道

夾道

門口

大殿坦房間
東西長十丈
南北寬二十丈

夾道

夾道

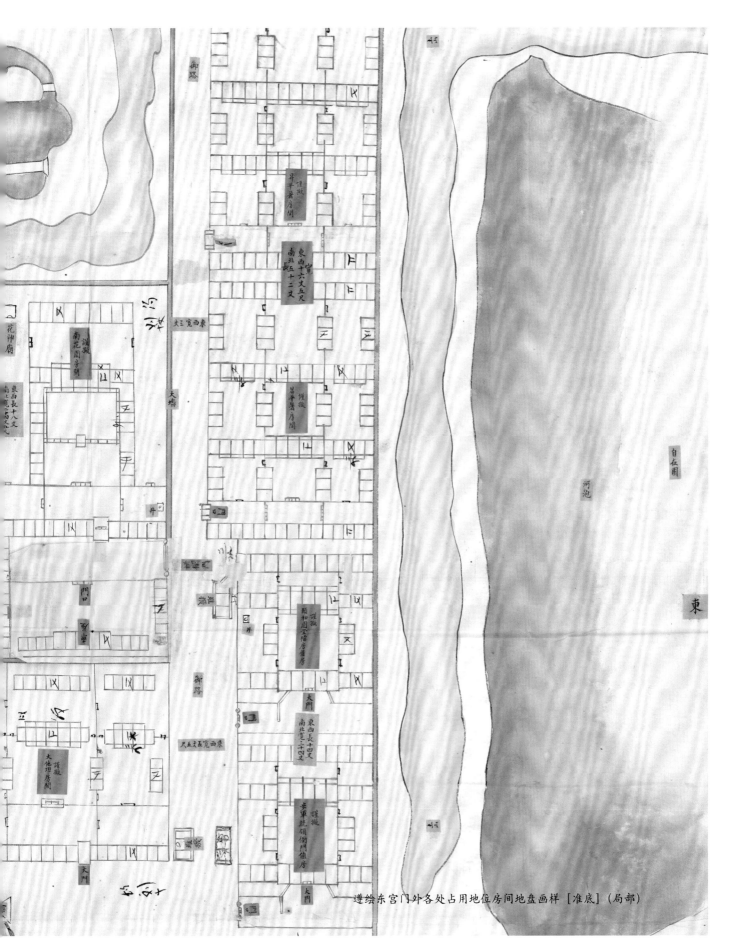

遵绘东宫门外各处占用地位房间地盘画样［准底］（局部）

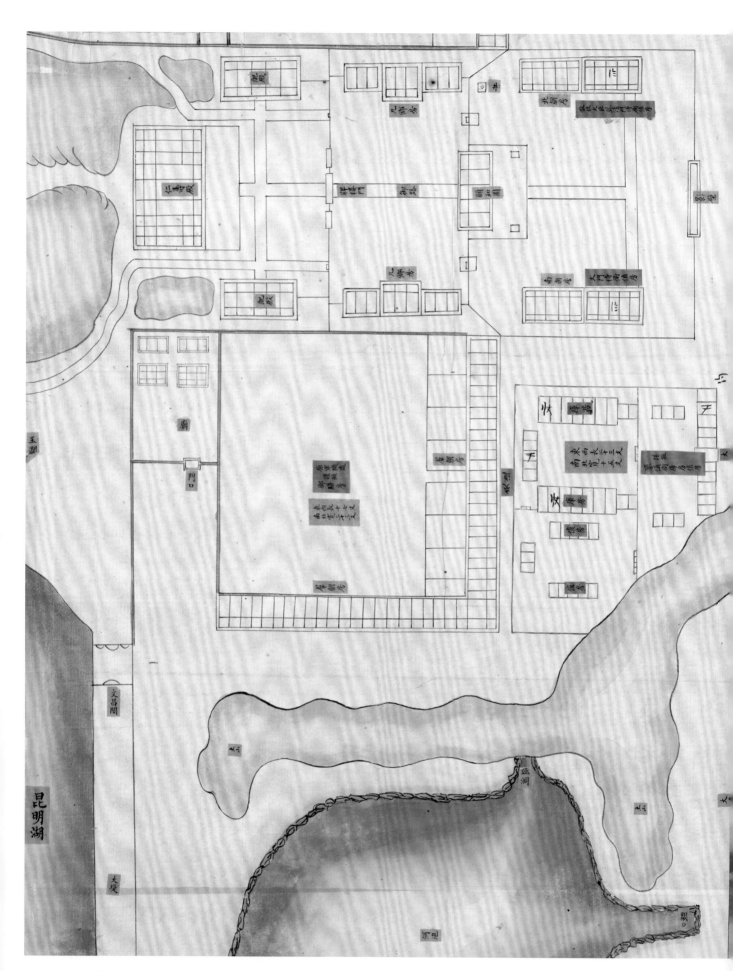

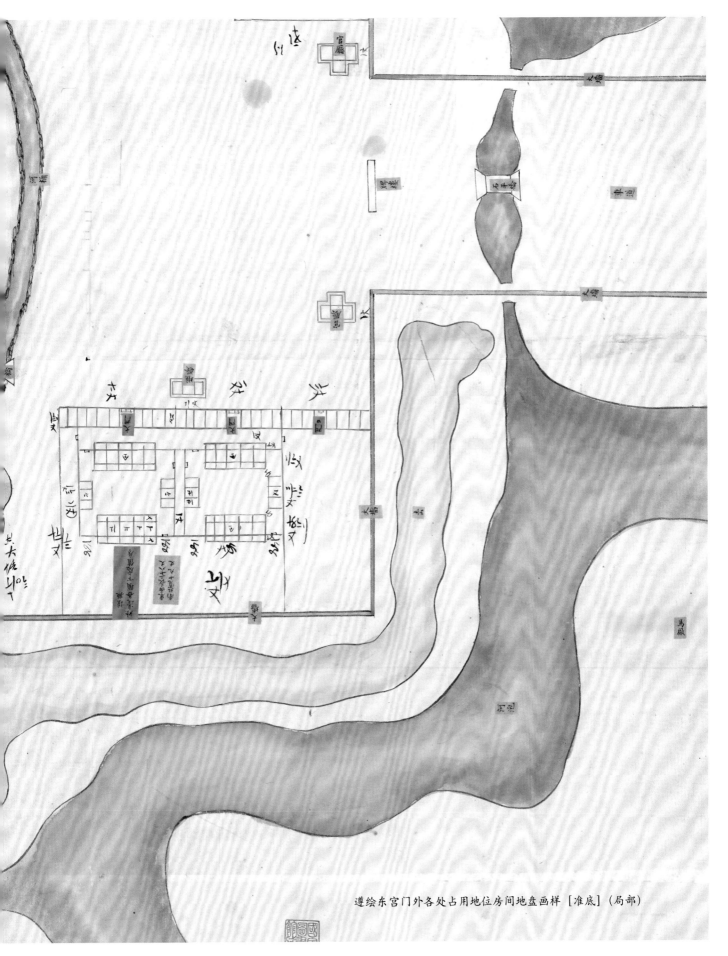

遵绘东宫门外各处占用地位房间地盘画样［准底］（局部）

# 北海

## 北海山后细底［地盘糙样］

该图档绘制了同治十三年（1874）西苑三海大修工程中漪澜堂、延楼组群修缮及添改盖工程的概况。

图档记录了建筑尺寸及现状信息；对于建筑及环境部分绘制较细致、准确，包括土山、太湖石、庭院陈设等都有较为细致的描绘与文字说明；对主体建筑的室内空间也有简略表述，其中用红线绘制了本次添改盖房屋的内容，有多处遮盖的痕迹，反映了方案不断调整的过程，此次工程添盖房六座共二十六间，改盖戏台一座，添盖后台三间。

图档中文字信息较清楚，字迹工整，图形绘制较详细，保存完好，无破损，图纸左下方标注有对本次工程的文字概述，包括本次踏勘过程当中需要修缮的部分，如发生错位以及需要油饰的部位等。左下角墨线记录："连转角后抱厦□，漪澜堂原旧大小房共房间六十八间，大小扒山楼上下共一百六十二间，游廊共大小六十二间，转角十间在内，四方八方亭扇面亭五座八间，添盖房六座共二十六间，改盖戏台一座，添盖后台三间，以上新旧通共三百三十间"，背面有"北海山后细底，改内言俱全，添盖房改戏台，漪澜堂等全图，又改未呈览，东西添改值房，烫样呈过览，利手办"。此外，其他殿座旁均有详细的尺寸及现状信息，如倚晴楼墨线记录："城上重言（檐）四方亭，周围廊三尺，见方一方，柱高七尺。垛口十个，夹陇捉节，筒瓦岔角兽，有亭顶"等。此外，用红线书写了添改盖工程的信息，如戏台"改通面宽二丈九尺，进深二丈四尺，柱高一丈二尺"，晴岚花韵"添安栏杆罩、添大方窗"等。

图号：161-0006
绘制年代：清同治十三年（1874）九月二十八日
颜色：彩色
款式：墨线、红线淡彩
图档类型：大类：地盘画样
　　　　　子类：规划图
原图尺寸(cm)：80.5×188.5
所涉工程：北海漪澜堂添、改建房屋工程
工程地点：北海漪澜堂

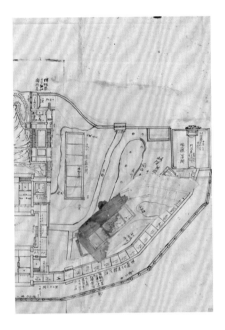

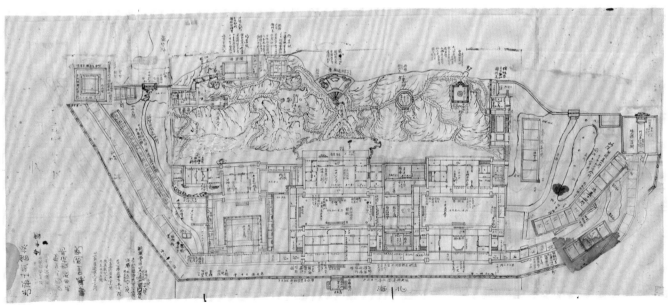

图 2.1-7 北海山后细底[地盘糙样] (图片来源：国家图书馆藏)

本图档是漪澜堂、延楼组群修缮及在周边添改盖房的规划设计图纸。同治十三年（1874）停修圆明园的同时命内务府大臣查勘三海，酌度修理，以备为太后驻跸之所，此为对三海的建筑精心修葺以及添盖时提出的方案。该工程由雷思起、雷廷昌负责。

同治十三年（1874）七月二十九日："停止圆明园工程，三海酌度情形。"同治十三年（1874）七月二十九日谕："因念三海近来宫掖，殿宇完固，量加修理工作不至过繁。著该管大臣查勘三海地方，酌度情形，将何修葺之处，奏请办理。将此通谕中外知之。"

同治十三年（1874）八月一日，又谕："并令该管大臣查勘三海地方，量加修理，为朕恭奉两宫皇太后驻跸之所。惟现在时值艰难，何忍重劳民力。所有三海工程，该管大臣务当核实勘估，力杜浮冒，以昭撙节而恤民艰。"

同治十三年（1874）八月初二日："召见英、明，谕：三海工程速为勘办。皇上驻南海春耦斋，勤政殿召见办事。[西]太后驻北海悦心堂、画舫斋，东太后[驻]北海漪澜堂，均收拾油饰见新。"

同治十三年（1874）八月初九日："将北海漪澜堂和画舫斋殿宇廊檐酌加修葺，油饰见新，请慈安、慈禧两太后分别驻跸"，"再酌将勤政殿、春耦斋、退瞩楼等处一并油饰见新，以为朕办事、召见、引见、驻跸之所"。

现存故宫藏北海漪澜堂烫样：资古建00000748。档案记载如下，同治十三年（1874）八月十四日："查画北海，着烫样呈进御览。又传查镜清斋、濠濮涧、浴兰轩、密□空地添盖房十五间，均着烫样呈览。又传南北海添盖茶膳房、值房、鹿圈等房，均着烫样。"同治十三年（1874）九月二十六日："漪澜堂已烫样，……外添盖房二十二间，添盖资源库四间，共计三百三十间。""九月二十六日，奏准，……又传旨北海漪澜东西院添盖值房太零星，着再行踏勘，多添房间，要其整，其碍树去。额驸又至东西院踏勘，每院拟添盖房二十间。"

此次重修三海工程历时四个月便无疾而终，最先进行估算的南海勤政殿、丰泽园、北海漪澜堂、浴兰轩，按现在舆图、实地勘察与测绘图纸可知，漪澜堂周边的添改建工程并未动工；其他西苑工程也几乎只在准备期间，并未实施。因此，同治十三年（1874）重修西苑工程也只存在于样式雷图档之中。

该图档清晰、完整地呈现了同治十三年（1874）计划大修漪澜堂建筑群的基本情况，除反映了现状勘察的基本情况外，还有规划设计的相关内容。此外，图档还有多处遮盖的痕迹，反映了设计过程中不断调整思路的历程，虽最终未能落地实施，但对于进一步阐释组群变迁及分析造园思想等具有重要意义。

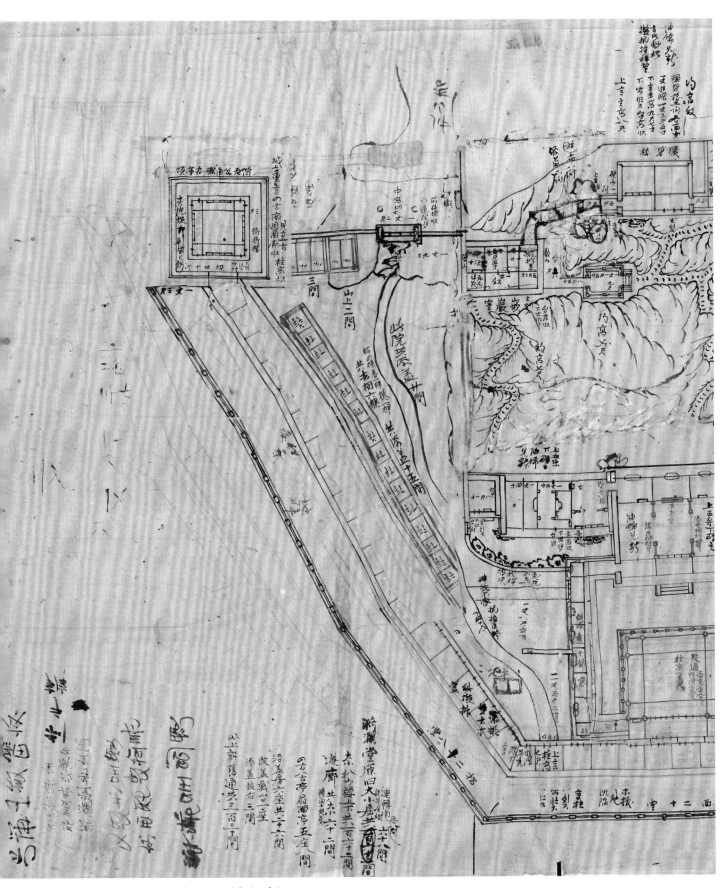

北海山后细底［地盘糙样］（局部）

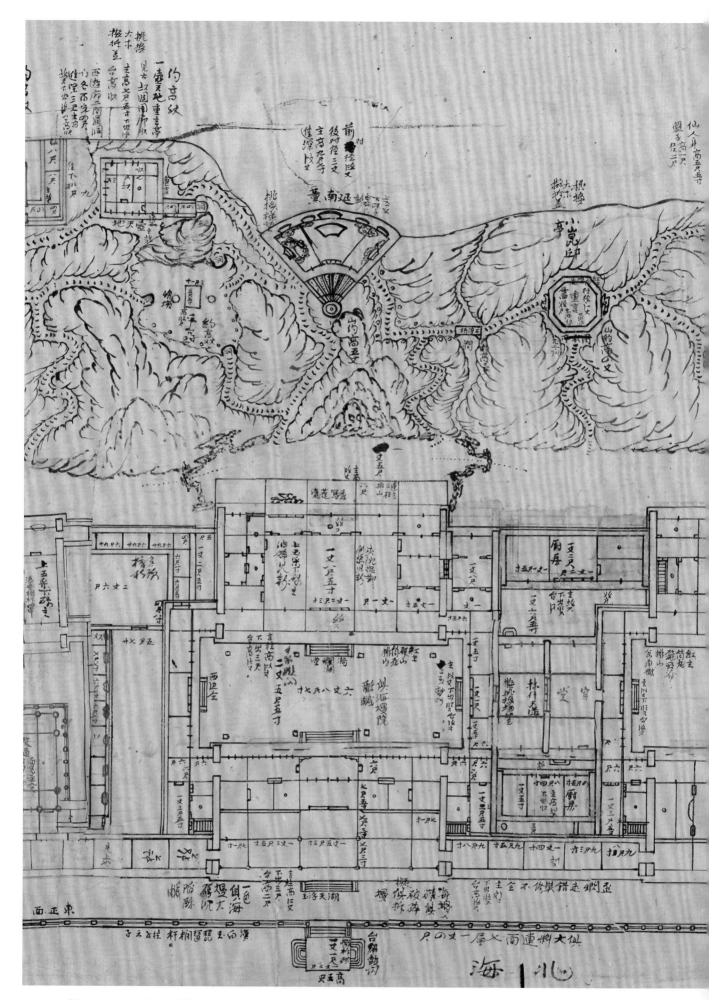

北海山后细底［地盘糙样］（局部）

## 静清斋 ¹ [地盘糙样]

该图档绘制了同治十三年（1874）西苑三海大修工程中镜清斋组群修缮及添改盖工程的概况。

图档记录了建筑尺寸及现状信息，包括驳岸、山石、水池等环境要素；图档以文字形式对本次踏勘过程中需要修缮的部分进行了记录，如清泉廊旁"坦他（他坦）阶条走错"等；此外图中用红线绘制了本次添盖房屋的内容，包括添盖西房三间、添盖南北房各四间，画峰室东侧添盖净房一间，同时对西侧土山进行刨切等。

图中文字信息较清楚，字迹工整，图形绘制较详细，图档保存完好。右下角有墨线记录图名"静清斋"，在添改盖值房处有墨线记录"添盖西房三间，各面宽九尺，进深一丈二寸，柱高八尺，台高六寸，下出一尺六寸。添盖南北房各四间，各面宽九尺，进深一丈一尺，柱高八尺，台高八寸，下出一尺六寸"。此外，在其他殿座旁均有详细的尺寸信息，如镜清斋处墨线记录"歇山静清斋一座五间，明间面宽一丈三尺，四次间各面宽一丈二尺，进深二丈，前后廊各深四尺一寸，后抱厦三间，进深一丈四尺二寸，言（檐）柱高一丈二尺五寸，台明高二尺下出三尺二寸，下台高二尺八寸"等。

本图档是镜清斋添盖西房、南北房以及画峰室东侧净房的规划设计图纸。同治十三年（1874）停修圆明园，同时着内务府大臣查勘三海，酌度修理，以备为太后驻跸之所，此为对三海的建筑精心修葺以及添改盖时提出的方案。该工程由雷思起、雷廷昌负责。

同治十三年（1874）八月现状踏勘，出现的问题主要有：宫门，檐头不齐；镜清斋，上顶坍塌，后抱厦檐头不齐；抱厦书屋，地脚走错；韵琴斋，檐头脱落，装修不齐；焙茶坞，檐头脱落；部分游廊无存、坍塌；沁泉廊，坍塌，条石走错。

同治十三年（1874）八月十四日："查画北海，着烫样呈进御览。又传查镜清斋、濠濮涧、浴兰轩、密□空地添盖房十五间，均着烫样呈览。又传南北海添盖茶膳房、值房、鹿圈等房，均着烫样。"同治十三年（1874）："[注：镜清斋] 原旧有殿宇共大小房三十间，游廊五十五间，八方亭一座，罗锅桥一座"，"镜清斋已烫样……外添盖房十二间，共计九十八间。"现存故宫藏静清斋烫样，编号为资古建。

由于图档161-0004西侧添盖房画样绘制于贴页上，[宫]1193添、改建工程信息用红线直接绘于图面上，推断图档161-0004可能为设计过程的图纸，设计者绘制好现状后，上贴不同更改方案；故前者较后者早出现，推断[宫]1193为最终图纸。

从光绪十三年至十四年（1887-1888）图档385-0033北海静清斋[地盘样]准底中可知，此次添建工程并未实施。

---

1 "静清斋"实际为镜清斋，因图档写"静清斋"，所以图名为"静清斋"。

图号：161-0004

绘制年代：清同治十三年（1874）

颜色：彩色

款式：墨线、红线淡彩

图档类型：大类：地盘画样

　　　　　　子类：规划图

原图尺寸(cm)：115.5×105

所涉工程：镜清斋添盖房屋工程

工程地点：静心斋

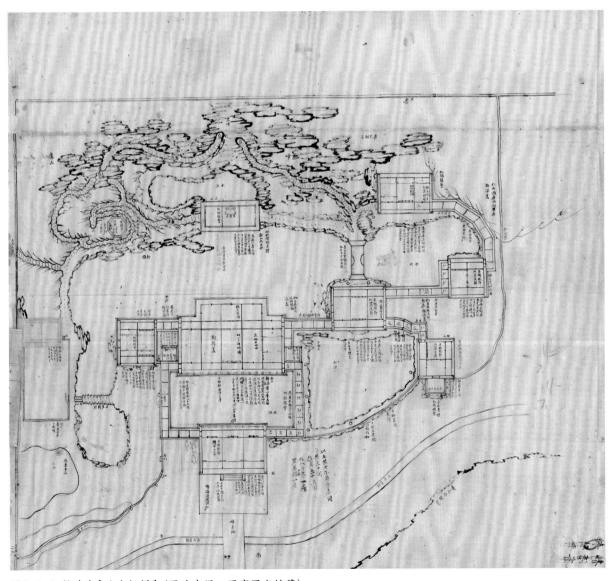

**图2.1-8 静清斋[地盘糙样]（图片来源：国家图书馆藏）**

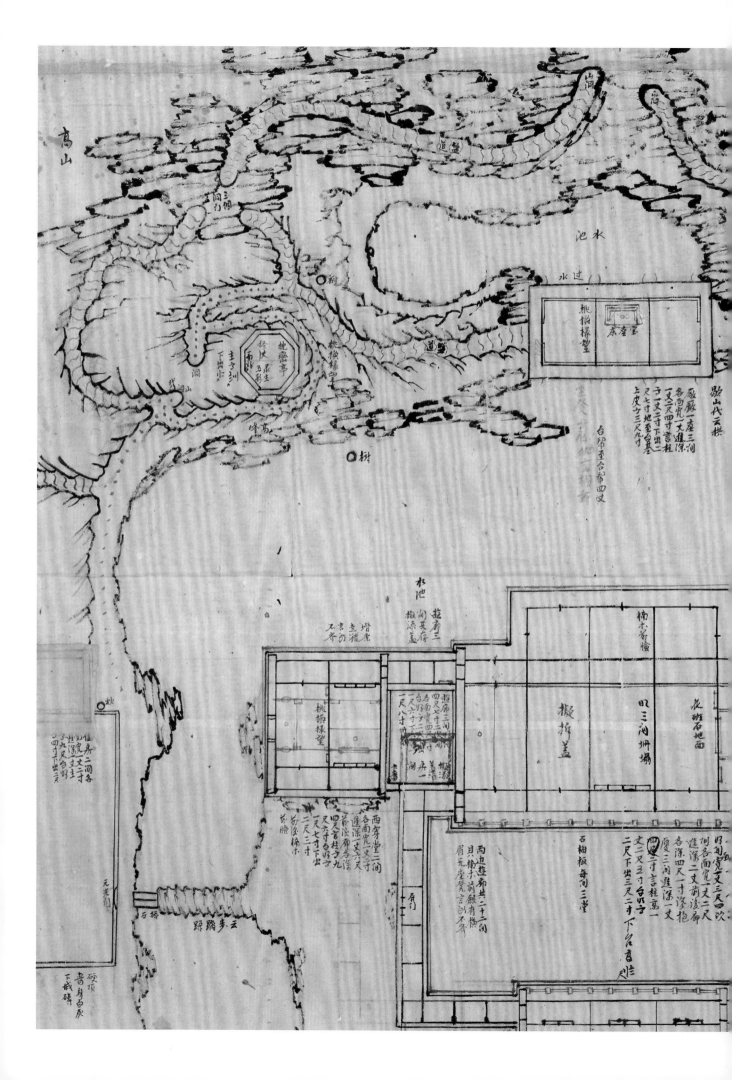

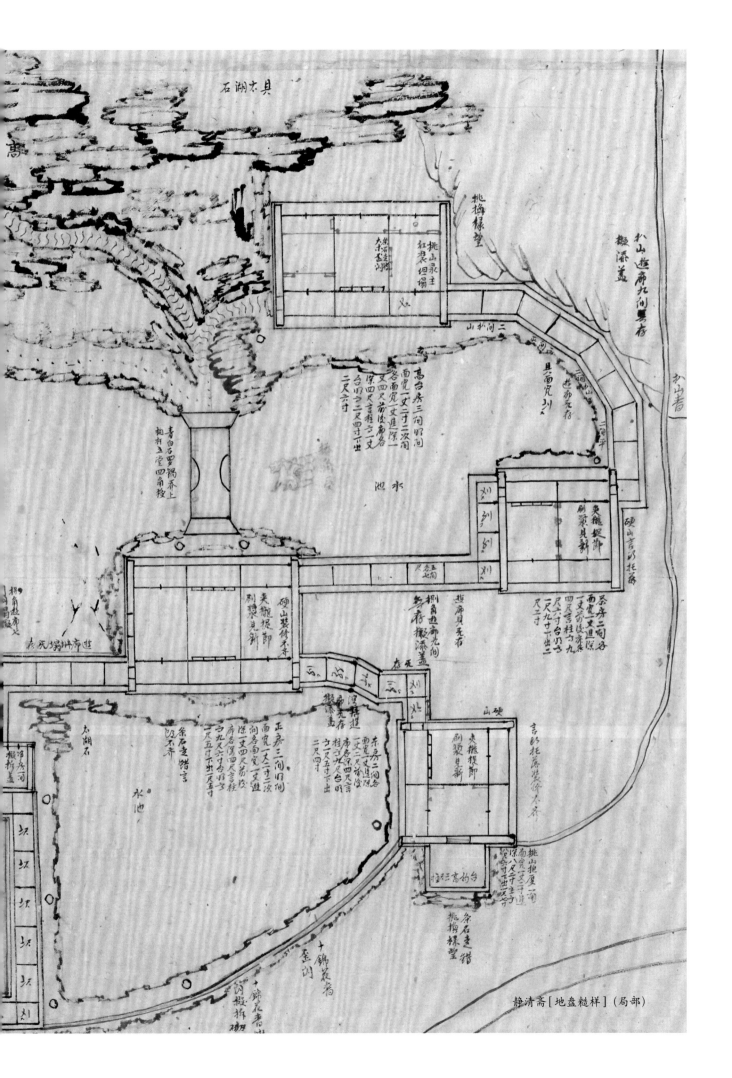

静清斋 [地盘糙样]（局部）

该图档能够清晰、完整地呈现同治十三年（1874）大修镜清斋建筑群的基本情况，图中除反映现状勘察信息以外，还有规划设计的相关内容。虽最终未能落地实施，但对于进一步阐释组群变迁及分析造园思想等具有重要意义。

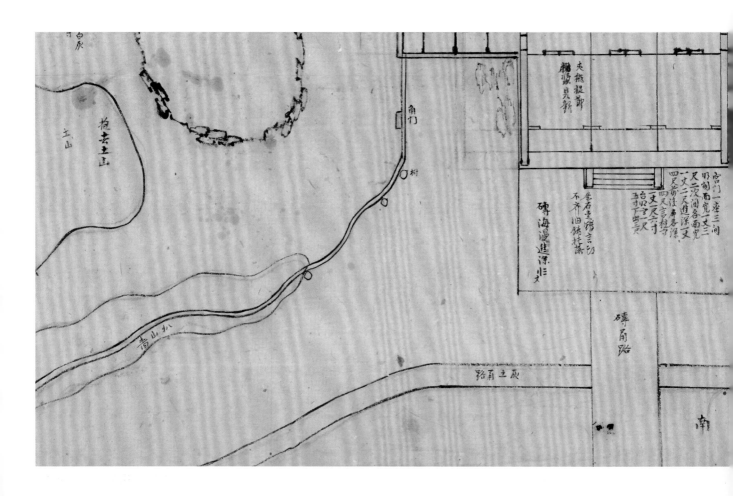

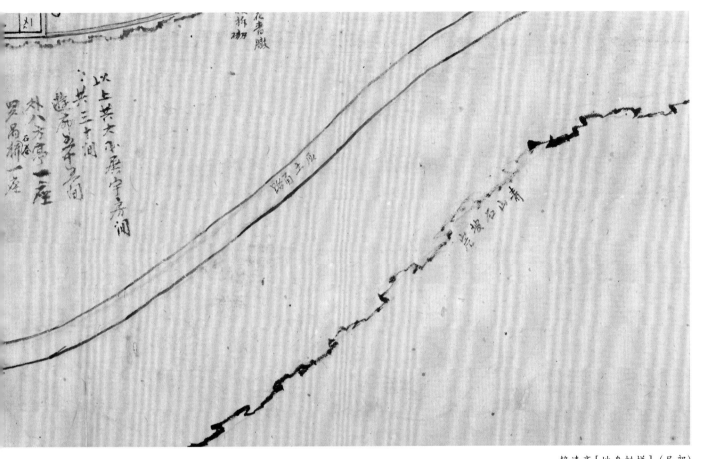

静清斋［地盘糙样］（局部）

## 北海画舫斋［地盘糙样］

该图档绘制了同治十三年（1874）西苑三海大修工程中画舫斋组群修缮及添改盖戏台及值房工程的概况。

图档中以文字形式记录了各殿座尺寸及勘测过程中需要修缮的部分；图中用红线绘制了本次添盖房屋的内容，包括南侧宫门拆改盖五间房，于北侧伸出重檐戏台，在原宫门外土山切刨添盖二十五间东房，同时绘制出整院墙及宫门处土山、道路等。图中有多处涂改、遮盖的痕迹，反映了方案不断调整的过程。

图档保存完好，无破损。文字信息较清楚，字迹工整，右上角有墨线记录图名"画舫斋"，左上方有"北海画舫斋"，背面有"北海画舫斋，白六爷办原细底，九月二十九日利手添戏台、后台、河沿值房，存案，未烫"。在添改盖戏台处有墨线记录，"见方三丈，台明高二尺二寸，下出二尺六寸，主（柱）高一丈四尺，重言（檐）戏台""同治十三年九月二十九日奏准，奉旨依议"等。此外，在其他殿座旁均有详细的尺寸信息，如"画舫斋殿一座五间，明间面宽一丈二尺二寸，二次间各面宽一丈一尺二寸，二稍间各面宽一丈二寸，进深二丈五尺，前后廊各深四尺，前抱厦三间，进深一丈八寸，言（檐）柱高一丈二尺五寸，台明高一尺八寸，下出三尺二寸"等。

图号：161-0003

绘制年代：［清同治十三年（1874）九月二十九日］

颜色：彩色

款式：墨线、红线

图档类型：大类：地盘画样

　　　　　　子类：规划图

原图尺寸(cm)：148×80.5

所涉工程：北海画舫斋整修工程

工程地点：北海画舫斋

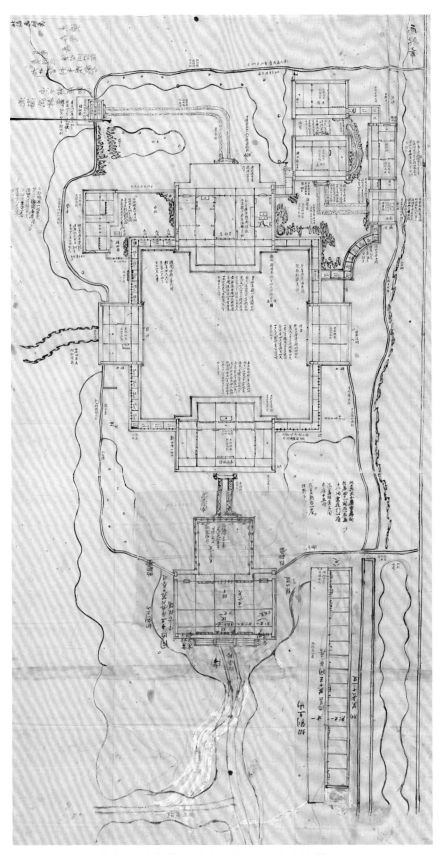

图 2.1-9 北海画舫斋[地盘糙样]（图片来源：国家图书馆藏）

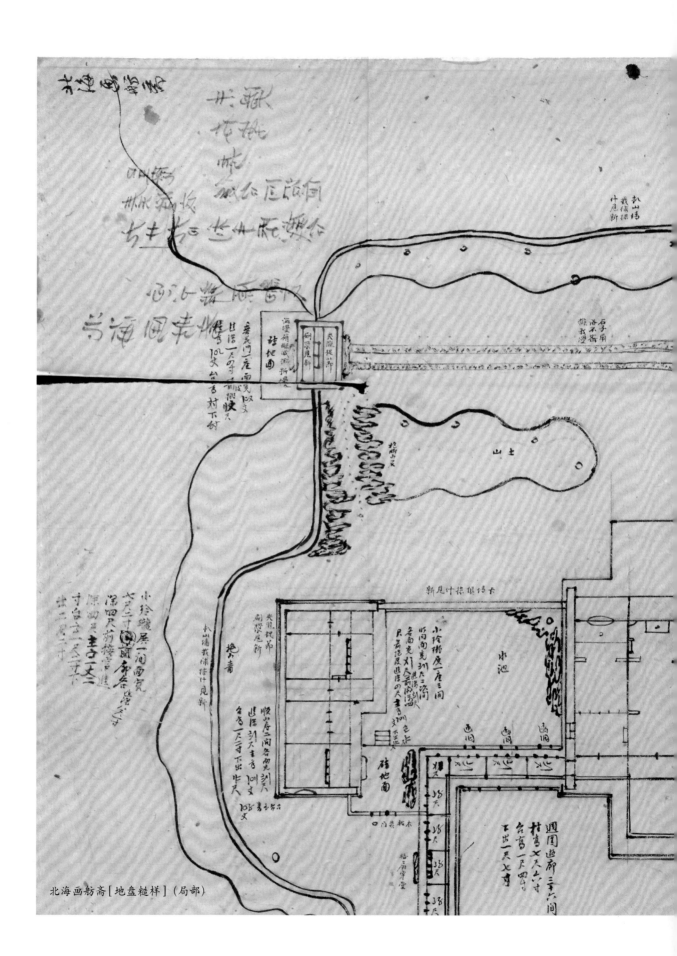

北海画舫斋[地盘糙样]（局部）

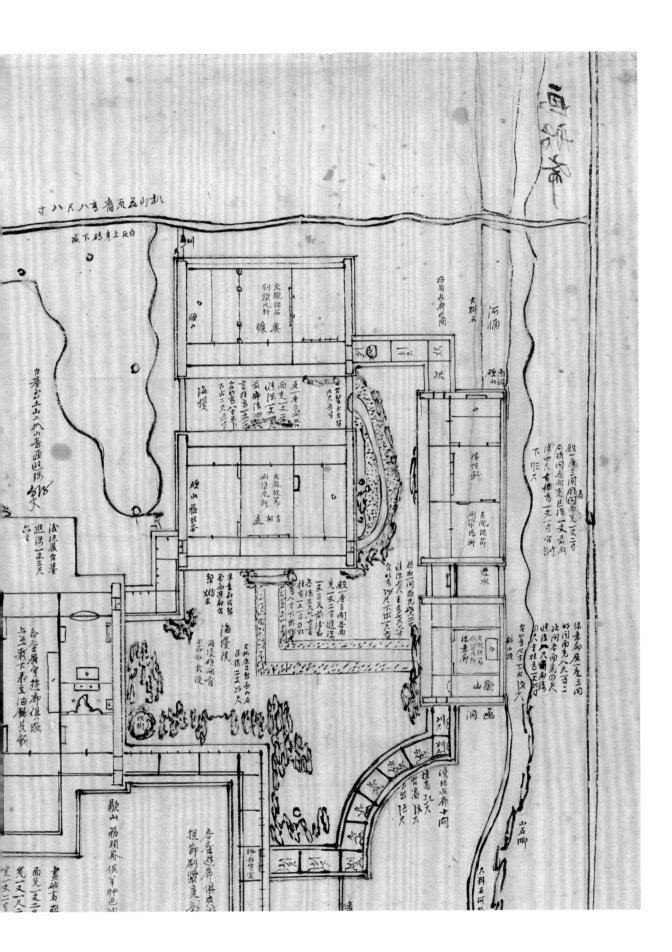

65

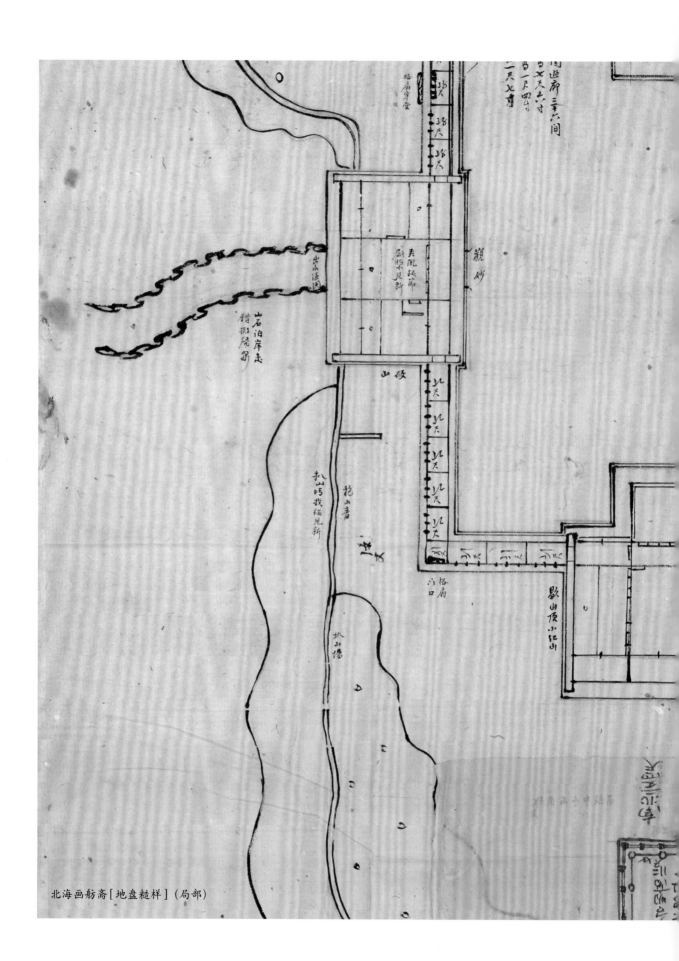

北海画舫斋 [地盘糙样]（局部）

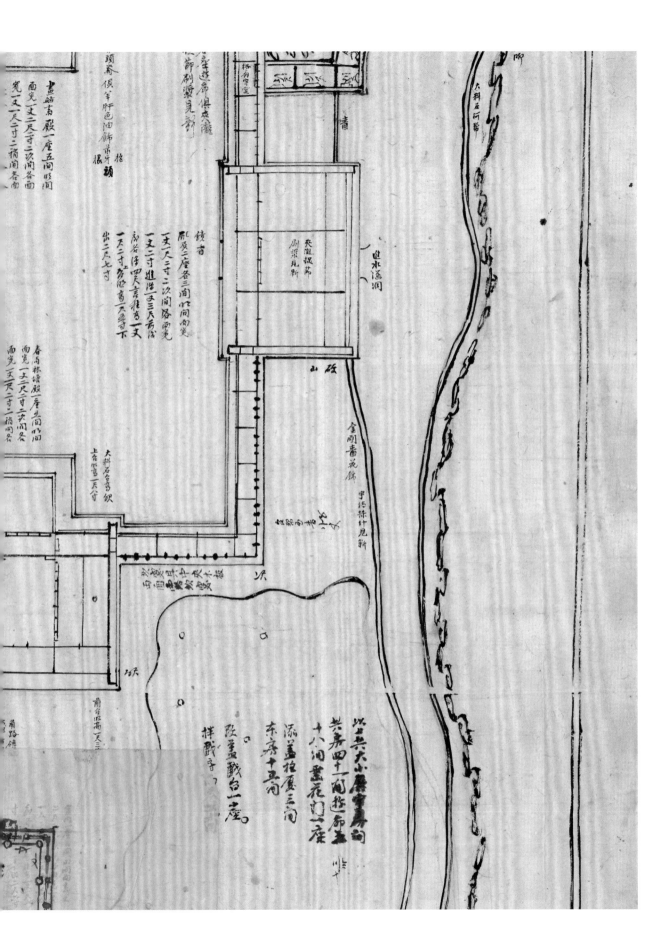

本图档是画舫斋添改盖戏台以及添盖宫门外东房的规划设计图纸。同治十三年（1874）停修圆明园，同时着内务府大臣查勘三海，酌度修理，以备太后驻跸之所，此为对三海的建筑精心修葺以及添盖时提出的方案。该工程由雷思起、雷廷昌负责。

同治十三年（1874）七月二十九日谕："因念三海近来宫掖，殿宇完固，量加修理工作不至过繁。著该管大臣查勘三海地方，酌度情形，将如何修葺之处，奏请办理。将此通谕中外知之。"同治十三年（1874）八月一日，又谕："并令该管大臣查勘三海地方，量加修理，为朕恭奉两宫皇太后驻跸之所。惟现在时值艰难，何忍重劳民力。所有三海工程，该管大臣务当核实勘估，力杜浮冒，以昭撙节而恤民艰。"同治十三年（1874）八月初二日："召见英、明，谕：三海工程速为勘办。皇上驻南海春耦斋，勤政殿召见办事。［西］太后驻北海悦心堂、画舫斋，东太后［驻］北海漪澜堂，均收拾油饰见新。"同治十三年（1874）八月初九日："将北海漪澜堂和画舫斋殿宇廊檐酌加修葺，油饰见新，请慈安、慈禧两太后分别驻跸""再酌将勤政殿、春耦斋、遐瞩楼等处一并油饰见新，以为朕办事、召见、引见、驻跸之所"。

同时在修葺的基础上提出了添盖戏台的方案，同治十三年（1874）八月十一日开始到九月，原宫门："宫门一座三间，明间面宽一丈二尺二寸，二次间各面宽一丈一尺二寸，进深一丈三尺，前后廊各深四尺，言（檐）柱高一丈一尺七寸，台明高一尺一寸，下出二尺六寸"。添盖戏台："添盖扮戏房，宫门改后台一座五间，明间面宽一丈二尺，二次间各面宽一丈一尺，二进间各面宽一丈五寸，进深二丈六尺，前后廊各深四尺，言（檐）柱高一丈二尺，台二尺，下出二尺四寸。""改重言（檐）戏台，见方、进深三丈，柱高一丈四尺，台二尺二寸，下二尺六寸。硬山箍头脊，光棍柱，砖海墁一丈一尺六寸，石子甬路，屏门录油色，红柱录抱框红装"。添盖东房："东山后添盖值房一座十五间，各面宽八尺，进深一丈二尺，柱高八尺，台明高一尺二寸，下出一尺二寸"。

同年八月十四日又着烫样一份：故宫藏画舫斋烫样，编号为资古建00000746。

该图档能够清晰、完整地呈现同治十三年（1874）大修画舫斋建筑群的基本情况，图中除反映了现状勘察的基本信息外，还有规划设计的相关内容。此外，图中还有多处遮盖、涂改的痕迹，反映了设计过程中不断调整思路的历程，虽最终未能落地实施，但对于进一步阐释组群变迁及分析造园思想等具有重要意义。

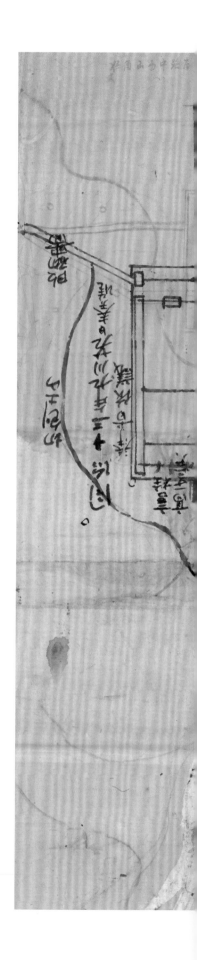

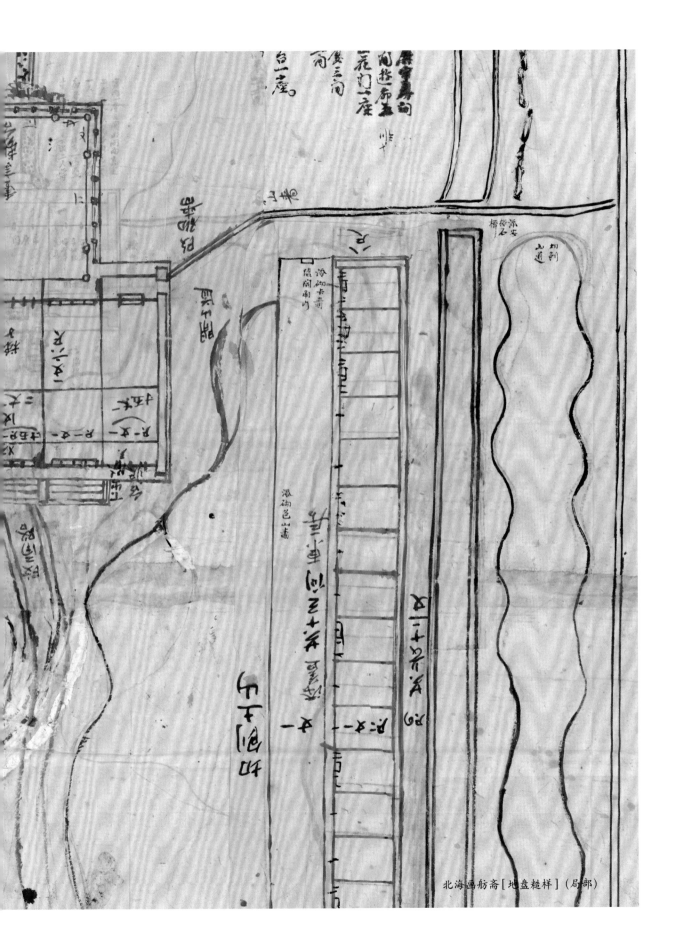

北海画舫斋［地盘糙样］（局部）

漪兰堂［地盘糙底］

该图档绘制了同治十三年（1874）西苑三海大修工程中漪澜堂组群后山修缮工程的概况。

图档中有较为详细的建筑开间、进深等尺寸以及现状信息。对邻山书屋、抱冲室、得性楼、铜仙呈露、昆邱亭、延南薰、一壶天地、嵌岩室、环碧楼等建筑部分进行了简单绘制及文字记录；建筑组群外部环境如土山、太湖石假山、道路等也有简单记录，并对仙人呈露台绘制了立样，记载了较详细的尺寸。

图档保存完好，无破损。文字书写较潦草，图形绘制较简略，图档左侧背面有图名"漪兰堂"，从左至右依次为："坑""过有仙楼""叠落""高三丈""具（俱）坍塌""楼""堂""碧云""露水神""龙包柱""困秋亭""前径一丈三尺五寸""后径三丈""延南薰""进深一丈一尺九寸""一壶天地""重言（檐）""环碧楼""抱厦""坍塌""嵌岩室""假山""翠"等。


本图档反映的是漪澜堂后山组群修缮工程概况。同治十三年（1874）停修圆明园的同时命内务府大臣查勘三海，酌度修理，以备为太后驻跸之所，此为对三海的建筑精心修茸以及添盖时提出的方案。

图档中绘有邻山书屋、抱冲室、得性楼、铜仙呈露、昆邱亭、延南薰、一壶天地、嵌岩室、环碧楼等建筑，应与图档155-0001-09北海山后［平样］糙底为一套，分别为对漪澜堂后院以及漪澜堂主体建组群格局的记录。但图中并未绘制盘岚精舍，只标注其方位。

漪澜堂、延楼建筑组群的修建主要是在乾隆十六年至乾隆十七年（1751-1752）和乾隆三十四年（1769）两次进行的，此后有多次修缮记录，其中光绪十四年（1888）对漪澜堂组群进行了大修，但并没有较大的格局变动。

该图档能够清晰、完整地呈现同治十三年（1874）大修漪澜堂后山组群的基本情况，反映了现状勘察的基本信息，对于进一步阐释组群变迁及分析造园思想等具有重要意义。

图号：155-0001-12

绘制年代：［清同治十三年（1874）八月］

颜色：黑白

款式：墨线

图档类型：大类：地盘画样

子类：踏勘图

原图尺寸(cm)：57.5×81.5

所涉工程：漪澜堂整修工程

工程地点：漪澜堂后院

图2.1-10 漪兰堂［地盘糙底］（图片来源：国家图书馆藏）

# 香山

[静宜园全图]

该图档绘制了静宜园大墙整修的平面图。

图档所用底图绘制的是乾隆四十五年（1780）昭庙建成到乾隆五十四年（1789）昭庙改建之间的静宜园，即嘉庆十三年（1808）洁素履改梯云山馆前的静宜园。绘制范围东至外买卖街东牌楼，南、西至静宜园大墙，北至碧云寺。图档中部有四处画面有损，疑似折叠后被水浸泡所致。图档中买卖街、丽曙楼、玉华岫、香雾窟以及碧云寺有部分图档缺失，局部有残破，建筑和围墙尺寸部分黄签不完整。该工程由雷家玺负责。

黄签标注建筑名称和围墙尺寸，建筑名称（不含围墙上的随墙门）由东向西依次是"芝廛""买卖街"（破损）、"大宫门""勤政殿""带水屏山""多云亭""绿云舫""绿筠深处""香云入座""香山永安寺""来青轩""性因妙果"（破损）、"无量殿""圆灵应现""欢喜园""驯鹿坡""洪光寺""光明三昧""雨香馆""最高处""森玉笋""超然堂""栖月崖""云关""重翠崦""芙蓉坪""静如太古""宗镜大昭之庙""正凝堂""饮鹿池""碧云寺""金刚宝塔"。外垣墙黄签标注"一段（段）长二丈""一段（段）长六尺""一段（段）长一丈三尺""诸旗门""一段（段）长三丈五尺""一段（段）长七尺"（破损）、"一段（段）长一丈六尺""一段（段）长一丈二尺""一段（段）长三丈""一段（段）长二丈七尺"（破损）、"南""一段（段）长一丈一尺""一段（段）长一丈三尺""一段（段）长一丈三尺""一段（段）长一丈四尺""一段（段）长一丈七尺""丰裕门""一段（段）长八尺""一段（段）长一丈□尺""一段（段）长四丈二尺""一段（段）长一丈""一段（段）长八尺""一段（段）长一丈五尺赔修尺""一段（段）长一丈六尺""一段（段）长一丈九尺""一段（段）长一丈一尺""一段（段）长二丈五尺""一段（段）长一丈""一段（段）长一丈赔修""一段（段）长一丈""一段（段）长二丈五尺""一段（段）长二丈八尺""一段（段）长六丈""一段（段）长一丈二尺""一段（段）长一丈二尺""一段（段）长一丈一尺""一段（段）长一丈二尺""一段（段）长一丈三尺""一段（段）长一丈赔修""一段（段）长一丈""一段（段）长一丈二尺""一段（段）长三丈二尺""一段（段）长一丈七尺""一段（段）长五丈二尺""一段（段）长一丈七尺""一段（段）长二丈二尺""一段（段）长三丈三尺""一段（段）长一丈八尺""一段（段）长一丈二尺""一段（段）长一丈""一段（段）长一丈三尺""一

段（段）长一丈三尺""一段（段）长一丈七尺""运料门""一段（段）长八尺""一段（段）长八尺""一段（段）长一丈五尺""□三丈一尺赔修""小东门"。内垣墙黄签标注"一段（段）长二丈一尺""一段（段）长二丈三尺""长一丈七尺"（破损）、"一段（段）□"（破损）、"一段（段）长一丈二尺""一段（段）长一丈一尺""一段（段）长一丈五尺""一段（段）长三丈""一段（段）长一丈七尺""一段（段）长七尺""一段（段）长五丈"。

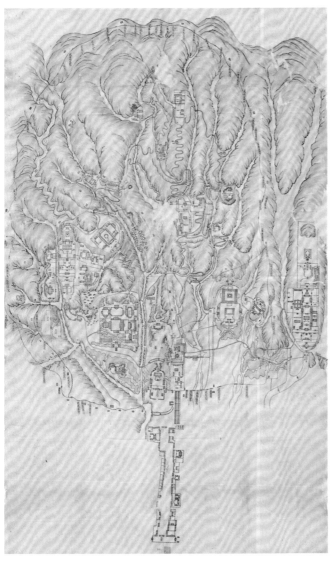

图号：111-0010

绘制年代：[清嘉庆五年（1800）之前]

颜色：彩色

款式：墨线、红线淡彩，黄签

图档类型：大类：地盘画样

　　　　　　子类：规划图

原图尺寸(cm)：135.0×83.0

所涉工程：静宜园大墙整修工程

工程地点：静宜园

图2.1-11［静宜园全图］（图片来源：国家图书馆藏）

该图档价值较大。首先是目前掌握的三张全图中范围最大，且唯一有贴签者。其次，根据档案判断，该底图所反映的基本是乾隆时期的原貌，嘉庆时期的几项拆改均未发生。第三，该图为目前发现的最早的静宜园样式雷图，且因为年代较为确定，可以通过笔迹和画法对照等方法，进一步对绘制者等信息进行判断，图档中出现了多处类似"长三丈一尺赔修"的标签，可判定其与大墙修缮有关。目前所掌握的历史档案中，仅嘉庆五年（1800）有关于修缮静宜园大墙的记载，且其时间与推断的图档110-0010中静宜园年代相符，初步推断该图档绘于嘉庆五年（1800），责任人是雷家玺。第四，该图疑为图档125-001所参考的原始图，对另一张全图的年代和责任人判断有极大帮助。

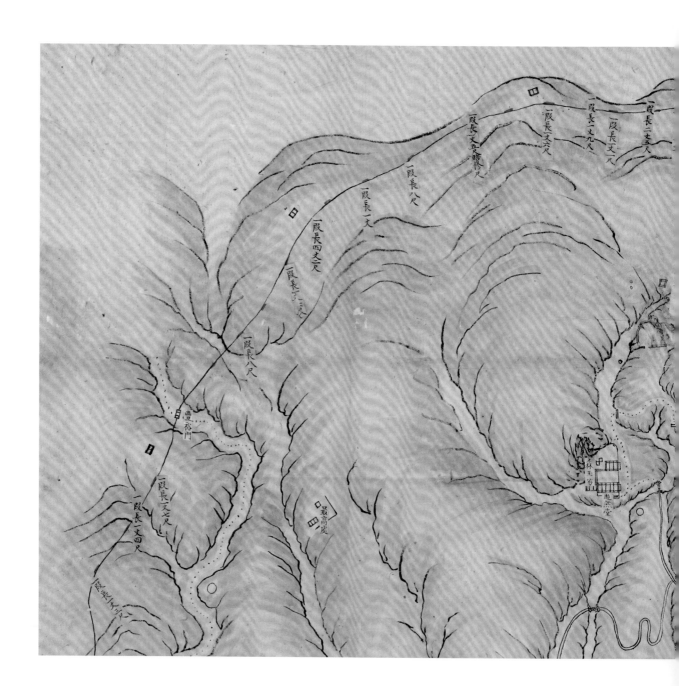

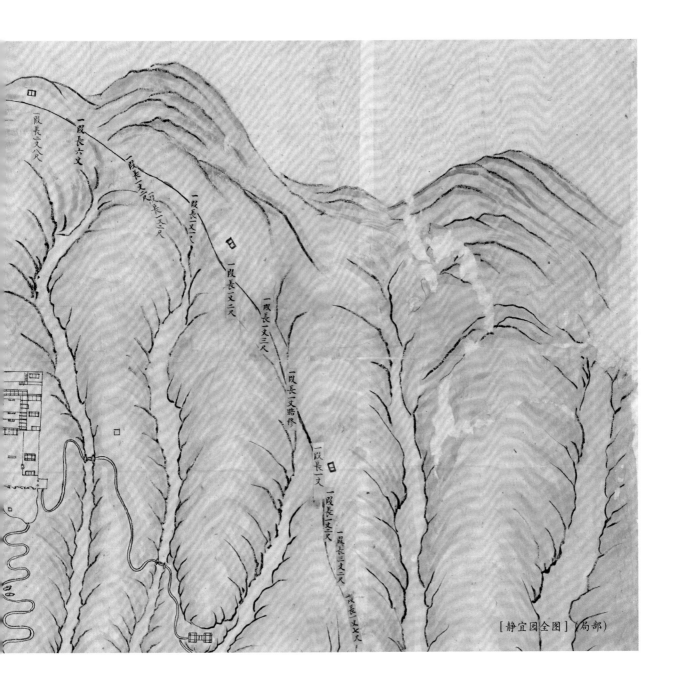

一段長三丈八尺
一段長六丈
一段長三丈尺
一段長三尺
一段長一丈二尺
一段長一丈
一段長一丈三尺
一段長一丈略修
一段長一丈
一段長一丈三尺
一段長三丈二尺
一段長一丈七尺

[静宜园全图]（局部）

75

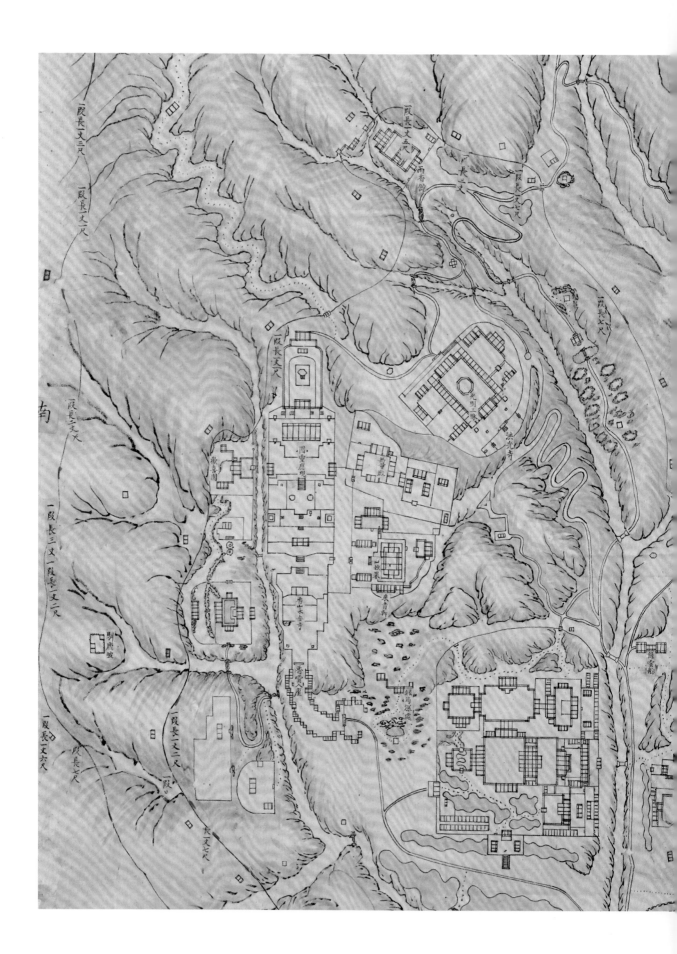

[静宜园全图]（局部）

77

[静宜园全图] (局部)

## 香山地盘

该图档绘制了静宜园宫门区整修的平面图。

图档绘制范围东至外买卖街东牌楼，南、西至静宜园大墙，北至碧云寺。图中贴黄签、墨线，用以标注名称，字迹潦草部分难以辨认。一号、二号图仅买卖街处敷贴修改图样，其他无变化，有部分黄签存在缺失痕迹。该工程由雷景修负责。

黄签标注主要建筑名称，墨线标注详细建筑名称。黄签标注有："勤政殿""中宫北宫门""学古堂""清音亭""绿筠深处""内买卖街"（破损）、"□方亭□"（破损）、"犇鹿园""来青轩""无量殿""欢喜园""昭庙""见心斋""重翠崦""静室"。墨线依次为"静宜园宫门""膳房""小宫门""致远斋""韵琴斋""听雪轩""清寄轩""丽瞩楼""多云亭""绿云舫""北宫门""元和宣畅""情赏为美""物外超然""郁兰堂""延旭轩""凌虚馆""聚芳图""学古堂""敷翠轩""濠濮想""泽春轩""涧碧溪清""东宫门""虚朗斋""画禅室""披云室""怡情书史""采香亭""露香亭""南宫门""青音""山阳一曲精庐""清凉亭""得一书屋""带水屏山""对瀑""翠微亭""看云亭""下鹿园""上鹿园""驯鹿坡""蝉（蟾）蜍峰""山水青音""凭襟致爽""松阴（坞）云壮（庄）""栖云娄（楼）""香山永安寺""天王殿""天泽神行""欢喜元（园）""欢喜""丛云""圆灵应现""眼界宽""水月空明""如意门""来"（疑似来青轩）、"性因妙果""海棠院""妙高堂""关帝庙""观音殿""无量殿""洪光寺""光明三昧""香嵓（岩）清域""香岩室""罨翠""绚秋林""雨香馆""林天石海""洒兰书屋""翠微山房""风雨门""知时亭""知佳亭""玉乳泉""鹦集崖""约白门""约白亭""宗镜大昭之庙""景（井）字楼""文庙""见心斋""正凝堂""观音阁""隔云钟""静如太古""芙蓉屏（坪）""有秋亭""玉华寺""香嵓（岩）慧""玉华秀（岫）""邀月榭""绮望亭""溢芳轩""烟霏蔚秀""栖月崖""倚吟""乐此（山）川佳""得趣书屋""云巢""超然堂""晞阳阿""延月亭""静室""游目天表""镜烟楼""梯云山馆""重翠崦""龙王庙""四合门""碧云寺""碧云寺""能仁寂照""静演三车""罗汉堂""普明妙觉""洗心亭""□清净心""龙王庙""镜见远［□］""香山地盘"。

图号：125-0001
绘制年代：[清道光五年至咸丰十年（1825-1860）之间]
颜色：彩色
款式：墨线淡彩，黄签
图档类型：大类：地盘画样
　　　　　　子类：平面规划图
原图尺寸(cm)：118.0×89.0
所涉工程：静宜园宫门区整修工程
工程地点：静宜园

图 2.1-12 [静宜园全图]（图片来源：国家图书馆藏）

该图档是目前掌握的三张全图之一，除极个别几处建筑名称在墨线字迹附近再贴黄签外，均为直接在图面书写，其建筑名称标注多于图档111-010香山全图。图档没有任何尺寸标注，右下角有毛笔"香山地盘"楷书四字。根据档案判断，该图档所反映的基本是静宜园嘉庆十六年（1811）之后的面貌，嘉庆时期的几项拆改均已经发生。

图档绘画线条较为粗糙，山道墨线较粗，山石用皴笔画法绘制，尤其是有明显的用白粉涂盖建筑和山体的痕迹。图档中的字分为两类，一类是直接书写在图档上，这类字较多，字迹潦草，有涂改，且很多组群之中的单体建筑也被标出；一类为黄签，笔迹与草书者十分相似，但与图档110-010香山全图笔迹明显不同，猜测其为嘉庆十六年（1811）以后的一张图档。通过与几代样式雷所绘其他图档及笔迹的对比，该图档为道光五年到咸丰十年（1825-1860）之间所绘，绘制人为雷景修。

香山地盘（局部）

香山地盘（局部）

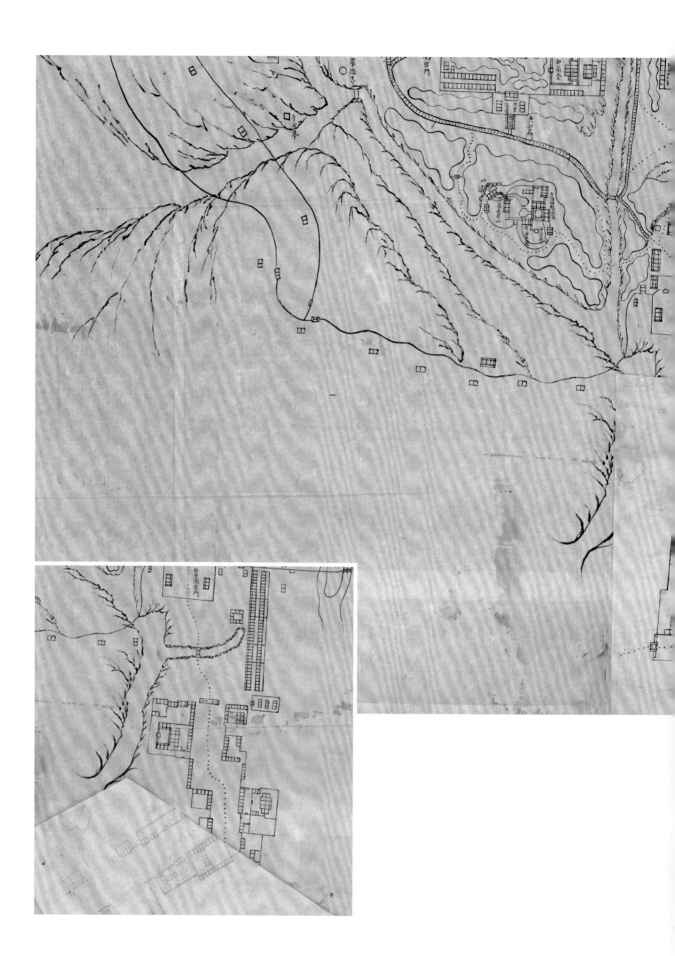

香山地盘（局部）

## [静宜园、碧云寺、卧佛寺至广润庙水道图]

该图档绘制了同治六年（1867）开始修建的从静宜园和樱桃沟至广润庙段的西郊水利工程，为平面图。

北京西北郊水源主要有四处：静宜园内双井泉、碧云寺卓锡泉、樱桃沟水源头、静明园内诸泉。图档绘制了静宜园内的两股水源：南股出自双井泉，向东北经香山寺前知乐濠，再经璎珞岩瀑布，过南宫带水屏山水池，流入宫门外的月河。北股来源于碧云寺卓锡泉，从南墙出寺至静宜园北侧垣墙向东南流，经饮鹿湖、正凝堂水池、昭庙前鱼池、听雪轩前水池、勤政殿月牙河，注入月河。图上还绘制了静宜园外的樱桃沟至卧佛寺接至广润龙王庙，碧云寺内外至香山北墙内由见心斋至月牙池，双井泉起至月牙池往东至广润龙王庙这三段水道工程。该工程由雷思起负责。

图档墨线标注建筑和地貌名称，红线标注水利工程内容。墨线由东向西依次为"妙云寺""广润庙""七孔桥""教厂""四王府""旱河""营房""御座房""十方普觉寺""御座房""卡墙""堆拨""五华寺""樱桃沟""过街塔""煤厂""城关""城关""四合门""碧云寺""龙口""御座房""洗心亭""静演三车""塔""罗汉堂""二孔涵洞""南楼门""北楼门""买卖街""静宜园""值房""大墙""见心斋""正凝堂""宗镜大昭之庙""大墙""香山""清寄轩""中宫""香山寺""知乐濠""买卖街""大墙""月宫""双井""双清""广润龙王庙""牌娄（楼）"。红线由东向西依次为"拆修石沟""清空水池""拆修石沟""拆修石沟""拆修石沟""拆修石沟""拆修泊岸""拆修泊岸""清空水池""拆修水沟""拆修石沟""修理水池""拆修石沟""清空水池""拆修泊岸""拆修石沟""清理"（破损）、"拆修石沟""添修一孔涵洞""添修一孔涵洞""添修三孔涵洞""拆修石沟""拆修石沟""修理""修理水池""修理挂水""拆修石沟""拆修石沟""清理山石""拆修石沟""拆修石沟""拆修石沟""清空河泡""清空水池""拆修石沟""清空河桶""筑打灰土""拆修石沟""添修石沟""拆修石沟""清空河桶""修理挂水""清空月牙池""添修石沟""拆修海墁""添修石沟""添修石沟""补修年羔（糕）乔（桥）""添修水池""添修石沟""添修石沟""添修石沟""添修水池""清空井泉""添修挡水墙"。

该图档是同治年间西郊水利工程西段最详细的图纸，尤其对静宜园内水道的绘制十分详细。图档和多部工程做法清册，如《静宜园内外修理水沟等工销算丈尺做法清册》和《碧云寺修理水沟等工销算丈尺做法清册》等的绘制一致。

图号：125-0008
绘制年代：[ 清同治六年至七年（1867-1868 ）]
颜色：彩色
款式：墨线、红线淡彩
图档类型：大类：地盘画样
　　　　　　子类：规划图
原图尺寸(cm)：72.4×63.1
所涉工程：静宜园、樱桃沟到广润庙水利工程
工程地点：静宜园

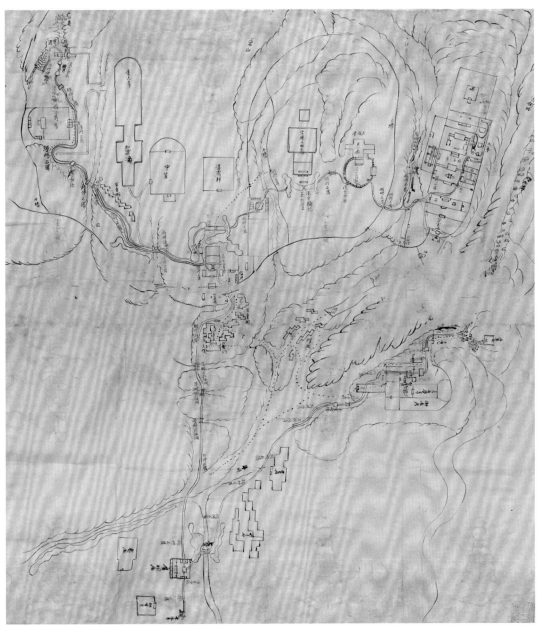

图 2.1-13 [ 静宜园、碧云寺、卧佛寺至广润庙水道图 ]（图片来源：国家图书馆藏）

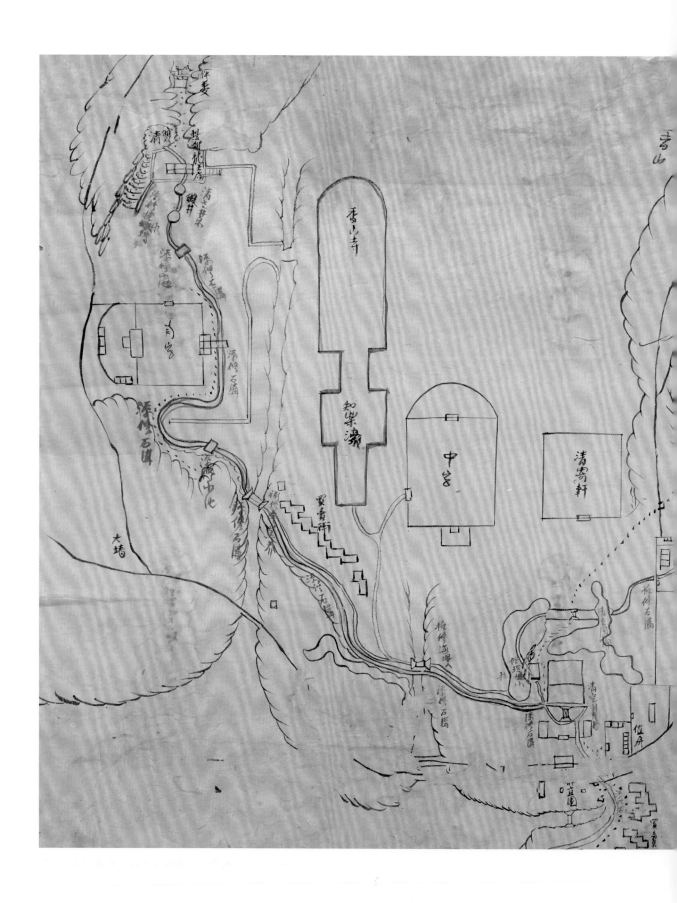

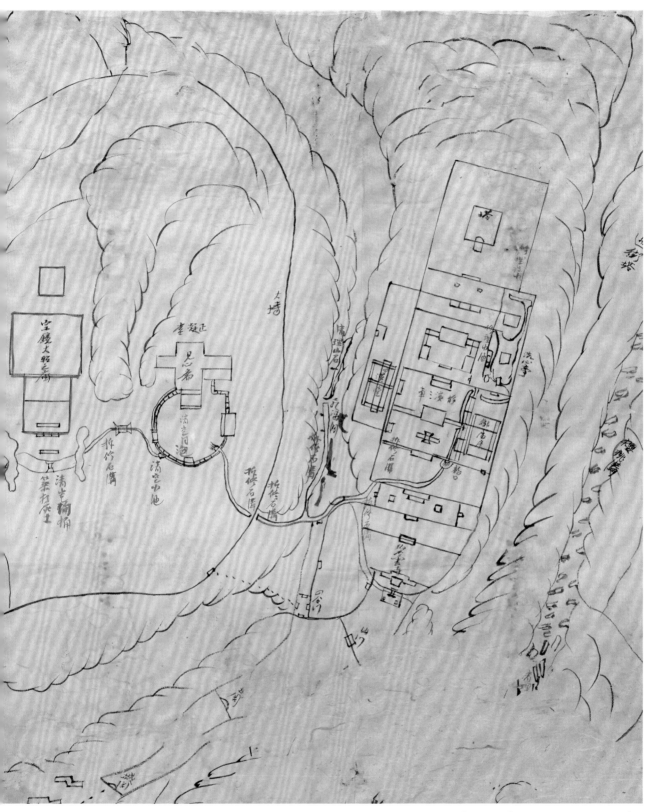

［静宜园、碧云寺、卧佛寺至广润庙水道图］（局部）

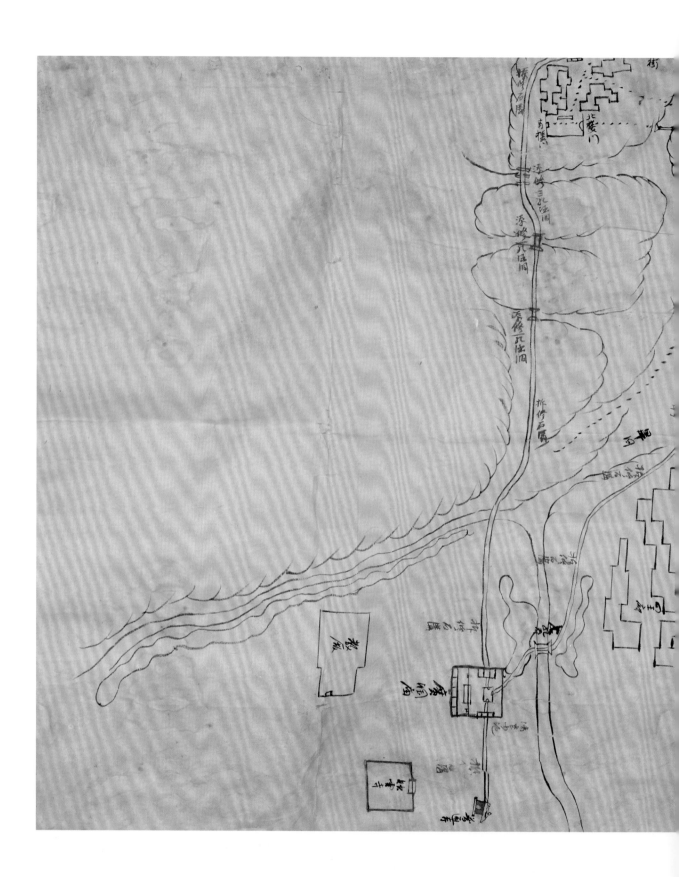

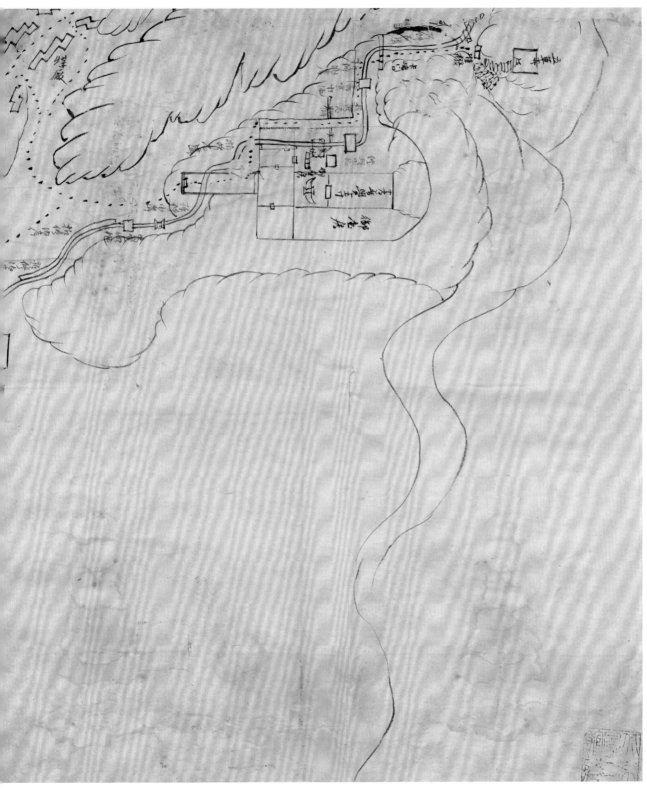

［静宜园、碧云寺、卧佛寺至广润庙水道图］（局部）

[静宜园地盘图样全图]

该图档绘制了光绪年间静宜园重修工程时的静宜园全貌。

该图档为单色墨线绘制，无贴签与文字。因折叠保存，折痕处破损较严重，正中横向折痕破损最为严重。图档仅绘出静宜园大墙内建筑最集中区域，大致是嘉庆十三年（1808）洁素履改梯云山馆前的静宜园，未绘外买卖街和内垣墙以西、以南部分。图档的图面较新，绘制笔法也较精细。该工程负责人为雷廷昌。


该图是目前掌握的三张香山全图之一。据所画内容，可推测该图是光绪年间为重修而参考静宜园嘉庆时期的全图所绘，责任人为样式雷家族第七代的雷廷昌。

图号：356-1923
绘制年代：[清光绪二十年（1894）前]
颜色：黑白
款式：墨线
图档类型：大类：地盘画样
　　　　　子类：规划图
原图尺寸(cm)：133.0×131.0
所涉工程：静宜园重修工程
工程地点：静宜园

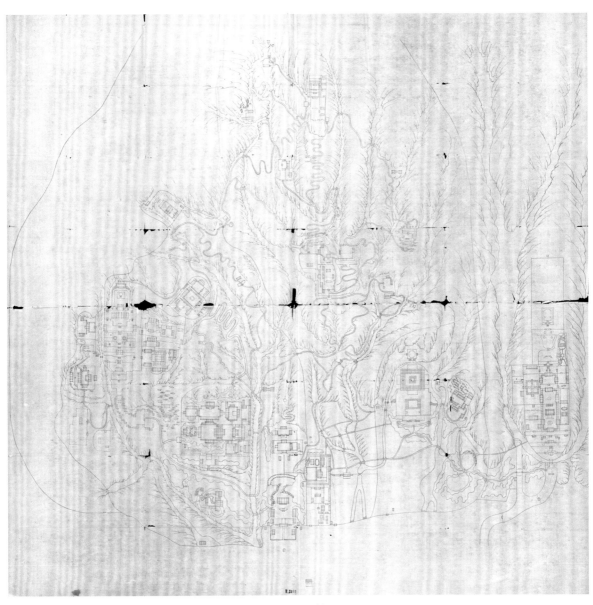

图2.1-14［静宜园地盘图样全图］（图片来源：国家图书馆藏）

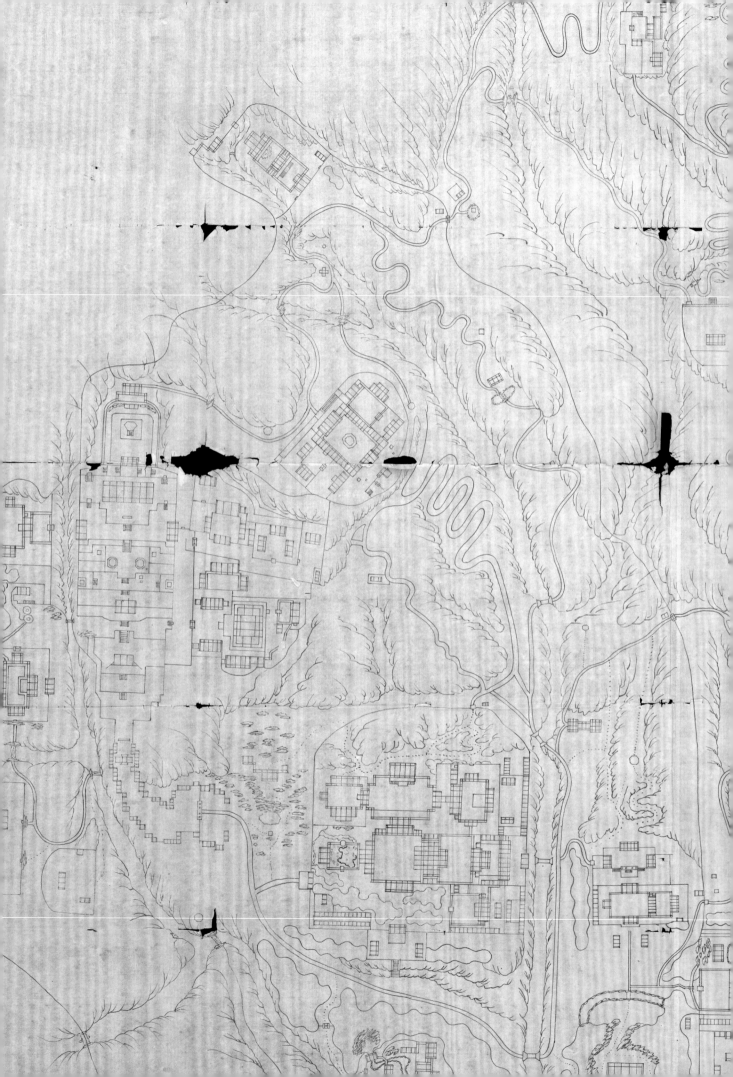

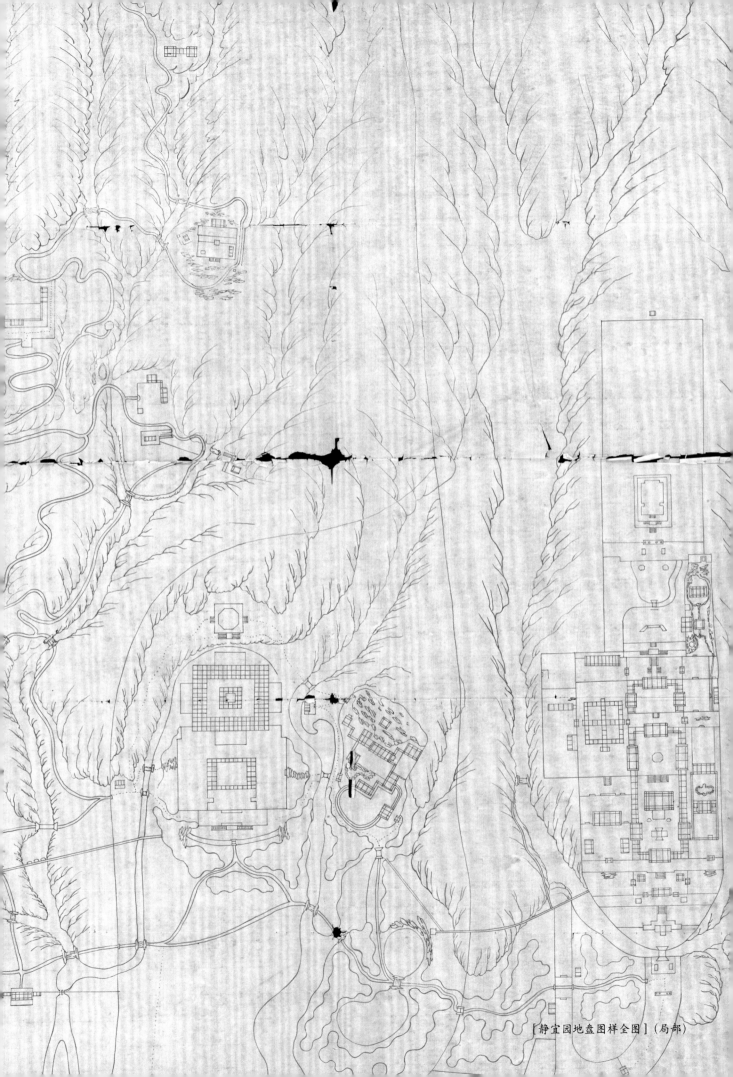

［静宜园地盘图样全图］（局部）

## 香山［静宜园内中宫］学古堂［地盘样］

该图档绘制了嘉庆年间静宜园中宫改建工程的平面图。

图档绘制范围包括中宫全部建筑，但未包括西面院墙与西宫门。部分有修改处用贴纸覆盖，另有用白粉涂盖建筑和山体的痕迹。右上方贴签草书标注"香山静宜园内学古堂"。墨线标注"此十间各面九尺柱高七尺五寸""台高八寸""戏（戏）台见方二丈四尺""一丈二尺""台高三尺，柱高一丈二尺五寸""一丈""六尺""西宫门""元和宣畅""柱高一丈二尺五寸，台明高三尺五寸""一丈二尺""台高一尺，柱高七尺""台高一尺五寸，柱高九尺""三间扒山""清赏为美""洗心葳密""屏门""拉门""九尺五寸""院""八尺""游廊""一丈""台高一尺二寸，柱高八尺""扒山二间""台高一尺二寸，柱高一丈""台高五尺""台高一尺，柱高七尺""台高一尺，柱高一丈""一丈""一丈""扒山""扒山""一丈一尺""一丈一尺""一丈一尺""一丈五尺五寸""台高一尺五寸，柱高一丈二尺""延旭轩""通进深十二丈八尺""三丈八尺""扒山三间""高台明高八尺五寸""高台上宇墙高三尺""台高九寸，柱高一丈""台高一尺，柱高七尺""一丈""一丈""扒山二间""八尺""八尺""平台""进深四尺""游廊""台高一尺四寸，柱高九尺""五路十字甬路""台高一尺四寸，柱高九尺四寸""怡情书史""游心物初""一丈六尺""四尺""各面宽一丈""扒山二间""台高一尺，柱高八尺四寸""二间扒山""采香亭""见方一丈九尺""四尺""台高一尺，柱高八尺一寸""披云室""各面宽一丈""一丈六尺五寸""水容峯（峰）翠""一丈""四尺""台高一尺二寸，柱高九尺六寸""高台上宇墙""台高一尺，上宇墙高二尺""二丈五尺""北宫门""一丈""一丈一尺""台高二尺，柱高九尺六寸""一丈一尺""一丈""一丈""一丈""一丈""台高一尺四寸，柱高一丈""月台明高二尺八寸""台明高一尺五寸""一丈二尺""物外超然""一丈二尺""一丈一尺""一丈""一丈""台高一尺八寸，柱高一丈一尺""台高一尺四寸，柱高七尺""稽古佩文""一丈二尺""一丈一尺""一丈一尺""学古堂""台明高二尺，柱高一丈三尺""台高一尺四寸，柱高七尺""一丈""凌虚馆""聚芳图""一丈九尺五寸""一丈二尺""台高九寸，柱高一丈""一丈""台高八寸，柱高七尺""台高四寸，柱高七尺""一丈四尺五寸""濠濮想""柱高一丈，台明高一尺五寸""南北进深八丈五尺""三路方砖十字甬路""东西十一丈""泽春轩""畅襟""青莲宇""佛堂""静虑""深心托豪素""一丈一尺""一丈""一丈""一丈""虚朗斋""六尺露香亭""台高一尺二寸，柱高八尺五寸""南北七丈一尺，东西四丈六尺五寸""台高四寸，柱高七尺""画禅室""灰棚""台高一尺五寸，柱高九尺五寸""台高一尺五寸，柱高九尺""墙高九尺五寸""南""台高八寸，柱高八尺""各面宽一丈""二丈五尺""板墙""台高一尺二寸，柱高七尺五寸""一丈二尺""柱高八尺""二间扒山""灰棚""台高一尺五寸，柱高八尺""一丈一尺""郁兰堂""台高一尺四寸，柱高一丈一尺""各面宽七尺""游廊面宽各七尺""台高五寸，柱高七尺五寸""各面宽七尺""八尺""台高一尺四寸，柱高九尺五寸""东宫门""台高一尺四寸，柱高九尺五寸""五尺""一丈四尺五寸""涧碧溪清""砖海墁""礓磋踏跺""各面宽一丈""台高一尺二寸，柱高八尺""通进深一丈七尺五寸""一丈""一丈一尺""南宫门""柱高九尺五寸，台高一尺二寸""药膳房""灰棚""灰棚""灰棚""各面宽九尺""六尺五寸""台高七寸，柱高七尺七寸"。

图档111-038和125-002是两张中宫地盘图，图档111-038上有文字说明和尺寸标注，图档125-002则没有任何文字，但两者图面表现基本一致。根据图面上的笔迹和中宫建筑群改建情况，判断其为反映嘉庆十七年（1812）之后的中宫地盘图，责任人是雷景修。

图号：111-0038
绘制年代：[清嘉庆十七年（1812）之后]
颜色：黑白
款式：墨线
图档类型：大类：地盘画样
　　　　　　子类：规划图
原图尺寸（cm）：177.0×154.0
所涉工程：静宜园中宫改建工程
工程地点：静宜园

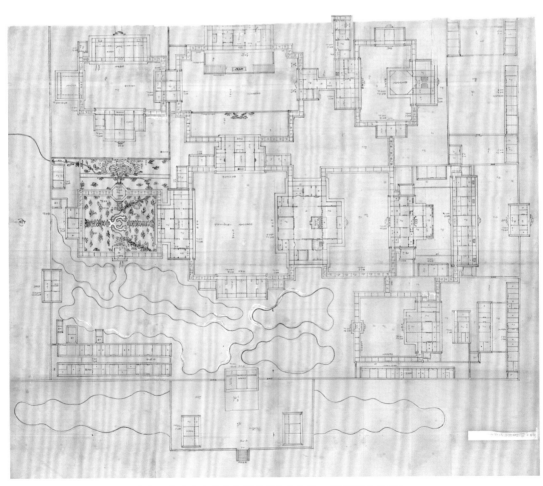

图2.1-15 香山[静宜园内中宫]学古堂[地盘样]（图片来源：国家图书馆藏）

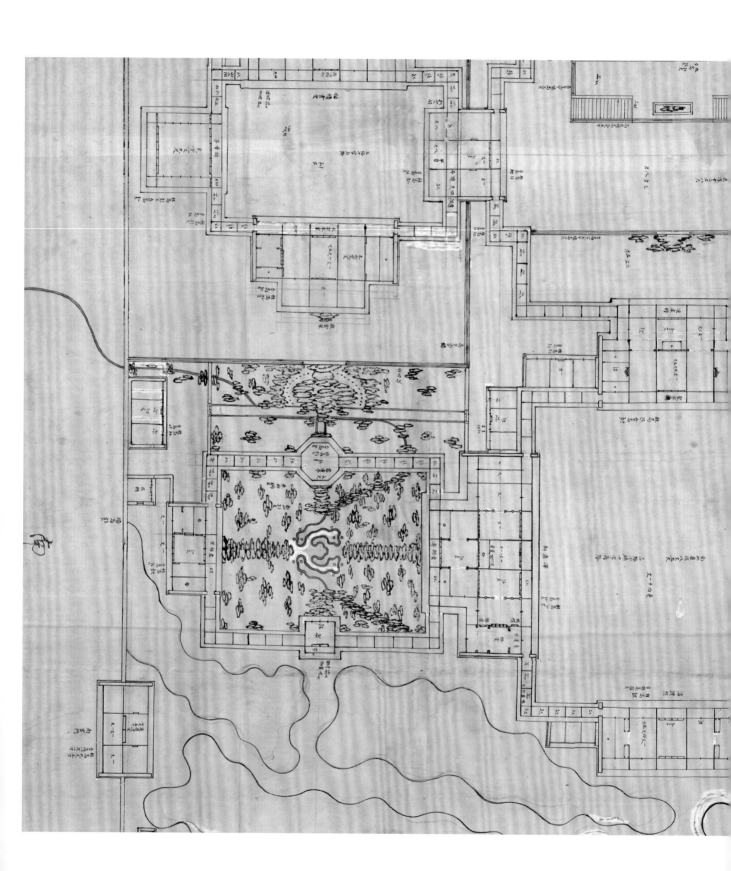

香山[静宜园内中宫]学古堂[地盘样](局部)

## [静宜园附属卧佛寺行宫地盘画样]

该图档绘制了光绪年间重修普觉寺[1]行宫工程的平面图。

图档为静宜园附属卧佛寺行宫地盘画样，保存完好，绘制范围南至行宫大墙，北至龙王庙与主山。黄签标注"北""大墙""龙王庙""主山""主山""主山""云片山石""观音阁""承云亭""水池""合碧亭""游廊""土山""云片山石""云片山石""云片山石""游廊""大墙""角门""古意轩""角门""云片山石""大墙""游廊""莲花池""游廊""大墙""耳房""含青斋""耳房""大墙""东""游廊""游廊""游廊""穿堂殿""游廊""中路殿宇分位""游廊""游廊""西配殿""东穿堂""游廊""云片山石""云片山石""游廊""角门""垂花门""角门""河""三乳石平桥""河""落膳房""角门""云片山石""云片山石""角门""落膳房""角门""宫门""角门""落膳房""西朝房""东朝房""琉璃牌楼""西大门""南""大墙"。

光绪十九年（1893）和光绪二十二年（1896），慈禧太后两次来普觉寺拈香，并题写了卧佛殿的匾额"性月恒明"。卧佛殿和行宫区也在这一时期得到了修缮，现掌握的样式雷图图档中明确记载了普觉寺行宫和卧佛殿的勘察、修缮情况。普觉寺行宫现存样式雷图三张，文字档案八件，均在国家图书馆收藏，三张图分别为图档337-0126[西山卧佛寺西院行宫后段地盘图]、图档337-0127[西山卧佛寺西院行宫地盘全图]、图档338-0182[静宜园附属卧佛寺行宫地盘画样]；八件文字档案分别是图档358-0002-1到图档358-0002-8。除图档358-0002-7是关于卧佛殿修缮、图档358-0003-8是关于普觉寺约估实用工料钱粮单，其余六件都是和普觉寺行宫查修相关的，据此推测图档337-0116[西山卧佛寺行宫做法略节]应是光绪十六年（1890）前为了配合之后光绪二十二年（1896）间的普觉寺重建工程而进行的现场记录。

图号：338-0182
绘制年代：[清光绪二十年（1894）前]
颜色：彩色
款式：墨线淡彩，黄签
图档类型：大类：地盘画样
　　　　　子类：规划图
原图尺寸(cm)：127.0×59.0
所涉工程：重修普觉寺行宫工程
工程地点：卧佛寺

---

1 十方普觉寺又名卧佛寺。

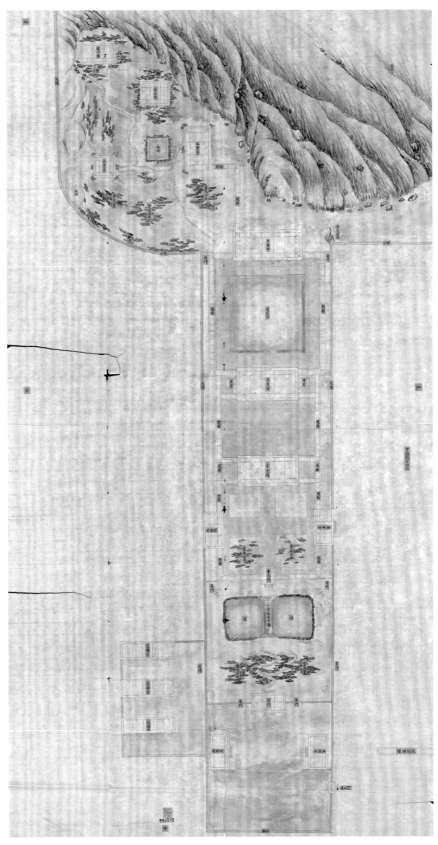

图 2.1-16 [静宜园附属卧佛寺行宫地盘画样]（图片来源：国家图书馆藏）

北

龍王廟

觀音閣

主山

大墙

雲片山石

水池

合碧亭

承雲亭

雲片山石

土山

雲片山石

雲片山石

大墙

角門

主山

主山

遊廊

古意軒

雲片山石

角門

大

[静宜園附属臥佛寺行宮地盤画様]（局部）

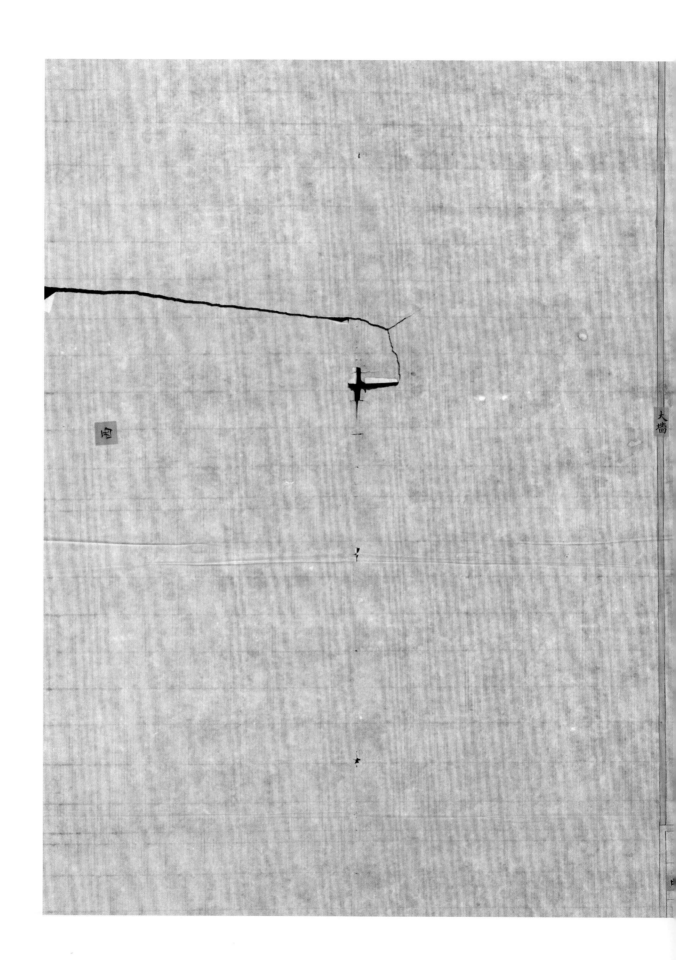

大墙

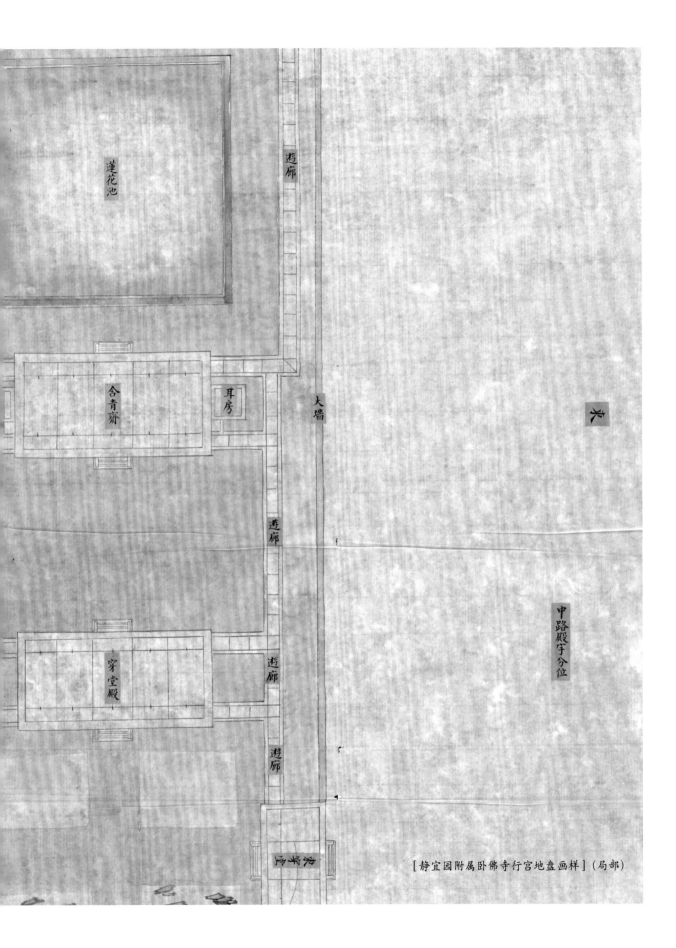

蓮花池

合青齋

耳房

遊廊

大墻

遊廊

遊廊

遊廊

穿堂殿

中路殿宇分位

[静宜園附属卧佛寺行宮地盘画様]（局部）

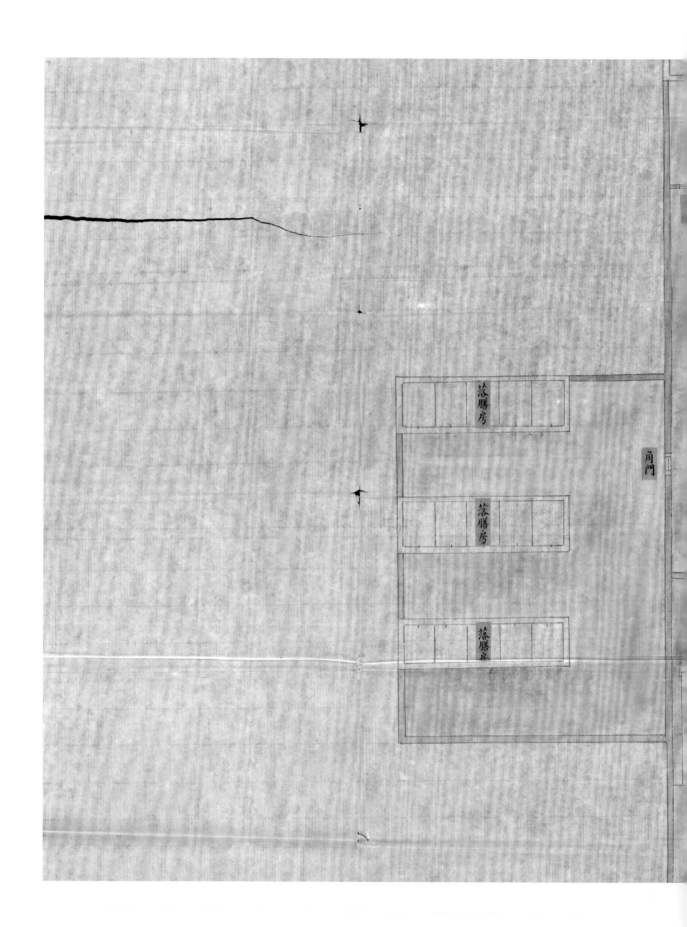

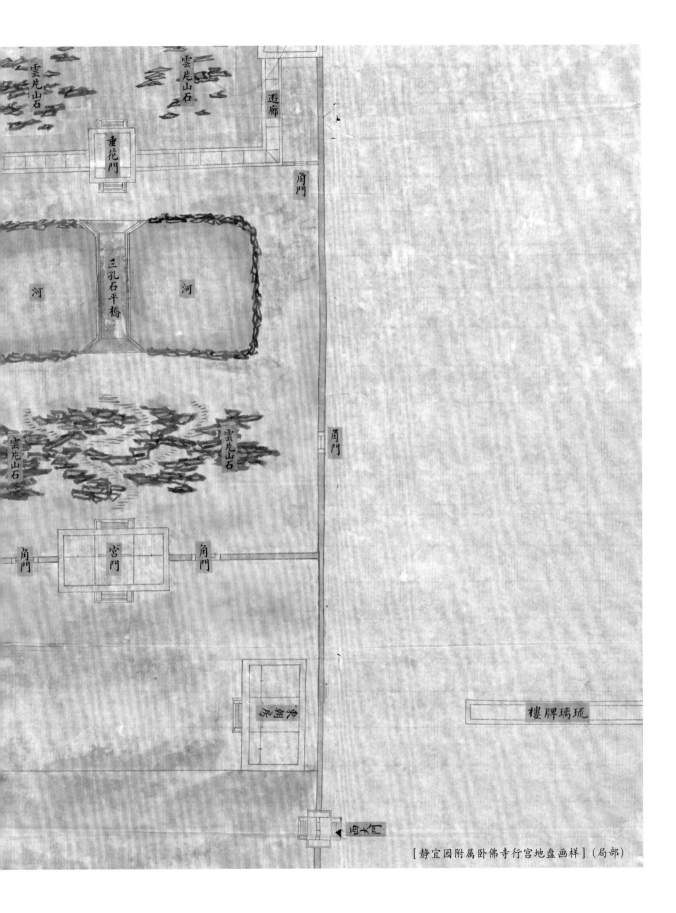

雲片山石

雲片山石

遊廊

垂花門

角門

三孔石平橋

河

河

角門

雲片山石

雲片山石

角門

宮門

角門

琉璃牌樓

二天門

[静宜园附属卧佛寺行宫地盘画样]（局部）

109

## 谨拟静宜园内梯云山馆添修点景值房寿膳房图样

该图档绘制了静宜园梯云山馆点景值房及寿膳房添修工程的平面图。

图档中以墨线绘制原梯云山馆等建筑，另用红线绘制添修的点景值房与寿膳房。图档中贴黄签、红签用以标注名称及尺寸做法。该工程负责人为雷廷昌。

黄签标注方位上西下东："大山""西山晴雪""大山""大山""山水沟""石桥""山道""山坡""山水沟""山坡""南""角门""角门""山水沟""角门""山坡""北""石桥""土山""山石""山石""山坡""山坡""山道""抱厦""梯云山馆""山坡""泊岸""山水沟""山坡""山水沟""山道""山道"，右上角黄签标注"谨拟静宜园内梯云山馆添修点景值房寿膳房图样"。

红签标注"点景房""转角房一座六间，面宽各一丈，进深一丈，四尺过园廊各深四尺，柱高一丈一尺，台明高一尺六寸""石桥""值房""点景值房""歇山""值房""游廊""游廊""泊岸""门罩""点景房一座三间，明间面宽一丈二尺，次间面宽各一丈一尺，进深一丈六尺，前后廊深各四尺，柱高一丈一尺五寸，台明高一尺二寸""寿膳房""扒山墙""寿膳房""寿膳房""扒山墙""寿膳房五座各三间，各面宽一丈，进深一丈四尺，柱高一丈""山道""方窗""点景值房""挑山""方窗""屏门""什锦窗""西房一座五间，各面宽一丈，进深一丈四尺，前廊深四尺，柱高一丈一尺，台明高一尺六寸""山道""山道""曲折山道""曲折山道""月台"（后因折叠难以看清）、"揭瓦头停大木，搣正归安台帮，揭（砖/海）墁地面添换，椽望油付见新""石桥""山道""山道""值房""游廊""方窗""方窗""游廊""方窗""点景房""方窗""月台""点景房二座各五间，各面宽一丈，进深一丈六尺，前后廊深各四（后因折叠难以看清）"。

图号：343-0648

绘制年代：[清光绪二十二年（1896）八月前]

颜色：彩色

款式：墨线、红线淡彩，红签、黄签

图档类型：大类：地盘画样

　　　　　子类：规划图

原图尺寸(cm)：105.6×68.8

所涉工程：静宜园梯云山馆点景值房及寿膳房添修工程

工程地点：静宜园

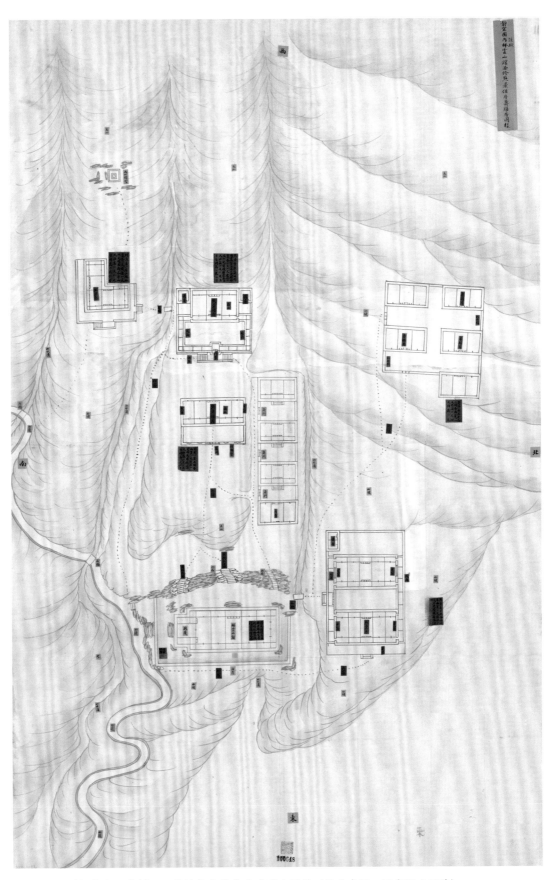

图 2.1-17 谨拟静宜园内梯云山馆添修点景值房寿膳房图样（图片来源：国家图书馆藏）

位于静宜园外垣的梯云山馆是以游览为主的园林建筑，它地处西山晴雪碑东部坡下，原为五间的洁素履殿，殿东西两间为重檐亭，中间三间为单檐卷棚顶，造型独特。嘉庆十三年（1808），洁素履殿被改为主体五间带抱厦三间的梯云山馆，其主要特点有三方面：梯云山馆位于静宜园外垣区，相距园内最高处的香雾窟和西山晴雪碑不远，位置较偏僻，其建筑幸存于1860年劫难；梯云山馆是俯瞰西郊和京城的重要景点；静宜园内一条山道直达梯云山馆。梯云山馆和地处外垣区至今尚存的正凝堂（见心斋）是静宜园中不多的还可以继续使用的园林建筑。光绪二十二年（1896）八月壬午，皇帝奉慈禧太后幸静宜园梯云山馆，侍晚膳。在此之前必然对梯云山馆进行了相应的建设。

国家图书馆存有三张这次工程的图纸：图档332-0060谨拟静宜园内梯云山馆添修点景值房寿膳房地盘样、图档343-0648谨拟静宜园内梯云山馆添修点景值房寿膳房地盘样、图档343-0689静宜园梯云山馆添修寿膳房地盘样地盘样，均为梯云山馆周围添修辅助用房的设计地盘图。

图档343-0689在梯云山馆西北有三座寿膳房，这与图档125-0001雷景修绘"香山地盘"吻合。馆西有一块空地基，与现状图吻合，证实图档343-0689中添修的寿膳房得以施工。图档332-0060和图档343-0648与图档343-0689相比，在寿膳房的南北增添了点景房多处，空地基处亦是一处点景房。两图是两套不同方案，图档343-0648除贴签标明建筑名称外，还贴有施工做法和建筑尺寸的文字说明。根据这些说明文字，三张图均应为光绪二十二年（1896）八月前绘制，责任人为雷廷昌。根据现场勘察，除图档343-0689所绘寿膳房外，其他点景房和膳房方案都未实施。

梯云山馆在民国时被改为别墅，其南出抱厦不存，改为门廊。如今梯云山馆内部梁架和西部叠石仍然保存完好，为静宜园内少数遗存的建筑之一。

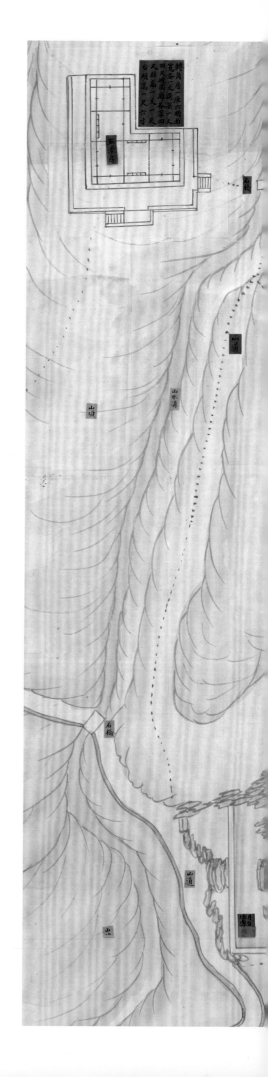

谨拟静宜园内梯云山馆添修点景值房寿膳房图样（局部）

# 圆明园

[圆明园地盘全图]

该图档绘制了圆明园组群格局及其周围河道分布形态、位置关系的重要信息。

图档中景点、建筑均以墨线绘制出外围轮廓，主要景点、建筑精细到间架，黄签标注进出水闸位置。其范围北至大北门、关帝庙一带，南至勤政殿，西至西北门、刘猛将军庙、三潭印月一带，东至秀清门周围河道。图档中黄签用以标注名称，部分黄签不完整。墨线、红线记录工程尺寸、建筑名称。笔迹较细，字体略潦草，应为利用旧稿修改起稿。黄签由下至上，从右往左分别标注"勤政殿""保合太和""如意馆""进水闸""如意馆""韶景轩""九［州清晏］""御兰芬""东楼门""宁和镇"[1]"山高水长""［坦］坦［荡］荡""上下天光""五福［门］""藏密楼""澄虚榭""春雨轩""碧山房""曲院风荷""望瀛洲""三潭印月""澹泊宁静""印月池""四面（面）云山""刘猛将军庙""极乐世界""慎修思永""双［鹤］斋""西北门""西［峰秀色］""汇芳书院""鱼跃鸢飞""大北门""一碧万顷""［广］育宫""南屏晚钟""关帝庙""出水闸"等三十九处主要景点、建筑、水闸名称。

---

1 宁和镇、澹泊宁静，道光朝为避讳道光帝名"旻宁"分别改称为春和镇、澹泊清静、福园四所等名。

嘉庆二十二年（1817），在所标图名接秀山房处建成观澜堂，接秀山房之名在档案中已经少见，皆春阁在嘉庆二十二年（1817）后以课农轩取代。

嘉庆、道光、咸丰年间的营建活动，多是对单个景区进行的局部改建或增建。嘉庆帝对圆明园的建设活动，最突出的是一系列三券大殿的建造。首先，嘉庆十五年（1810），改建福海北岸的平湖秋月殿为三券殿镜远洲；嘉庆二十二年（1817），改建北远山村皆春阁楼群为五间两券殿前接三间抱厦的课农轩；同年福海东岸偏南增建三券大殿观澜堂。

伴随清朝日渐式微，自嘉庆朝开始，圆明园的兴建工程以维持原有格局、局部整修或改建为主，按照时间先后，依次对"秀清村""平湖秋月""武陵春色""北远山村"和"接秀山房"进行修缮改建，其中除"武陵春色"外，落成后的格局都保持到了咸丰末年。

此图档反映的建筑平面布局丰富，每一景点又形成园中之园，对于深入研究皇家园林建筑布局演变、山水格局变迁具有重要意义。

图号：043-0001
绘制年代：[清嘉庆二十二至二十四年（1817–1819）]
颜色：彩色
款式：墨线淡彩，黄签
图档类型：大类：地盘画样
　　　　　　　子类：规划图
原图尺寸(cm)：65.7×91.6
所涉工程：圆明园局部改建工程
工程地点：圆明园

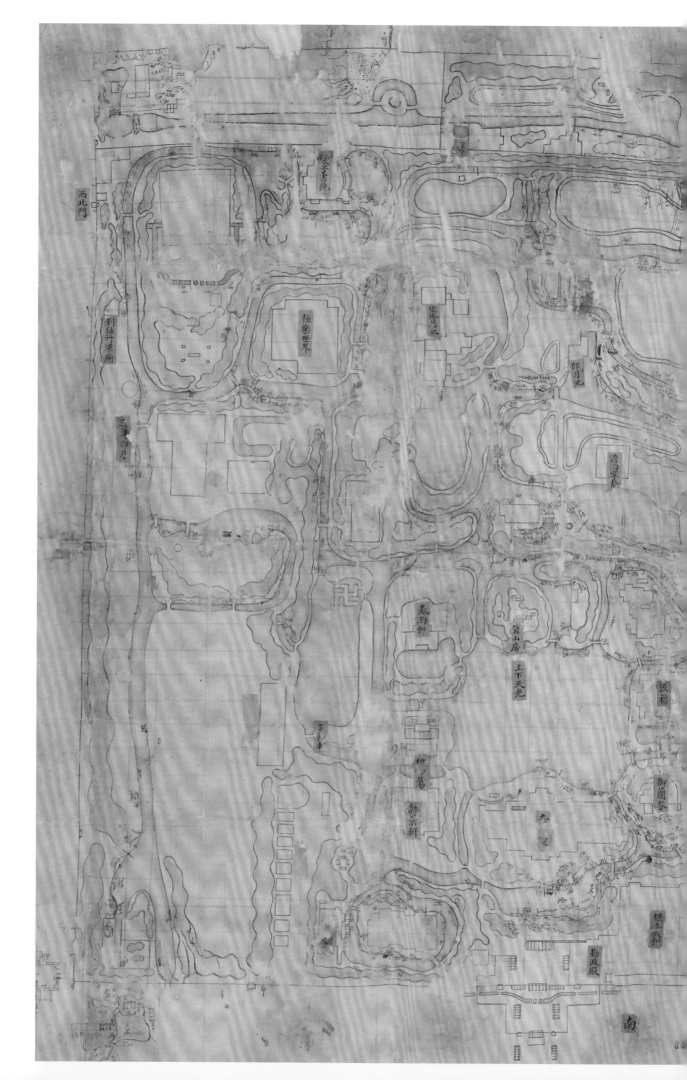

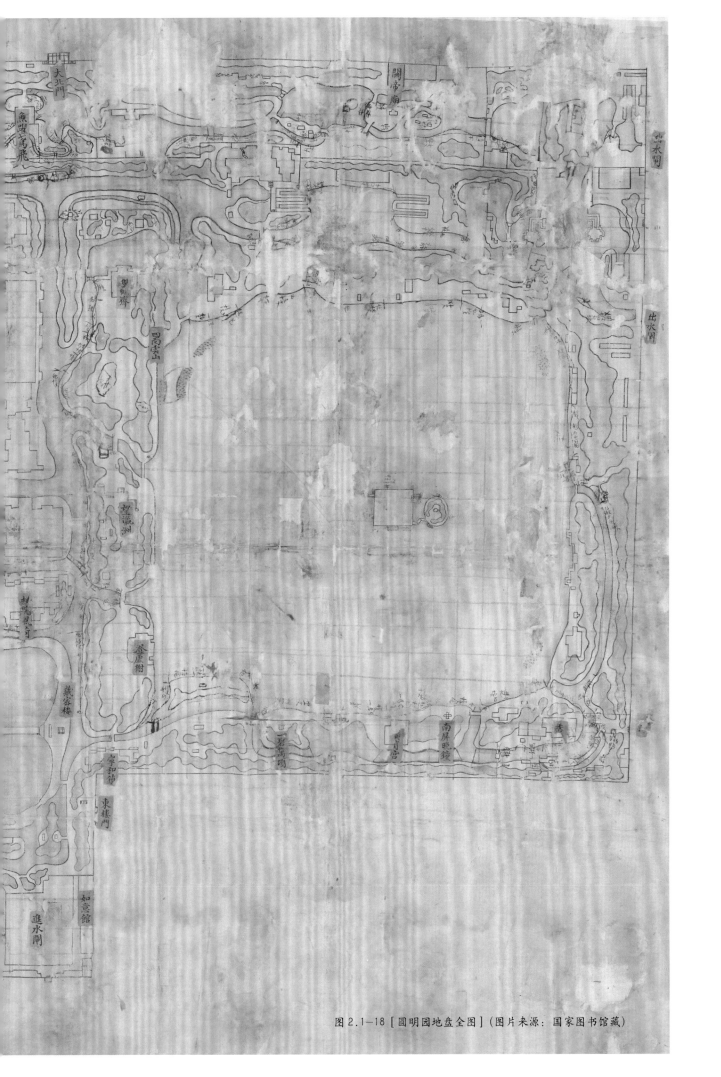

图 2.1-18 [圆明园地盘全图] (图片来源：国家图书馆藏)

## 圆明园河道图

该图档绘制了同治时期重修圆明园的河道全图，为河道设计变更图，展现了圆明园、长春园、畅春园、熙春园与周边村庄、寺庙之间的河道疏浚工程平面图。

图档中的水体施绿色，山体施浅橙色，墨线、红线分别绘制出河道流向、分布位置，标注高水闸。红、黄签上为墨线楷书，用以标注建筑名称和河道形态。红签由上至下、从左往右分别标注"开宽""淤浅""冲汕""拟改涵洞""拟添闸板""金刚墙冲汕""金刚墙并堤面沉陷"等河道具体形态，反映实地勘测结果。黄签由下至上，从左往右详细标注"圆明园""夹皮墙""长春园""大东门""七孔闸""百旅营""春熙院""土山""永恩寺""熙春园""旱河""进水闸""出水闸""三旅营""正觉寺""陈府村""万年闸""集贤院""真武庙""清梵寺""畅春园""恩慕寺""五孔闸""河沧""大红桥""含辉园""翰林花园""善缘庵""慧福寺""铺面房""挂甲屯""马厂东门""高水闸""马厂西门""阅武楼""得会门""铜牛""阔如亭""大有庄村""关帝庙""观音庵"等处景点、寺庙、建筑及其局部、桥闸名称，表现圆明园与桥闸、寺庙、山体、村庄、稻田的位置关系。

从相关图档中可以看到供给圆明园之水来自两处：一处来自南部的万泉庄一带的泉水，从万泉庄向北经畅春园至五孔闸，从此分为两支，一支向东向北经扇面湖注入园中，一支向西向北流至圆明园西南侧围墙外的高水闸后，再向北经藻园门东侧进水闸进入圆明园内；本图中红签就贴在万泉庄的来水河道上。另一处为来自西侧昆明湖的玉泉山水系之水，经二孔闸汇入前述高水闸，与万泉庄来水相汇后注入圆明园内。

河道图的主要特点是在河道边际标注实测丈量的尺寸，通常河道图档主要用于疏浚河道、整修岸际、归安码头等工程，内廷档案大量记录相关工程。事实上，作为以平地水景著称的园林，圆明园内水体面积约占到全园用地的 4/10，河道纵横交错，几乎围绕或贯穿园中所有景区，成为组织、联系园林景观的重要纽带，因此清理河道淤浅、归整泊岸坍塌和修缮码头自然成为每年例行的维修工程。

此图档绘制精美工整，特点突出，真实地反映了此时期圆明园河道的具体形态及河道同相关建筑群的位置关系，对于研究圆明园山水格局具有重要意义。

图号：034.315/20.106/1870-2
绘制年代：[清同治（1862-1874）]
颜色：彩色
款式：墨线、红线淡彩、红签、黄签
原图尺寸(cm)：78.0×108.0
图档类型：大类：地盘画样
　　　　　　　子类：河道设计变更图
所涉工程：圆明园河道疏浚工程
工程地点：圆明园

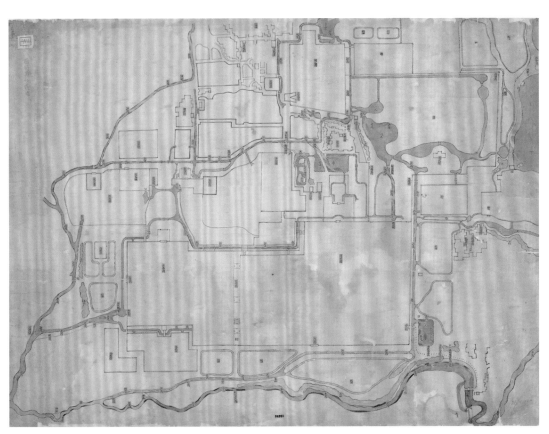

图 2.1-19 圆明园河道图（图片来源：国家图书馆藏）

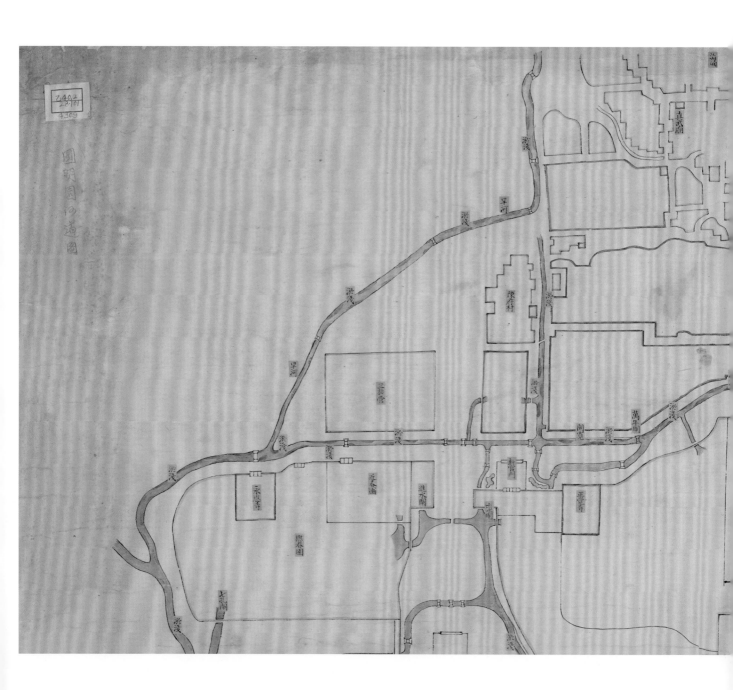

圆明园河道图（局部）

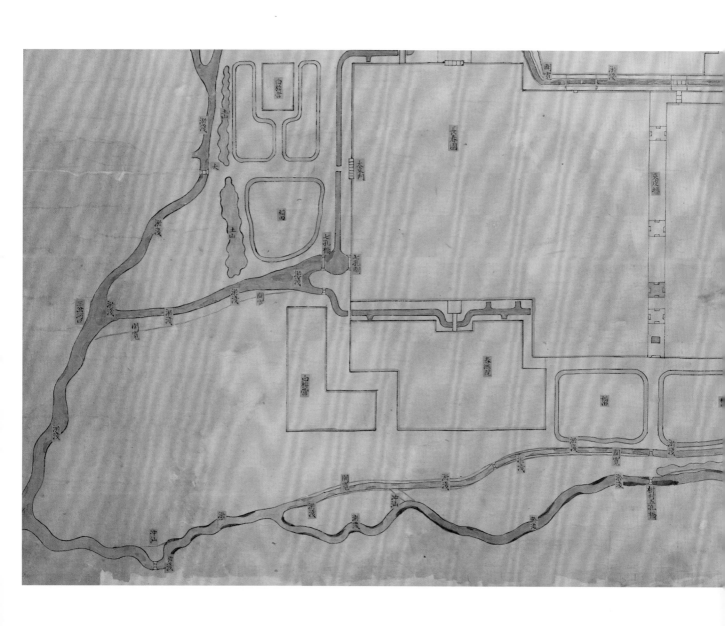

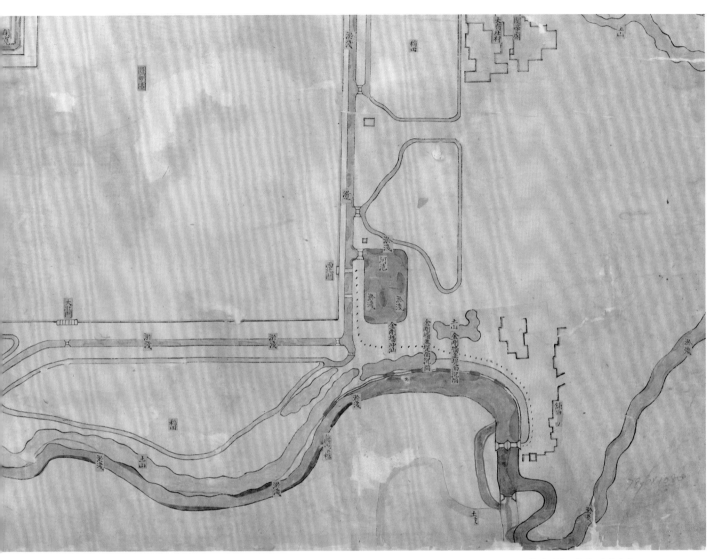

圆明园河道图（局部）

## 圆明园内围河道泊岸全图准样

该图档绘制了圆明园河道形态、分布位置及其与圆明园景点、建筑的位置关系的重要信息。

图档中景点、建筑均以墨线绘制出外围轮廓，部分绘制间架，红线标注河道流向、高水、工程尺寸，其中红线表示高水，特点突出。河道尺寸应为实地勘察丈量的尺寸，如在圆明园宫门周边由下至上，从左往右分别为"二丈""二丈""一丈""六十九丈""共三十九丈""十九丈""共二十九丈""二十五丈五尺""四丈五尺""二十四丈五尺""六十五丈""六十九丈""七十五丈""二丈""二丈""六十一丈九尺""五十七丈""十八丈""五十丈""六十八丈""三十二丈""三十九丈""二十九丈五尺""三十丈""三丈""九十丈四尺""六十六丈九尺""六十七丈二尺""五十八丈五尺""二十八丈五尺""五十七丈五尺""八十二丈""三十五丈五尺""五十二丈""三十六丈""十七丈""十四丈""二十九丈五尺""三十丈""十五丈""三十九丈""二十一丈""二十三丈""十九丈""九十五丈""二十丈""十二丈""十九丈"等。墨线书"河中有红道高水"。蓬岛瑶台、后湖、水体施黄绿色。

图中有八处涂改痕迹，应为旧图上修改起稿。即夹镜鸣琴水池、方壶胜境东船坞、廓然大公南山体、澄虚榭西泊岸、芰荷香北泊岸、山高水长河泡、天然图画前水池。[1]但天然图画东南侧尚未出现建筑，慎修思永东侧尚留有芰荷深处水院，上下天光两侧道光六年（1826）拆除的六角桥亭还在，上下天光西夹河的敞厅也尚未建成。九州清晏西北角的鸢飞鱼跃敞厅被白粉涂盖，表明已改建为穿堂殿、湛静斋、后殿一组，由于道光四年（1824）七月尚有在清晖阁刊刻御笔的记载，这一改建应当晚于此年。乐安和、怡情书史及后院鱼池一带尚未改绘为道光十年（1830）建成的慎德堂。[2]故本图档绘制时间应在嘉庆二十二年至道光四年之间（1817–1824），修改时间约在道光四年至六年之间（1824–1826）。

此图档相关的河道全图通常用于呈现河道的走向和分布，以及相关设施的位置，因此并未绘制景区建筑格局细节，这也体现出绘图工作追求简洁、有效的原则。此图档对于研究圆明园山水格局变迁具有重要的意义。

---

1 郭黛姮、贺艳.深藏记忆遗产中的圆明园——样式房图档研究（一）[M].上海：上海远东出版社，2016:188.
2 同上。

图号：043-0003

绘制年代：[清嘉庆晚期至道光初期　修改时间：道光五年（1825）前后]

颜色：彩色

款式：墨线、红线淡彩，黄签

原图尺寸(cm)：78.5×114.2

图档类型：大类：地盘画样

　　　　　　　子类：河道泊岸规划图

所涉工程：圆明园河道泊岸维修工程

工程地点：圆明园

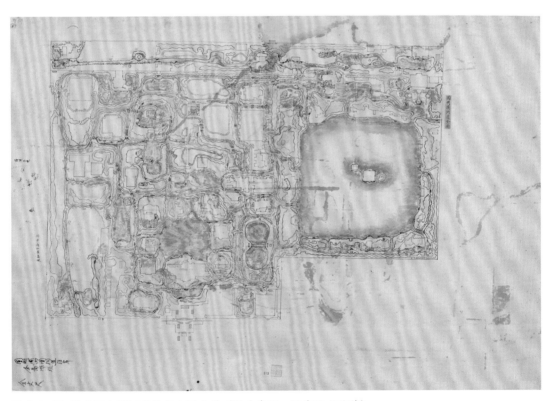

图 2.1-20　圆明园内围河道泊岸全图准样（图片来源：国家图书馆藏）

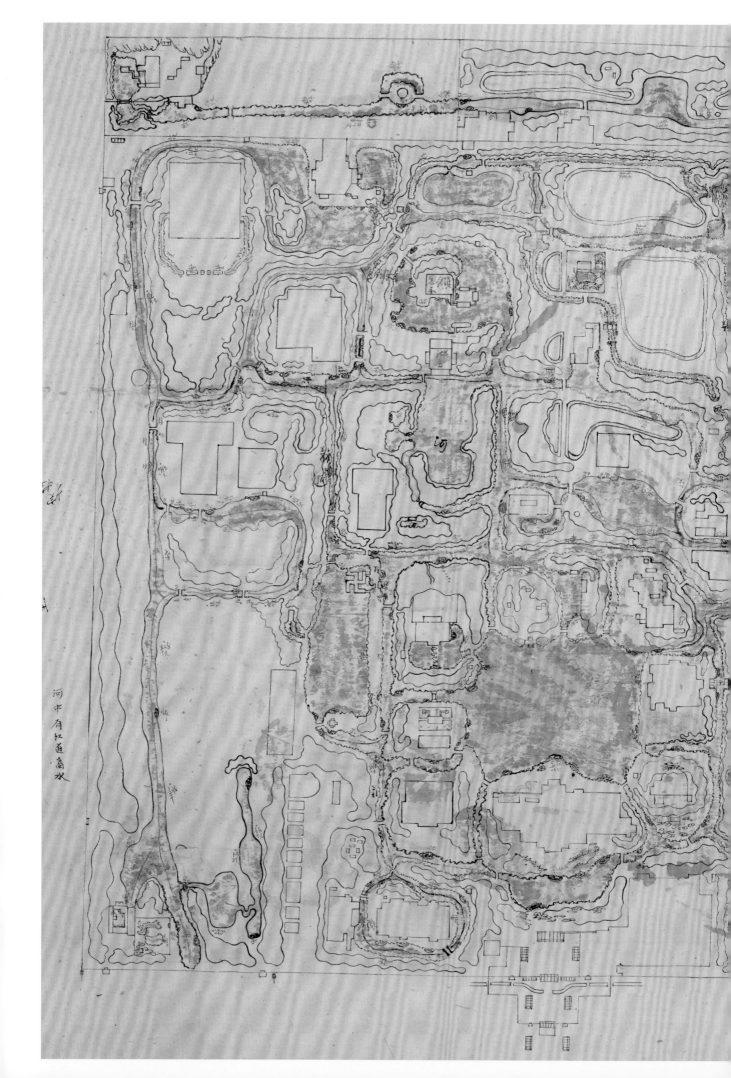

河中有红道高水

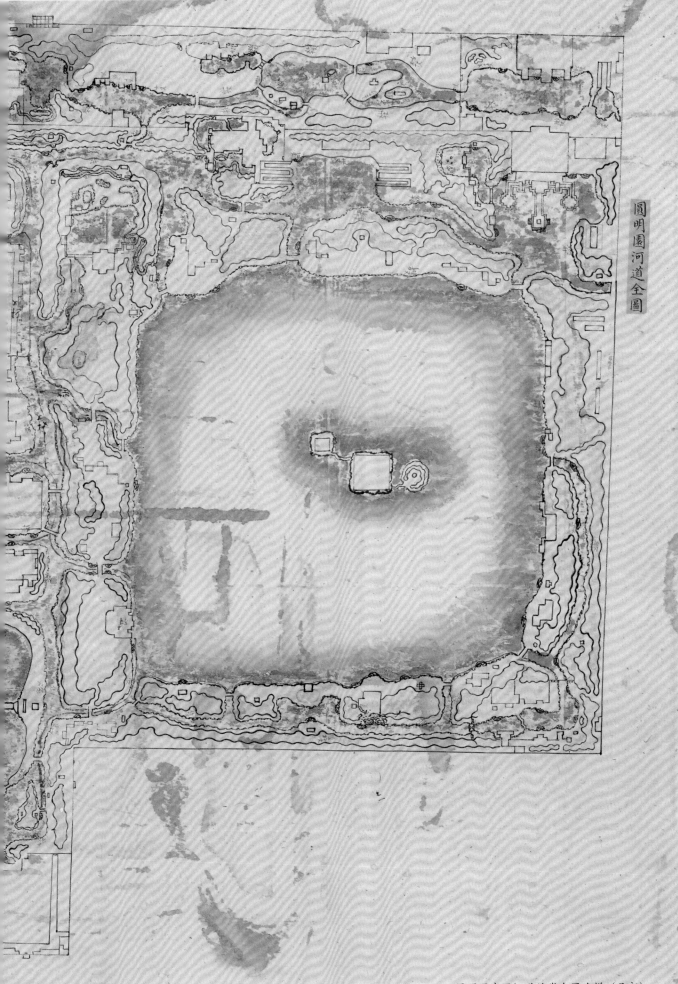

圆明园河道全图

圆明园内围河道泊岸全图准样（局部）

## 长春园内围河道全图

该图档绘制了长春园总体布局及内围河道信息。

图档以墨线绘制了长春园景区总平面图，淡彩涂色，黄签标注景区名称，包括"黄花灯""北砖门""蕊珠宫门""方外观""海晏堂""远瀛观""转马台""螺蛳牌楼""线法墙""七孔闸""狮子林""爱山楼""宝相寺""法慧寺""谐奇趣""五孔闸""罗溪烟月""明春门""流香渚""海岳开襟""兰芝山""得胜槩（概）""静绿亭""大东门""花神庙""冷然阁""横秀亭""思永斋""天心水面""绿油门""化皮厂""兰林""澄波夕照""静绿亭""玉玲珑馆""昭旷亭""蒨园""鉴园""澹怀堂""长春园宫门""如园""淳化轩""惟绿轩""延清堂""观丰榭""涵碧楼"等。

长春园在圆明园东侧，始建于乾隆十年（1745）前后，此地原为康熙大学士明珠自怡园故址，有较好的园林基础，两年后该园中西路诸景基本成型，乾隆十六年（1751）正式设置管园总领。稍后又在西部增建茜园，北部建成西洋楼景区，并于乾隆三十一年至三十七年（1766—1772）集中增建了东路诸景。占地70余公顷，有园中园和建筑景群约20处，包括仿苏州狮子林的狮子林、南京瞻园的如园和杭州西湖汪氏园的小有天园等园林胜景。

图档绘制精美工整，特点突出，真实地反映了此时期长春园的总体布局及河道的具体形态，对于研究长春园山水格局具有重要意义。

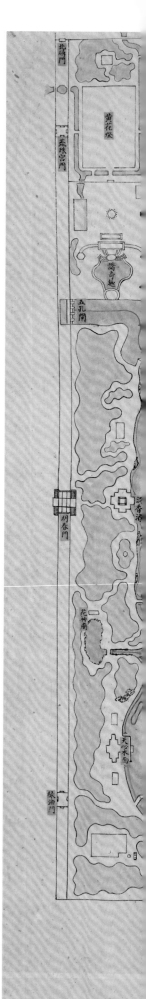

图号：064-0001
绘制年代：清乾隆三十五年（1770）以后
颜色：彩色
款式：墨线淡彩，黄签
原图尺寸(cm)：70.9×55.9
图档类型：大类：地盘画样
　　　　　　子类：规划图
所涉工程：长春园景区规划工程
工程地点：长春园

图 2.1-21 长春园内围河道全图
（图片来源：国家图书馆藏）

## 圆明园中路地盘尺寸画样

该图档绘制了九州清晏景区的缓修与设计改动方案。

图档标注了各院落尺寸，房间面宽、进深、檐柱高、台明高等信息。红签六个、黄签一百五十个。其中保留了九州清晏景区东、中、西三路布局以及大部分建筑旧名，中路为五间圆明园殿；缓修内容为：五间奉三无私殿、五间双卷九州清晏殿、三间福寿仁恩殿、三卷戏台、新建七间殿、七间值房、河池。红签标注缓修与变动设计，自东向西分别为"谨拟添盖值房四座，东转角房一座，共房三十间""天地一家春共殿宇房间五十六间，游廊二十四间""谨拟添盖关防院共殿宇房间二十七间，游廊十二间""中路，以上殿宇大小房间共六百五十六间，除去缓修二百九十间，净修殿宇游廊值房四百三十七间""慎德堂一处共殿宇房间七十九间，游廊一百三间""思顺堂一处共殿宇房间六十间，游廊四十六间"。黄标签注意殿宇名称、建筑名称、部分设计尺寸等内容，主要建筑地点自东向西依次为：东路"宫门""承恩堂""天地一家春""泉石自娱"；中路"圆明园殿"；西路"慎德堂"，其南为"得心虚渺""昭吟镜""硝碧"等；慎德堂西跨院为"思顺堂"前后殿。

此图档绘制了九州清晏景区格局，与浮签标注"圆明园中路地盘尺寸画样"一致，并且与同治十三年（1874）二月进呈的图档006-004 基本一致，由此可知，本图应为同一阶段的画样，绘制年代在同治十二年（1873）末至十三年（1874）。

此图档与图档006-004、006-002、006-003、006-008、011-004、013-001、014-001、018-013、020-009-1、062-012、062-013、142-027、142-032、142-049、172-019、172-022、015-005、110a-039、155-1-019等20幅图样都绘制了九州清晏景区的格局，从这些图档中可以窥见同治十二年（1873）九州清晏景区重修工程的设计构思，是研究此次重修工程的重要资料。

图号：004-0001
绘制年代：[清同治十二年末至十三年（1873-1874）]
颜色：彩色
款式：墨线、红线淡彩，红签、黄签
原图尺寸(cm)：124.0×252.0
图档类型：大类：地盘画样
　　　　　　　子类：规划图
所涉工程：圆明园九州清晏规划工程
工程地点：圆明园九州清晏

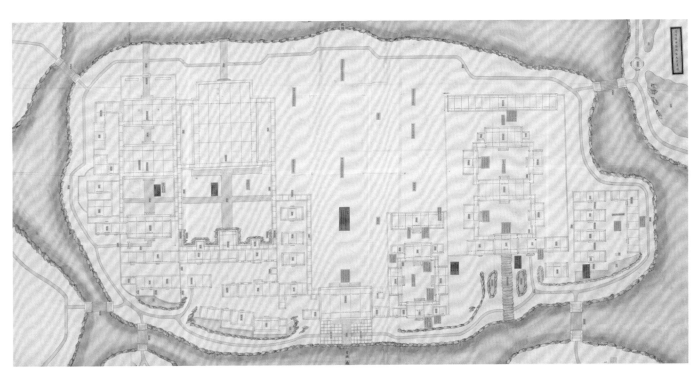

图 2.1-22　圆明园中路地盘尺寸画样（图片来源：国家图书馆藏）

圆明园中路地盘尺寸画样（局部）

## 圆明园 [廓然大公等图样]

该图档绘制了廓然大公的平面布局，展现了廓然大公组群建筑空间布局及其周围水体、山石环境的重要信息。

图档用墨线绘制建筑外围轮廓，精细到间架结构，建筑平面布局丰富。水体施绿色，山体施淡棕色，石头施暗色，甬路施彩色。其包含的范围北至眺远亭，南至鹄棚、四方亭一带，西至静嘉轩、澹存斋、影山楼一带，东至采芝径。用黄签标注建筑名称，从右往左为"双鹤斋""鹄棚""土山""四方亭""值房""游廊""规月桥""廓然大公""临河书廊房""圆光门""泊岸""绮吟堂""河""澹存斋""大料石泊岸""太湖石过笼桥""静嘉轩""踏跺""采芝径""山石泊岸""影山楼""峭蒨居""太湖石""山石洞""妙远轩""启秀""山石洞""丹梯""山石高峰""太湖石高峰""眺远亭"等四十五处，标注朝向"南"。

同治十二年（1873）九月，同治帝以奉养两宫皇太后为名，下旨择要重修圆明园，没被焚毁的廓然大公成为修葺的重点之一。但此时的清廷内外交困，国库的存银所剩无几，工程被迫于同治十三年（1874）七月停工，重修圆明园一事就此搁浅。在此期间，据雷氏档案记载，廓然大公南部主体建筑与相连游廊值房得到了修缮。

图中所绘建筑只有临河画、妙远轩不见于乾隆朝档案，应为同治朝所绘。

廓然大公景区在同治朝重修工程中仅对廓然大公及双鹤斋的内檐设计进行了调整，相关画样也较为稀少，但通过此图可知晓此时期廓然大公景区的空间格局，此图档是研究廓然大公景区空间变迁的有力材料。

图号：074.421/20.106/1870-4:1
绘制年代：[清同治（1862-1874）]
颜色：彩色
款式：墨线淡彩，黄签
原图尺寸(cm)：123.5×70.0
图档类型：大类：地盘画样
　　　　　　子类：规划图
所涉工程：圆明园廓然大公局部重修工程
工程地点：圆明园廓然大公

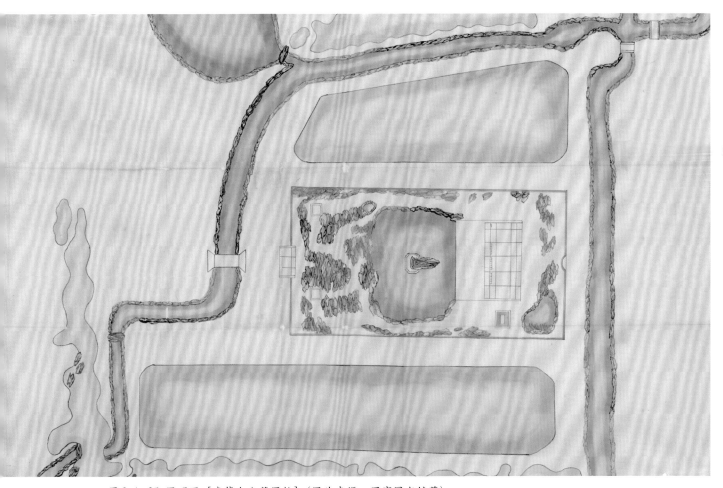

图 2.1-23 圆明园 [廓然大公等图档] (图片来源: 国家图书馆藏)

## [九州清晏中路地盘样]

该图档绘制了圆明园九州清晏中路正中的景区规划图。

图档用墨线自南起由湖边依次绘制圆明园殿、甬路、奉三无私、九州清晏至后湖边。圆明园殿北面院子有黄签标注"此院东西面宽八丈九尺，南北进深十丈五尺"，另有甬路东北角放置铜龙石座，标注"铜龙一座，高二尺五寸五分，长四尺五寸，石座宽二尺六寸，长五尺五分，高二尺二寸五分，通高四尺八寸"。

甬路西北角设计放置铜凤石座，标注"铜凤一座，高二尺九寸，长四尺九寸，石座宽二尺六寸，长五尺五分，高二尺二寸五分，通高五尺一寸五分""铜龙石座至甬路南北空当宽三丈三尺二寸五分"。

奉三无私南设计砖海墁，两侧有角门和屏门。北面至九州清晏中间甬路两侧分别放置铜鹤石座，标注"铜鹤一对，高四尺三寸，长三尺，石座宽一尺九寸，长二尺五寸，高一尺九寸，通高六尺二寸，甬路砖至石座空当宽四尺"。

九州清晏北面设计屏门，围墙样式为十锦窗花瓦墙。


此图与右图005-0034［九州清晏中路地盘样］（［清道光］65.0×27.5cm）局部图标注一致，基本可推断这两幅图为同一时期所制。通过此两图可以知悉道光朝九州清晏中路的空间格局，对于梳理九州清晏中路的空间演变提供了可靠材料，具有重要意义。


图号：007-0006-01
绘制年代：［清道光（1821-1850）］
颜色：彩色
款式：墨线淡彩，红签、黄签
原图尺寸(cm)：60.9×17.5
图档类型：大类：地盘画样
　　　　　　子类：规划图
所涉工程：九州清晏中路重修工程
工程地点：九州清晏中路

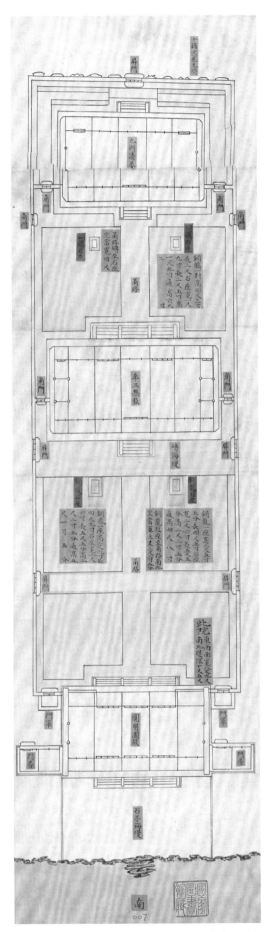

图2.1-24 [九州清晏中路地盘样]（图片来
源：国家图书馆藏）

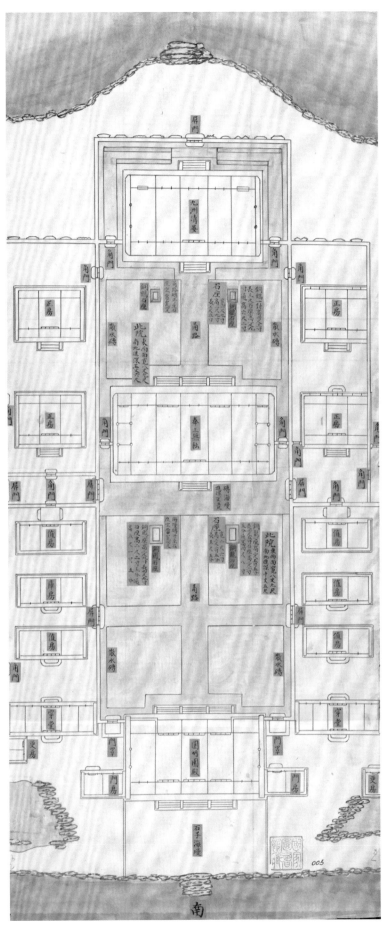

图2.1-25 [九州清晏中路地盘样]（图片来源：国家图书馆藏）

137

# 畅春园

[无逸斋地盘全图]

该图档绘制了坐落在畅春园西南角的无逸斋拆改工程，为平面图，反映了将无逸斋建筑拆改抵用固伦与和硕公主园寝的工程。

图档用墨线绘制了建筑及地形轮廓，用淡彩绘制了松、竹、山与水，图中贴签有黄、红、粉区分：黄签贴于外部，标注建筑间数、面阔、进深、柱高等尺寸；红、粉签则直接贴在建筑地盘内，标注拆除后的用途。红签标注"固伦公主看守房用""固伦公主大门用""固伦公主享堂用""固伦公主茶饭房用""固伦公主园寝抵料用"等，共十三个；粉签标注"和硕公主看守房用""和硕公主大门用""和硕公主享堂用"，共三个。自东向西黄签标注有："共大小房六十三间，游廊六十六间，垂花门一座""西墅库房五间，明三间各面宽一丈，二稍间各面宽九尺，进深一丈三尺，前廊深三尺五寸，柱高八尺八寸""净房一间，面宽六尺，进深七尺，柱高六尺""垂花门面宽一丈，进深九尺，前挑二尺五寸，柱高九尺五寸""房三间，明间面宽一丈一尺，二次间各面宽一丈，进深一丈五尺，前后廊各深三尺五寸，柱高八尺八寸""房三间，明间面宽一丈一尺，二次间各面宽一丈，进深一丈五尺，前后廊各深三尺五寸，柱高八尺八寸""松筼深处殿五间，各面宽一丈，进深一丈五尺，周围廊深三尺五寸，柱高九尺""南""房二间，各面宽九尺，进深一丈二尺，前廊深三尺五寸，柱高七尺八寸""净房一间面宽六尺，进深七尺，柱高六尺""无逸斋宫门三间，各面宽九尺，进深一丈，后廊深三尺五寸，柱高八尺""对清阴殿五间，各面宽一丈，进深一丈五尺，前后廊各深三尺五寸，柱高八尺八寸""殿五间各面宽一丈，进深一丈五尺，前后廊各深三尺五寸，柱高八尺八寸""净房一间，见方五尺，柱高六尺""净房二间，各见方七尺，柱高六尺""房五间，各面宽九尺，进深九尺，前廊深三尺五寸，柱高八尺""房二间，各面宽五尺五寸，进深七尺，柱高六尺""殿五间，明间面宽一丈三尺，四次间各面宽一丈二尺，进深一丈七尺，外前廊各深四尺，柱高一丈""房三间，各面宽一丈，进深一丈三尺，外前后廊各深三尺五寸，柱高八尺五寸""房三间，各面宽一丈，进深一丈四尺，柱高八尺五寸""房二间，各面宽九尺，进深一丈，柱高七尺五寸""房三间，各面宽一丈，进深一丈三尺，外前后廊各深三尺五寸，柱高八尺五寸""房三间，明间面宽九尺，二次间各面宽七尺，进深一丈一尺，前后廊各深三尺五寸，柱高七尺八寸""净房一间，见方七尺，柱高六寸"，共二十四个。

无逸斋是位于畅春园西南角的一座园中之园，康熙时期是皇太子读书处，名称取义《尚书·无逸》篇中"君子所其无逸"，表达了帝王即便是憩歇之际也不忘汲文问道、勤勉治国的思想，无逸斋"殿外种艺五谷之属，盖欲子孙知稼穑之艰难，意深远矣"，体现了帝王重视通过视农观稼教育皇子的良苦用心。乾隆时期补题"韵玉廊""松篁深处""对清阴"等匾额，结合御制《无逸斋》诗中描述的"荷风凉拂簟"，可知此处还种植有松、竹、荷花，皆是君子比德观的体现。

无逸斋内计大小房六十三间、游廊六十六间、垂花门一座，全部被拆除，抵料修建固伦公主园寝享殿、看守房、茶饭房、宫门及和硕公主园寝享殿、宫门。

图中没有提及二位公主的具体封号，但无逸斋拆于嘉庆朝，据年代推断，可能为嘉庆皇帝的三女庄敬和硕公主（1781–1811）和四女庄静固伦公主（1784–1811）。两位公主均薨于嘉庆十六年（1811），故推算绘制年代为嘉庆十六年（1811）。

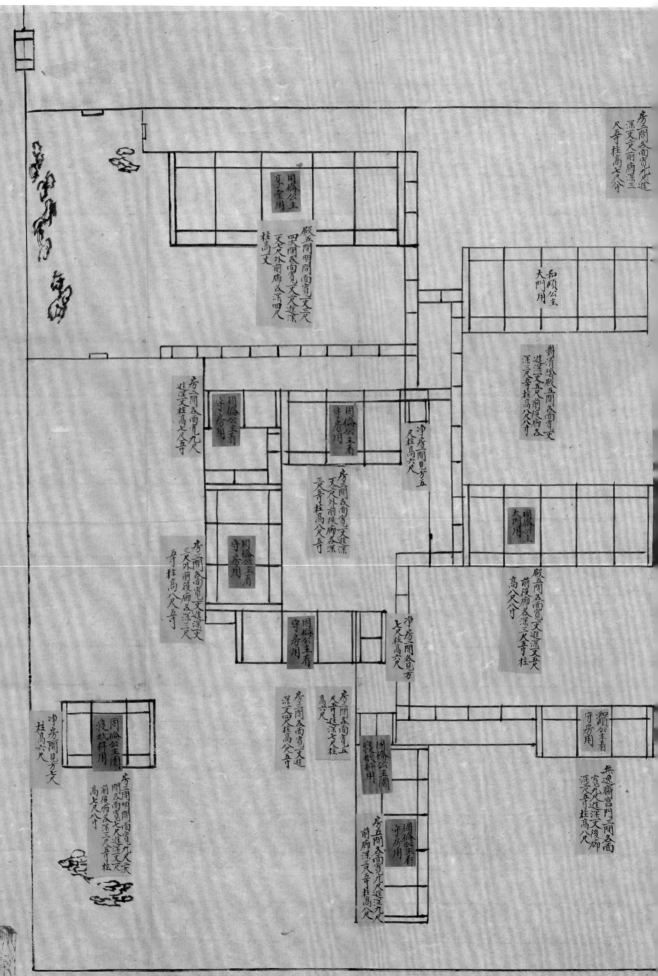

图2.1-26 [无逸斋地盘全图]（图片来源：国家图书馆藏）

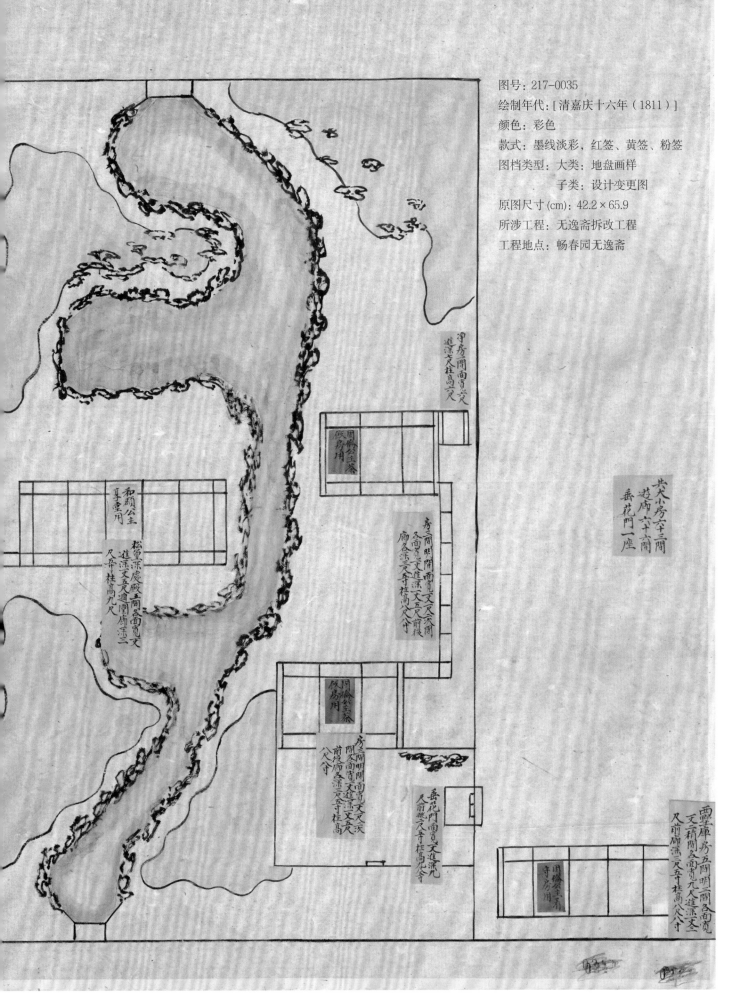

图号：217-0035

绘制年代：[清嘉庆十六年（1811）]

颜色：彩色

款式：墨线淡彩，红签、黄签、粉签

图档类型：大类：地盘画样

子类：设计变更图

原图尺寸(cm)：42.2×65.9

所涉工程：无逸斋拆改工程

工程地点：畅春园无逸斋

## 西花园地盘画样

该图档绘制了西花园宫门区勘察、修缮工程，反映了组群格局及其与周边河道、桥梁、稻田的位置关系，以及建筑损毁情况、修缮施工方法等重要信息。

图档绘制精美工整，书写清晰规范，范围北至后殿、顺山房，南至西朝房、石平桥、稻田一带，东至东配殿、东朝房周围大墙，西至西配殿、西朝房周围大墙。

河道施绿色，用墨线绘制出河道走向、建筑格局，精细至间架结构，修缮建筑以红线绘制具体位置。图中用黄签、红签、粉签标注建筑名称、建筑残损程度及修缮方法。黄签标注图档名称、建筑名称及朝向，有"西花园地盘画样""顺山房""后殿""前殿""西配殿""东配殿""露顶""宫门""值房""西朝房""东朝房""穿堂""看守房""石平桥""稻田""南"等字样，共二十二个。

粉签标注建筑残损程度，有"山墙坍塌""头停渗漏，瓦片脱节，台帮臌（鼓）闪，阶条走错""游廊大木不全""游廊三间，坍塌无存""台帮沉陷""山墙坍塌""台帮臌（鼓）闪""头停渗漏，瓦片脱节，阶条走错""门扇无存""共殿宇大小房七十四间内，拟粘修五十三间，现有游廊二十一间""头停渗漏，瓦片脱节""墙顶坍塌，墙身臌（鼓）闪""墙顶坍塌，过木沉陷""门扇不齐""山墙后簷（檐）坍塌""大木歪闪，瓦片脱落，装修无存""大木歪闪，头停渗漏，台帮臌（鼓）闪""坍塌""头停渗漏，瓦片脱节，台帮沉陷""墙坍塌，槛框门扇无存""歪闪坍塌"等，共四十八个。

红签标注拟修补施工方法，有"拟修理""拟头停夹陇，补砌台帮""拟补砌墙垣""拟补修""以上十座外簷（檐）拟找补椽条""拟头停夹陇""拟改修随墙门口"等，共三十个。

与图档132-0003、图档132-0004和图档284-0024相比较，本图应为修缮工程的勘察图，四张图档展现施工前勘察的情况。从图中信息可知，建筑损毁程度十分严重，西面围墙、南面围墙几乎全部坍塌，瓦片脱落，台帮坍塌，南侧围墙一带槛窗门扇皆无。本次修补位置主要在中路殿宇及西面、南面围墙，游廊、北面顺山房、西朝房等处不在修补范围内。

图号：132-0001

绘制年代：[清中晚期]

颜色：彩色

款式：墨线、红线淡彩，红签、黄签、粉签

图档类型：大类：地盘画样

子类：勘察图

原图尺寸 (cm)：85.0×64.3

所涉工程：西花园宫门区勘察、修缮工程

工程地点：西花园宫门区

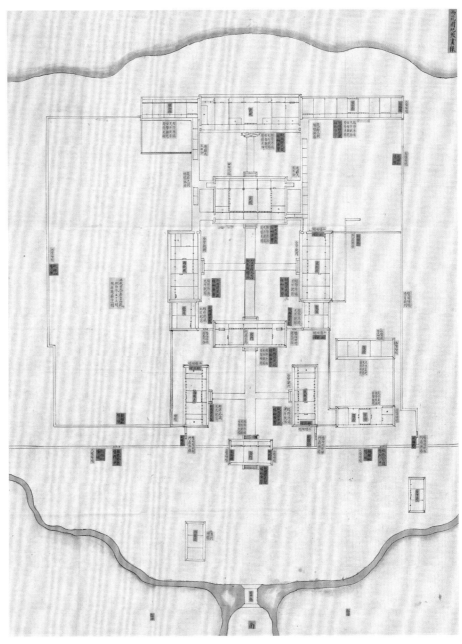

图 2.1-27 西花园地盘画样（图片来源：国家图书馆藏）

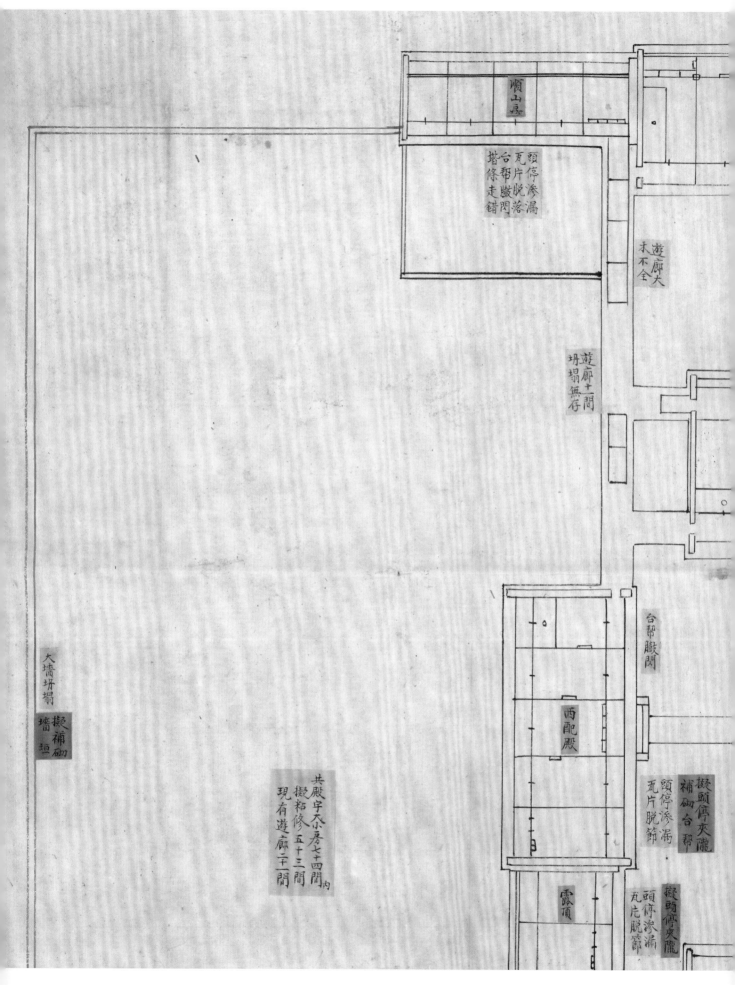

順山亭

頭停滲漏
瓦片脫落
台帮鬆閃
墻條走錯

遊廊大
半不全

遊廊十一間
坍塌無存

台帮嚴閃

大墻坍塌
擬補砌
墻垣

西配殿

擬頭停夾隴
補砌台帮
頭停滲漏
瓦片脫節

共殿宇大小房七十四間内
擬粘修五十三間
現有遊廊二十一間

擬頭停夾隴
頭停滲漏
瓦片脫節

露頂

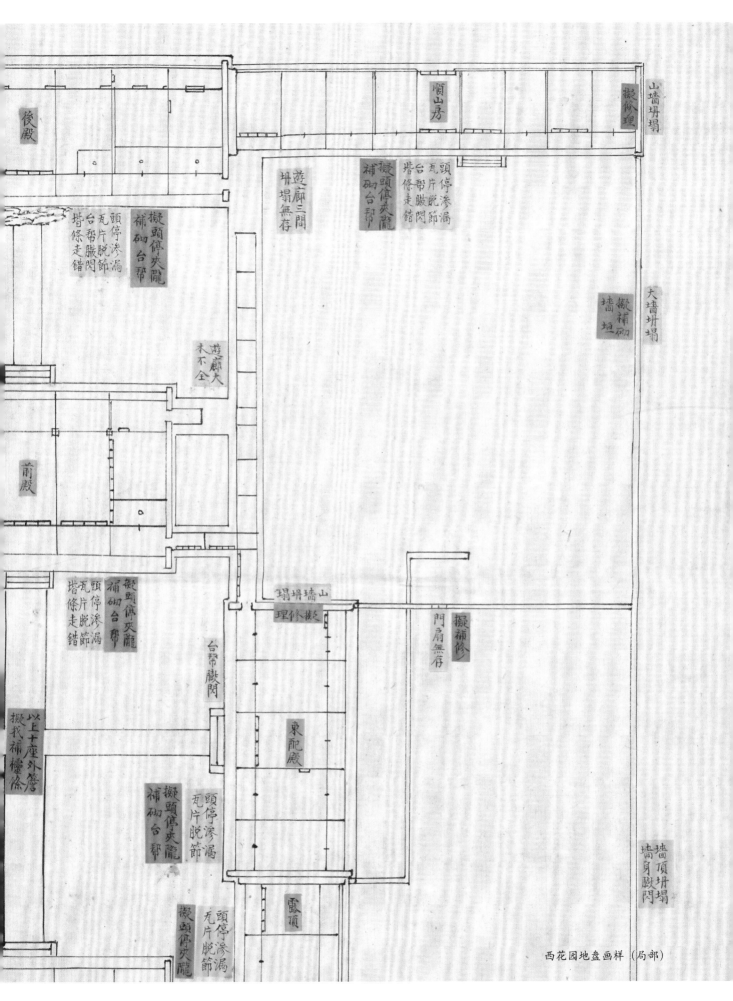

西花园地盘画样（局部）

後殿

前殿

順山房

擬修理 山墙坍塌

大墙坍塌

擬補砌墙垣

擬頭停補夾龍<br>瓦片脱節<br>補砌台帮<br>台帮臌閃<br>塔條走錯

遊廊三間<br>坍塌無存

頭停滲漏<br>瓦片脱節<br>台帮臌閃<br>塔條走錯<br>擬頭停補夾龍<br>補砌台帮

遊廊大<br>未不全

山墙坍塌<br>擬修理

擬補修<br>門扇無存

擬頭停補夾龍<br>補砌台帮<br>頭停滲漏<br>瓦片脱節<br>台帮臌閃<br>塔條走錯

台帮臌閃

東配殿

以上十座外簷<br>擬找補檻條

擬頭停補夾龍<br>補砌台帮<br>頭停滲漏<br>瓦片脱節

墻顶坍塌<br>墻身臌閃

靈頂

擬頭停補夾龍<br>頭停滲漏<br>瓦片脱節

145

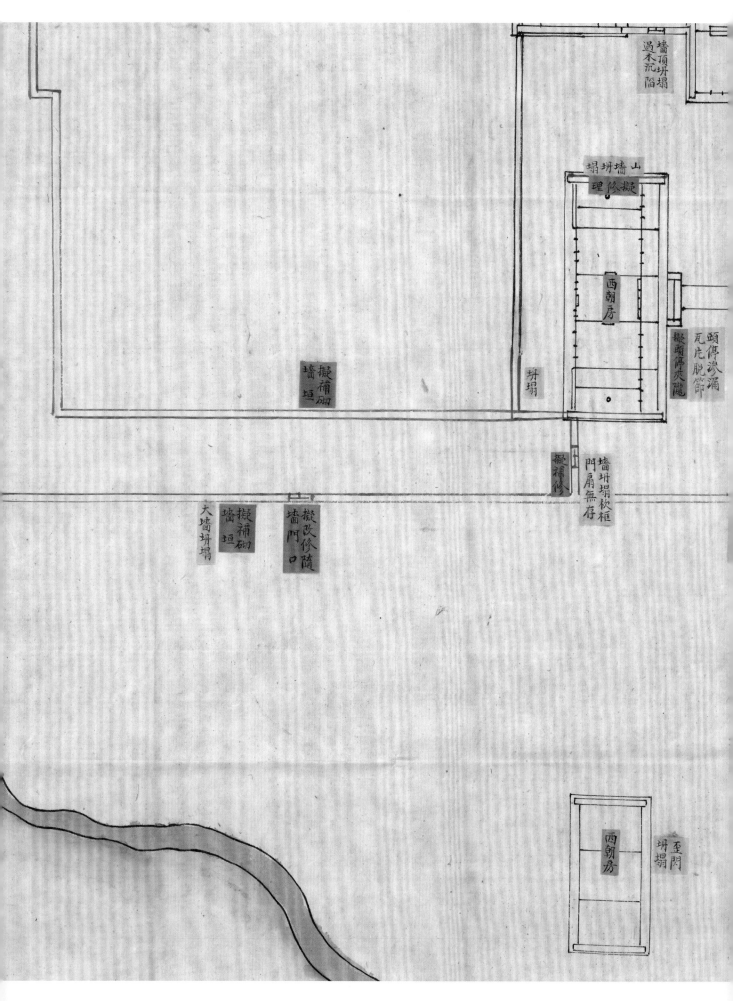

墙顶坍塌
过木沉陷

墙山
坍班修
理修拟

西朝房

颐傅渗漏
瓦片脱节
拟颐傅夹陇

坍塌

拟补砌
墙垣

拟补修

墙坍塌软框
门扇无存

大墙坍塌

拟补砌
墙垣

拟改修随
墙门
口

西朝房

坍塌
歪闪

西花园地盘画样（局部）

# 南苑

[南苑地盘全样糙底]

该图档绘制了南苑修建勘测工程。

图档完整地绘制了南苑及周边环境的总体格局，反映了苑墙、宫门、水系、桥座、御路、行宫、寺庙、鹿苑、营房的位置关系。

图档文字信息清楚，书写较工整，图形绘制简略，图档保存完好，无破损。图档中墨笔标注南苑各建筑名称、地名，有"草桥""西海子角""镇国寺门""镇国寺庙""潘家庙角门""马家堡角门""大台子""七圣庙""兵房""官房""新宫""箭道""马圈""马神庙""正黄旗围场""克轮圈泡子""眼镜河泡子""高米店角门""黄村门""海户地""刘家村角门""三间房角门""凰河楼""南闸桥""晾鹰台""南宫""菩萨庙""南大红门""北店角门""二海子""三海子""四海子""大屯角门""关帝庙""马队""砲营""南帝庙""东红门""马驹桥""七孔""出水口""碧霞元君庙""真武庙""北海子角""北大红门"等。有植物"柳树"名称及点位信息。图档正中上端有两个黄签标注，分别为"南苑四面围墙计长一万九千二百九十二丈九尺""共百九里"。图档上左侧有"在过此样御路柳树千万别画大"字迹。

图号：110-0046
绘制年代：[不详]
颜色：彩色
款式：墨线淡彩，黄签
图档类型：大类：地盘画样
　　　　　　　子类：规划图
原图尺寸 (cm)：138.5×198.0
所涉工程：南苑修建工程
工程地点：南苑

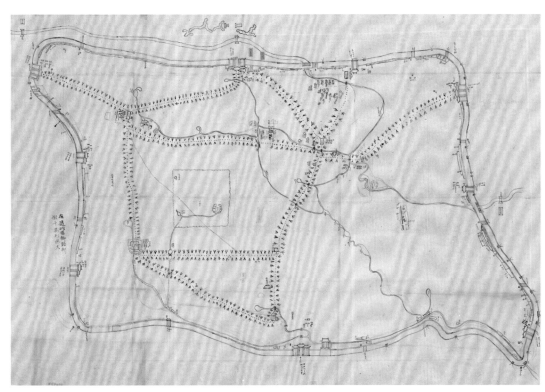

图 2.1-28 [南苑地盘全样糙底]（图片来源：国家图书馆藏）

[南苑地盤全樣糙底]

## 南苑营盘图式

该图档绘制了南苑营盘规划设计方案。

图档内容包括南苑大墙范围内的总体布局、建筑分布。
用绿色、橙色分别表示水体和道路，记录了河道流向、分布
位置。墙上大门绘制为蓝瓦红墙。图中右上角黄签写有图档
名称"南苑营盘图式"。

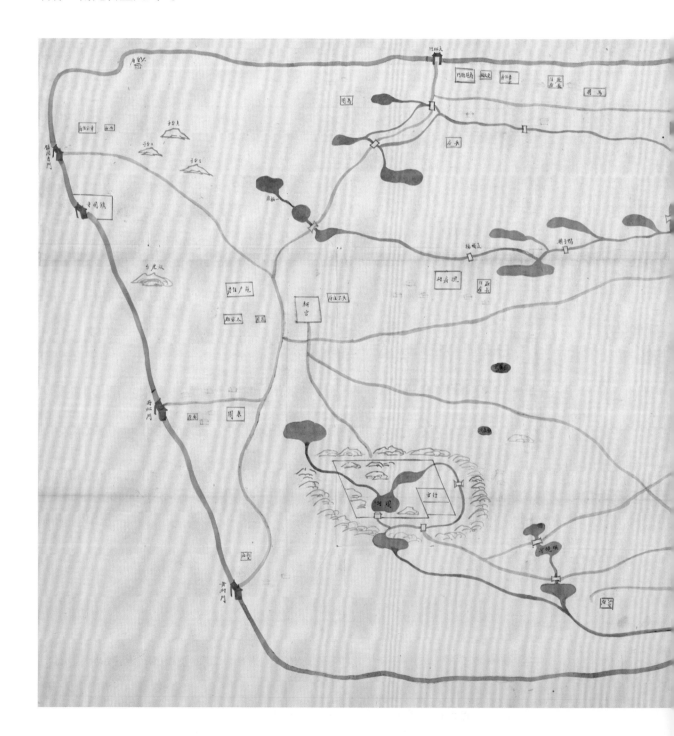

图号：110-0052
绘制年代：[不详]
颜色：彩色
款式：墨线淡彩，黄签
图档类型：大类：地盘画样
　　　　　子类：规划图
原图尺寸(cm)：67.0×137.0
所涉工程：南苑营盘规划工程
工程地点：南苑营盘

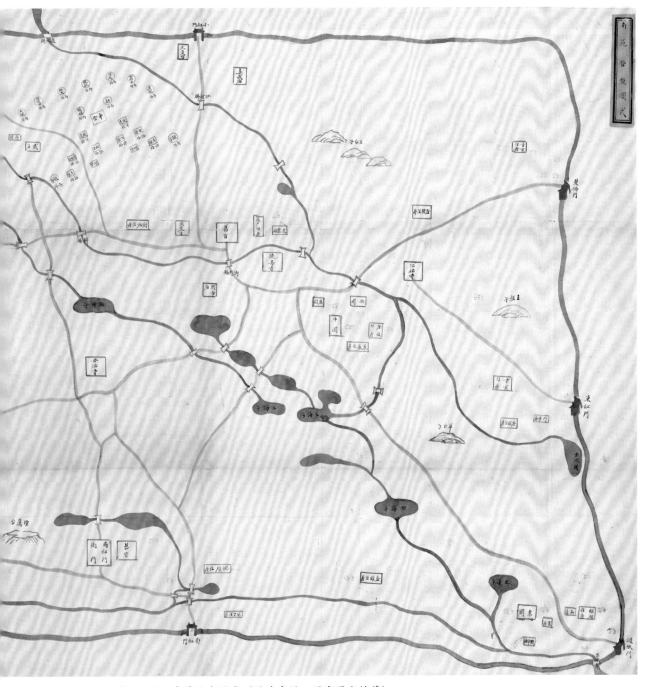

图2.1-29 南苑营盘图式（图片来源：国家图书馆藏）

## [南苑八旗营房地盘立样]

该图档绘制了南苑八旗营房规划设计方案。

图档内容包括八旗营房围墙濠沟包围的全部范围及周边环境。贴有"东""南""西""北"四个方位黄签。绘制了"正黄振勇""镶黄振威""正白振武""镶白振豫""正红振利""镶红振耀""正蓝振扬""镶蓝振胜"八旗营房的建筑组群立样格局。

图档线条工整，建筑蓝顶绿窗红柱，水系绿色，贴黄签标注殿宇尺寸信息及水系名称，共一百三十六个。在"南苑八旗营房地盘立样"东北位置，贴"总图大墙南北长三百四十丈，东西宽二百九十丈，共凑长一千二百六十丈，濠沟一千三百，又随墙过水涵洞二十四道""总营营门四座，过水石桥四道，营门内外对面堆拨各两间，共房三十二间""共马步枪礮（炮）各队营盘十七座，群墙凑长二千四百二丈""营内官房兵房共三千五百十一间，营门礮（炮）台在外"四张，分别标注营房建筑群的房间以及总体规划尺寸与布局情况。

营房群由东、南、西、北四面大墙包围，分别贴"围墙"黄签各一张共四张；各向城墙开营门一座，各贴一张黄签，分别标注"东门""南门""西门"和"北门"。各门外绘制石桥一座，贴黄签标注"石桥"。墙外水体贴"濠沟"黄签各向一张共四张，濠沟四角相连，形成闭环。围墙与濠沟间每向各有六个涵洞，贴黄签标注"涵洞"，共二十四张。濠沟西北角河道向外延伸至河泡，黄签标注"华塘泡子"。华塘泡子向东的河道又连通至另一河泡，黄签标注"鸭闸泡子"；河道自华塘泡子延向西北不远处，有村庄建筑六座、植物立样十株，贴黄签标注"槐房村"。

大墙内由东、西、南门连通的T形开放空间划分为北部和东南隅、西南隅三部分。其中北部沿北大墙自东向西标注"骧武二骑""骧武头骑""骁武头骑""骁武二骑"；骁武头骑营房东侧粘贴"四处共官房一百四间，兵房四百三十二间，共房五百三十六间，共栅栏门八座，屏门四座，小木影壁四座，八字影壁四座，营门堆拨十六间，穿井八眼"，标注四组营房房间及建置总数；骧武二骑西侧粘贴"官房二十六间，兵房一百八间，共房一百三十四间"，标注单组营房房间数量；骧武二骑、骧武头骑营房之东南、骁武头骑、骁武二骑营房之西南各标注"围墙南北长三十二丈，东西宽三十九丈"。

骧武二骑营与骁武二骑营各自南侧为一组相同规模营房，黄签分别标注"□□［步队］""振□［步队］"，黄签折叠，遮挡文字；营房西侧粘贴"官房二十六间，兵房一百九十二间，共房二百十八间"黄签，标注单组营房房间数量；"振□［步队］"东侧粘贴"二处共官房五十二间，兵房三百八十四间，共房四百三十六间，共栅栏门四座，屏门二座，小木影壁二座，八字影壁二座，营门堆拨八间，穿井四眼"黄签，标注两组营房建筑及建置总数；两处营房围墙旁各贴"围墙南北长三十二丈，东西宽三十九丈"黄签一张共两张，标注营房围墙尺寸。两组营房之中绘制了一组规模较大的营房，黄签标注为

"亲军振舆步队"。亲军振舆步队营房东侧粘贴"官房三十二间，兵房三百间，共房三百三十二间，共栅栏门三座，屏门一座，八字影壁一座，小木影壁一座，营门堆拨二间，穿井二眼"黄签，标注营房房间及建置总数；围墙西侧粘贴"围墙南北长三十二丈，东西宽五十七丈"黄签，标

图号：341-0405
绘制年代：[清光绪（1875-1908）]
颜色：彩色
款式：墨线淡彩，黄签
图档类型：大类：地盘画样
　　　　　子类：立面规划图
原图尺寸(cm)：132.7×99.5
所涉工程：南苑八旗营房规划工程
工程地点：南苑八旗营房

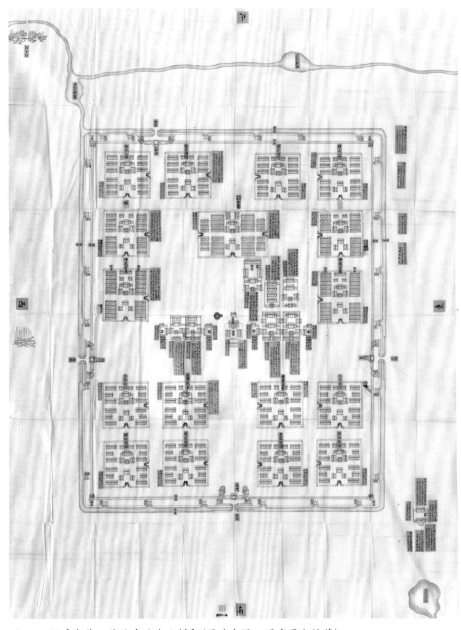

图2.1-30 [南苑八旗营房地盘立样]（图片来源：国家图书馆藏）

155

注营房围墙尺寸。[1]

　　□□〔步队〕营房与振□〔步队〕营房各自南侧再设营房两组，贴黄签标注"神威左翼""神威右翼"；神威左翼营房西侧贴"官房二十六间，兵房二百七十三间，共房二百九十九间"黄签，标注单组营房房间数量；神威右翼营房东侧贴黄签标注"二处共官房五十二间，兵房五百四十六间，共房五百九十八间，共栅栏门四座，屏门二座，八字影壁二座，小木影壁二座，营门堆拨八间，穿井四眼"；神威左翼营房东侧贴"围墙南北长三十七丈，东西宽三十九丈"黄签，标注两处营房围墙尺寸；"神威右翼"西侧黄签折叠，遮挡文字。[2]

　　亲军振舆步队营房东南方向，自东向西绘制三组建筑，各贴一大一小两个黄签，依次标注"办事公所正房东西厢房照房大门门房各五间，共房二十五间，屏门一座，卡门一座，群墙卡墙二十九丈""围墙南北长十四丈，东西宽八丈""书事查操差委六间四层，共兵房二十四间，屏门一座，群墙三十六丈""围墙南北长十二丈，东西宽八丈""军需库官房十一间，兵房库房十九间，屏门一座，卡门二座，群墙十五丈，中营前后穿井四眼""围墙南北长十五丈，东西宽七丈"。以上三组大黄签标注组群房间及建置总数，小黄签标注围墙尺寸。最西处的军需库内北方贴黄签标注"礮（炮）库"。

　　向南则恢复东、西对称布局。中间绘制中营一组建筑，贴大小黄签分别标注"中营大堂抱厦三间后连簷（檐），两层各五间，东西厢房各五间，后面演武厅三间，共房二十六间""围墙南北长十三丈，东西宽十三丈"。院中贴黄签标注"中营"，院北建筑贴黄签标注"箭厅"。

　　中营东西向各绘制四组合院。东部大合院南边各贴大小两个黄签，由东向西依次标注"全营翼长正房三间两耳，前后二层共房十间，东西两厢房前后共十二间，大门门房共七间，共房二十九间，屏门一座，卡门二座，卡墙三丈，群墙共凑长二十四丈""围墙南北长十四丈五尺，东西宽七丈""文案营务翼长正房三间两耳，前后二层共房十间，东西两厢房前后共十二间，大门门房共七间，共房二十九间，屏门一座，卡门二座，卡墙三丈，群墙共凑长二十四丈""围墙南北长十四丈五尺，东西宽七丈"，两处建置完全一致。小合院为两组马圈，东西对称贴黄签标注"围墙南北长七丈，东西宽四丈"，下方贴黄签标注"马圈兵房八间，栏杆门一座，马圈群墙二十丈"。

　　西部两座大合院较东部规模略小，南边同样各贴大小两个黄签，由东向西依次标注"公寓东所正房三间两耳，东西厢房各三间，大门一间，群房六间，后照房五间，共房二十三间，垂花门一座，卡门一座，卡墙二丈，公寓群墙三十九丈二尺五寸""围墙南北

---

1 因该处建筑名为"亲军振舆步队"，且位置关系在"□□〔步队〕"建筑与"振□〔步队〕"建筑之间，推测"□□〔步队〕""振□〔步队〕"的背面翻折黄签文字与"亲军振舆步队"文字存在关联。
2 结合营房整体图样东、西建筑围墙尺寸基本一致进行推断，该背面翻折的黄签内容疑为"围墙南北长三十七丈，东西宽三十九丈"。

长十三丈五尺，东西宽七丈"公寓西所正房三间两耳，东西厢房各三间，南房五间，后照房五间，共房二十一间，屏门二座，卡门一座，卡墙二丈，公寓群墙三十九丈二尺五寸""围墙南北长十三丈五尺，东西宽七丈"，两座合院的建置略有区别。两边小合院马圈贴签位置与东部马圈对称，从东向西依次标注"围墙南北长七丈，东西宽六丈""马圈兵房十间，栅栏门一座，马圈群墙十二丈""马圈兵房八间，栅栏门一座，马圈群墙十二丈""围墙南北长七丈，东西宽六丈"。

东南隅和西南隅各有四组营房，合为八旗营房。黄签标注"镶黄振威""正黄振勇""正白振武""正红振利""镶白振豫""镶红振耀""正蓝振扬""镶蓝振胜"。东南隅各营房之东及西南隅各营房之西共贴八处黄签，标注"围墙南北长二十七丈，东西宽三十九丈"。正黄旗营房以东贴黄签标注"八处共官房二百八间，兵房一千五百五十六间，共房一千二百六十四间，共栅栏门十六座，屏门八座，小木影壁八座，八字影壁八座，营门堆拨三十二间，穿井十六眼"。

此外，东门与南门起绘制虚线沿濠沟外围汇聚在东南角一组建筑。黄签标注"演武厅官房八间，兵房五间，共房十三间""周围院墙共凑长二十二丈九尺八寸""东面腿子门一座，面宽连腿子门一丈二寸，进深五尺，门口高七尺五寸""演武厅一座，五间明间，面宽一丈，次稍间各面宽九尺五寸，进深一丈四尺，前接抱厦三间，进深一丈，柱高一丈，台明高四尺""前月台一座，面宽三丈五尺，进深三丈，台明高三尺五寸，三面大踏跺三座""后院看房一座，五间明间，面宽一丈，次稍间各面宽九尺五寸，进深一丈四尺，前廊深三尺五寸，柱高九尺，台明高一尺二寸"共六处。该组建筑正南绘制水泡一处，贴黄签标注"北饮鹿池"。

本卷图档收录南苑兵营图共四十五种，包括兵营总布局图及各兵营内详细布局图，图档339-0235-01南苑神机营地盘总图，绘制了同治年间的神机营的二十二座营盘的布局图，中间为中营，上半部两侧两营为马队，中间十营为步队，下半部九营为马队，其他如图档339-0235-18神机营厢字马队营房地盘样等图则详细绘制了各营内部的营房布局，图档341-0405南苑八旗营房地盘立样详细绘制了新衙门行宫西侧、苇塘泡子西侧、鸭闸泡子南侧的兵营布局，营房围墙外壕沟环绕，内有骁武、骏武、神威、正红、镶红等军营八座，以及中营、亲军振兴步队、军需库、马圈等房屋，黄签标注各营房名称、房屋数量、围墙尺寸等。[1]至此，对于图档341-0405南苑八旗营房地盘立样的年代分析均汇集到同治末年至光绪年间，其中绘制的建筑形制及植物样貌与中国园林博物馆馆藏清光绪时期图档2.47-8惠陵图样——惠陵附属建筑地盘样较为相似，推断或绘制于清光绪（1875-1908）时期。

---

1 参见国家图书馆编.国家图书馆藏样式雷图档·南苑卷［M］.北京：国家图书馆出版社，2020.

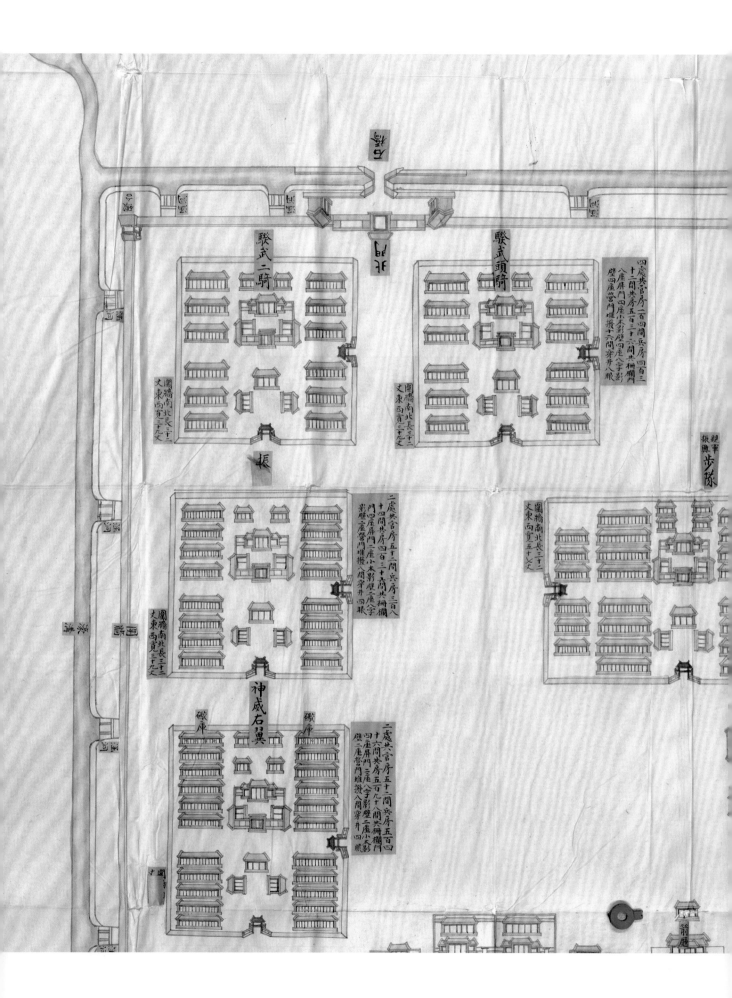

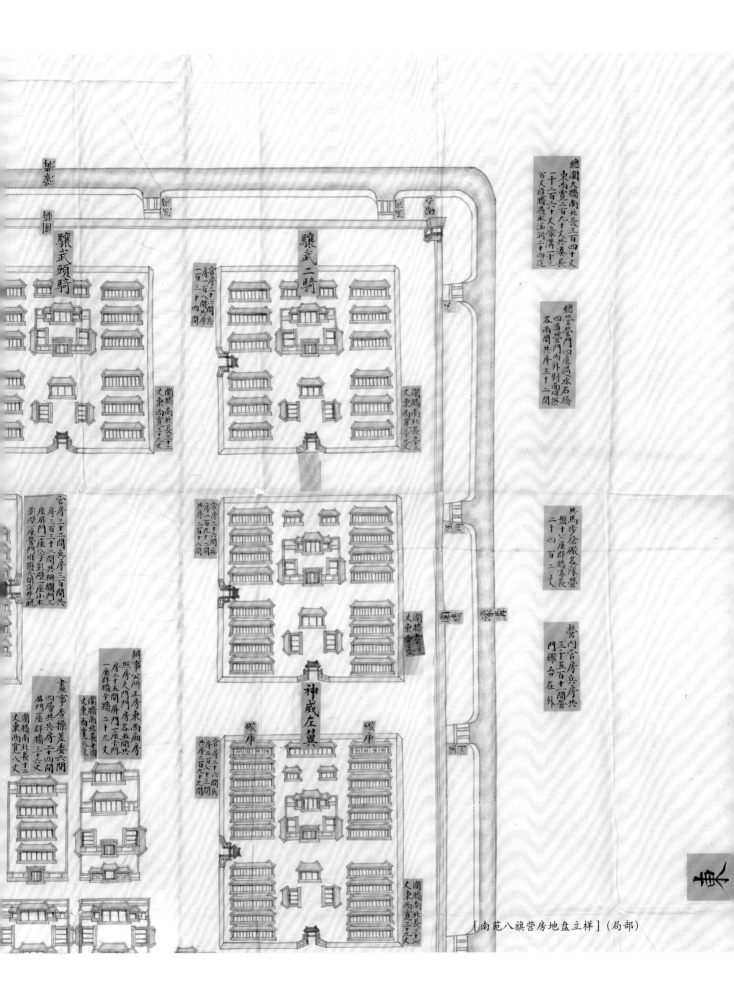

驍武頭騎

驍武二騎

神威左翼

總圍大牆南北長三百四十丈
東西寬三百九十丈共湊長
二千二百六十丈高湊長二十
百丈閘橋過水涵洞二十四道

總營盤營門四座過水石橋
四道兩營門內外對面羅擺
各兩閘共房三十二間

共馬步稽稚礟名隊營
盤十七座群牆湊長
二千四百二丈

營內官房兵房共
三千五百十間營
門礟台在外

房二百二十八間兵
房一百八十四房
一百九十四間

官房三十二間兵房三百間共
房三百三十二間共栅欄門二
座屏門一座☐字影壁一
影壁一座營門堆撥三間☐字井欄

辦事公所正房東西廂房
照房大門門房各五間共
房二十五間屏門二座長門
一座群橋下牆二十九
丈圍牆南北長十四
丈東西寬八丈

畫事查操崖委六間
四層共房二十四間
屏門一座群牆三十六丈
圍牆南北長三十
丈東西寬八丈

官房二十六間兵
共房一百九十二間
共房二百十八間

圍牆南北長三十二
丈東西寬三十丈

圍牆東達玉
大東寬三丈

官房二十六間兵
房二百八十三間
共房三百九十九間

圍牆南北長三十二
丈東西寬三十丈

礟庫          礟庫

[南苑八旗營房地盤立样]（局部）

159

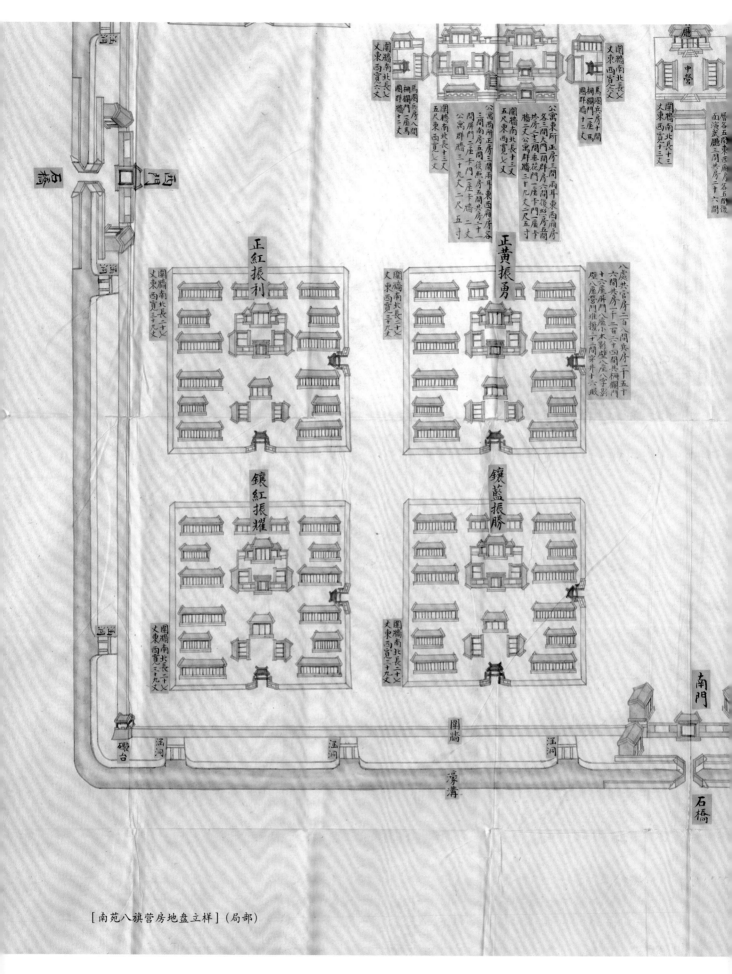

[南苑八旗营房地盘立样]（局部）

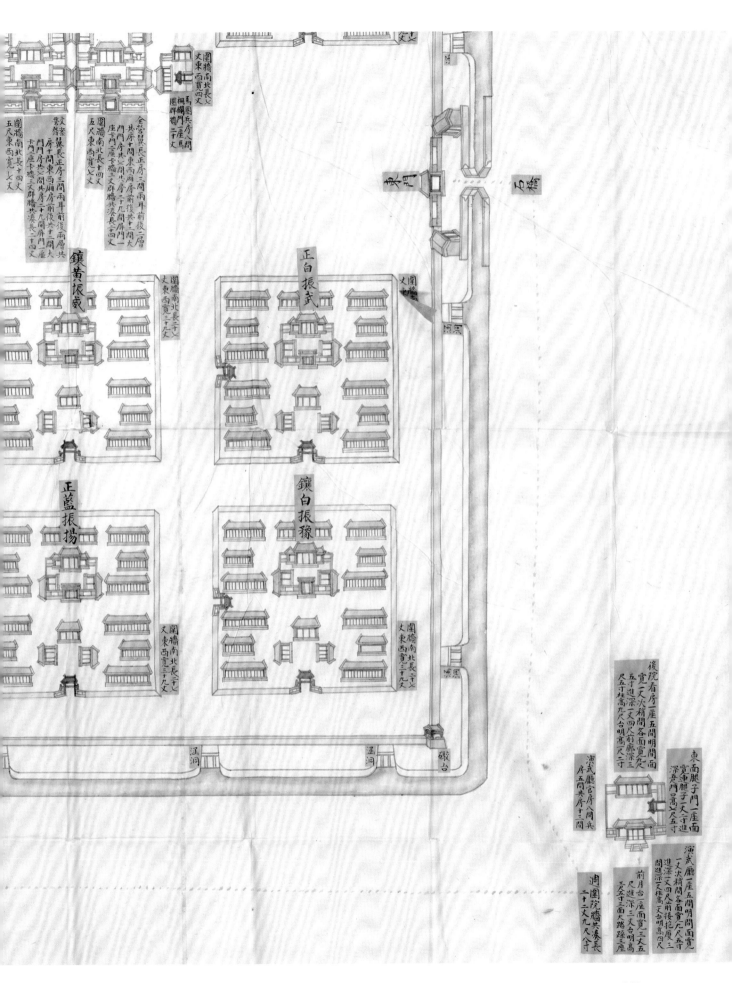

圍牆南北長七丈東西寬四丈

馬圈兵房一間
柵欄門一座
圍牆二十丈

全院營房正房三間兩耳前後二層共
房十間東西兩廂房前後共十二間大
門房一座卡牆二丈群牆共湊長二十四丈

鑲黃振威

圍牆南北長二十丈
東西寬三十九丈

正白振武

圍牆文東

正藍振揚

圍牆南北長二十丈
東西寬三十九丈

鑲白振豫

圍牆南北長二十丈
東西寬三十九丈

涵洞

涵洞

礮台

後院有房一座五間明間面
寬一丈次稍間各面寬九尺
五寸進深一丈四尺前廊深三
尺五寸柱高八尺台明高尺二寸

東面腰子門一座面
寬甲腰子一丈二寸進
深吾門官高七尺五寸

演武廳官房一間兵
房五間共房十三間

演武廳二座五間明間面寬
一丈次稍間各面寬九尺七寸
進深一丈四尺台明高
五尺三寸門五大路踏跺三座

前月台一座面寬二丈五
尺進深三丈台明高
三尺五寸接抱廈三
間進深一丈四尺前接抱廈三尺五寸

週圍院牆共湊長
二十二丈九尺今寸

161

## ［神机营右翼骁骑抬枪队营房地盘样］

该图档绘制了南苑神机营右翼骁骑抬枪队营房规划
设计方案。

图档内容为南苑神机营右翼骁骑抬枪队营房平面
格局，反映了该营房整体及建筑规划布局设计，绘制清
晰。营房布局接近正方形，外有树木及壕沟环绕，南北
两侧各有一门。营房内南北向房屋二十四座，东西向房
屋二十座。画面右侧墨线记录"右翼骁骑抬枪"字样。

图号：339-0235-24

绘制年代：[清咸丰十一年至光绪二十六年（1861-1900）]

颜色：彩色

款式：墨线淡彩

原图尺寸（cm）：22.5×22.1

图档类型：大类：地盘画样

　　　　　　子类：规划图

所涉工程：神机营右翼骁骑抬枪队营房规划工程

工程地点：神机营右翼骁骑抬枪队营房

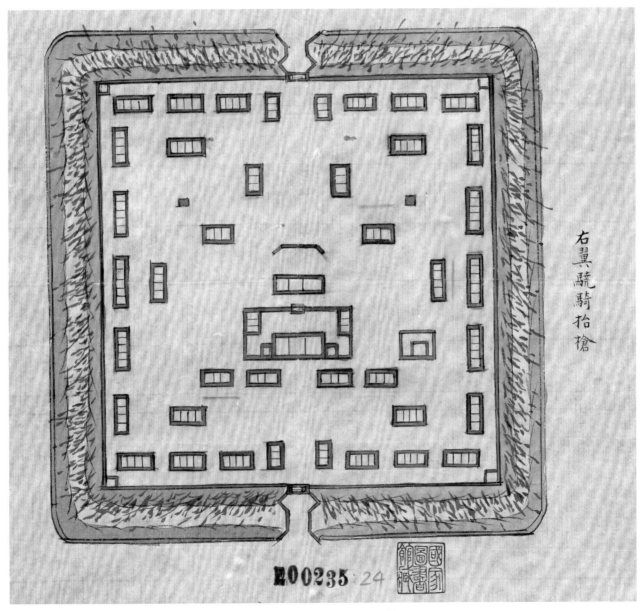

右翼骁骑抬枪

图 2.1-31 [神机营右翼骁骑抬枪队营房地盘样]（图片来源：国家图书馆藏）

[ 神机营厢字马队营房地盘样 ]

该图档绘制了南苑神机营厢字马队营房规划设计方案。

图档内容为南苑神机营厢字马队营房平面格局，反映了该营房整体及建筑规划布局设计，绘制清晰。营房布局为圆形，外有树木及壕沟环绕，南北两侧各一门。环绕布局营房三十座，南北向房屋八座，东西向房屋八座。画面右侧墨线记录"厢子马队"字样。

图档反映了清代新式骑兵"神机营"马队营房的设计规划，推测为清咸丰十一年至光绪二十六年 (1861–1900) 间绘制。驻扎在大兴区旧宫镇（原旧衙门行宫所在地）的神机营，指的是咸丰十一年（1861）清政府创建的一支使用新式武器的禁卫军。神机营的创建是晚清八旗军事近代化的一次尝试。到光绪二十四年（1898），清廷把装备了最先进后膛枪的精锐八旗兵"神机营"五千人常驻在旧衙门行宫，并雇佣英、法、德等国教官训练行军、战阵诸法。旧衙门行宫是当时清帝射猎避暑临憩的行宫，清廷高层竟然把供皇家休憩的禁地改造成了营盘，足见对军事的重视程度。之所以选择此地，除了减少扰民因素之外，也充分考虑了其便利优越的地理位置。此地地势开阔，便于洋枪洋炮的操练；区位优势明显，东出可直达大沽口，北上一个小时即可抵达京城，更利于机动作战，可以看出当时决策者具有一定的军事素养。神机营编练长达四十年，但在旧的封建军事体制下，走向颓废腐败是必然的结果，由于它只偏重于武器和战术方面低层次的变革，对高层次的军事体制毫无触动，尽管它拥有洋枪洋炮，官兵人员也受过西式训练，却在八国联军之役中溃败，也为后期清政府进一步改造八旗军队，着手改革军事制度提供了经验教训。[1]

故宫藏清代《神机营合操阵图》《武胜新队攻守阵图》也表现了晚清时期神机营和新式军队的操练场景。

---

1 王青.清末政府组建神机营始末·档案文化 [ J ] . 2020（2）：59-60.

图号：339-0235-18

绘制年代：[清咸丰十一年至光绪二十六年（1861–1900）]

颜色：彩色

款式：墨线淡彩

原图尺寸（cm）：26.3×25.8

图档类型：大类：地盘画样

　　　　　　子类：规划图

所涉工程：神机营厢字马队营房规划工程

工程地点：神机营厢字马队营房

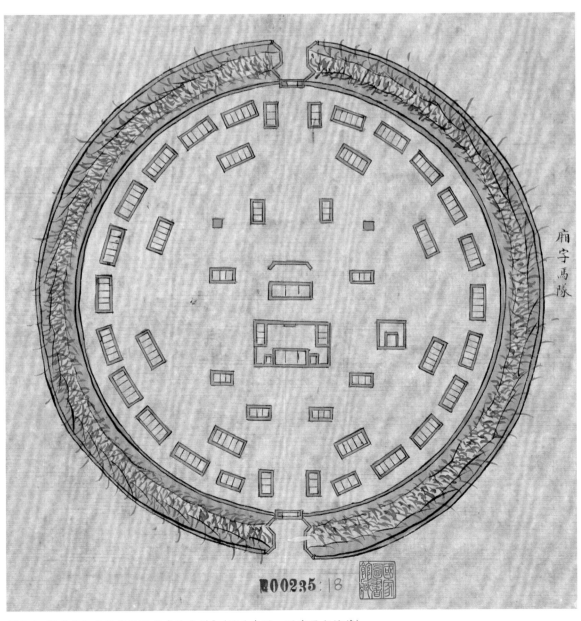

图 2.1–32 ［神机营厢字马队营房地盘样］（图片来源：国家图书馆藏）

## 二、建筑及装修

　　园林建筑在中国古典园林造园中占据着举足轻重的地位，也是皇家园林必不可少的造园要素之一，其重要性不言而喻。中国宫苑建筑的历史渊远流长，自秦一统六国，大兴土木营建皇家苑囿起，就为后世奠定了宫苑建筑形制及其与皇家园林空间布局关系的主基调。历经几代帝王的赓续经营，园林建筑逐渐在发展演进过程中成为地域文化与皇家园林文化共同滋养下的智慧与情感表达，兼具多重功能。各式园林建筑类型，如厅、堂、楼、阁、台、轩、榭、舫等在北京皇家园林中一应俱全，以单体建筑、组群建筑或两者结合的布局组合形式呈现，或中轴线南北对称，或自由排列切换，园中有园，园内变幻，繁复多变达到极致。作为园林空间的延伸与细化，内外檐装修渗透着园林建筑的华美升华，以最直观的表象手段传达着政治、经济、科技、民俗等方面的信息，其技艺水平更是见证着一个时代技术与艺术的辉煌亮点。

# 颐和园

[玉澜堂地盘平样]

该图档绘制了玉澜堂及两配殿内檐装修情况。

图档中黄签为旧有装修情况，红签为改动情况。藕香榭室内红签标注"藕香榭殿一座五间，进深栏干罩二槽，碧纱橱二槽，次间前簷（檐）床一铺，稍间几腿床罩一铺，顺山床一铺，满撤去存库""添修面宽墙""墙厚一尺六寸""落空进深一尺六寸"。霞芬室内红签标注"添修面宽墙""霞芬室殿一座五间，进深碧纱厨二槽，落地罩一槽，门口方窗一槽，稍间几腿床罩一槽，顺山床一铺，满撤去存库"。正殿上方红签标注"玉澜堂殿一座五间，后抱厦三间，明间外簷（檐）格扇一槽，次、稍间支摘窗各一槽，满撤去存库。"明间地平床上设置宝座与围屏，围屏后为碧纱橱，碧纱橱左右为玻璃格扇。两次间与稍间设置八扇碧纱橱，西稍间靠北墙设床及落地床罩，西墙中间设玻璃镜，后檐贴红签"添修后簷（檐）墙"。东稍间靠南窗设床及落地床罩，后檐贴红签"撤去外□□□"。后抱厦外檐贴四红签，分别标注为"撤去外簷（檐）装修""添修外簷（檐）墙""撤去格扇""撤去外簷（檐）装修"。抱厦明间中设如意床及落地罩；西次间北部设寝宫床罩，西墙南端与廊相接处设"玻璃镜"，外贴红签"撤去门桶"，明间与西次间相接处贴红签"改安鼓儿群墙"；东次间北端设"几腿罩床"，东次间与明间相交处设玻璃格扇，东墙南端与廊相接处设"玻璃镜"，外贴红签"撤去门桶"。玉澜堂正殿以西为二间"西书房"，西书房上端红签标注"西书房一座二间，后檐格扇一槽，支摘窗一槽，撤去存库"，后檐红签标注"添修后簷（檐）墙""撤去外簷（檐）装修""撤去格扇"，西墙红签标注"撤去门口二座改修墙"，东墙中间设"玻璃镜"，东一间南侧外檐装格扇一槽四扇。西书房西一间北端与廊相接处贴红签"添修卡墙"，南端与廊相接处贴红签"改修卡墙"，东墙装"大玻璃镜"，西端南北两侧"添修门口""添安福式踏跺"。正殿以东二间为顺山房，上端贴红签"东顺山殿一座二间，后簷（檐）支摘窗二槽，撤去存库"，后檐贴红签"撤去外簷（檐）装修""添修后簷（檐）墙"。顺山房东侧廊子与顺山房后檐平齐处贴红签"添修卡墙"。

图号：354-1791

绘制年代：[清光绪二十四年（1898）]

颜色：彩色

款式：墨线淡彩，红签、黄签

原图尺寸(cm)：66.0×64.5

图档类型：大类：地盘画样

　　　　　　子类：规划图

所涉工程：玉澜堂添改修工程

工程地点：玉澜堂

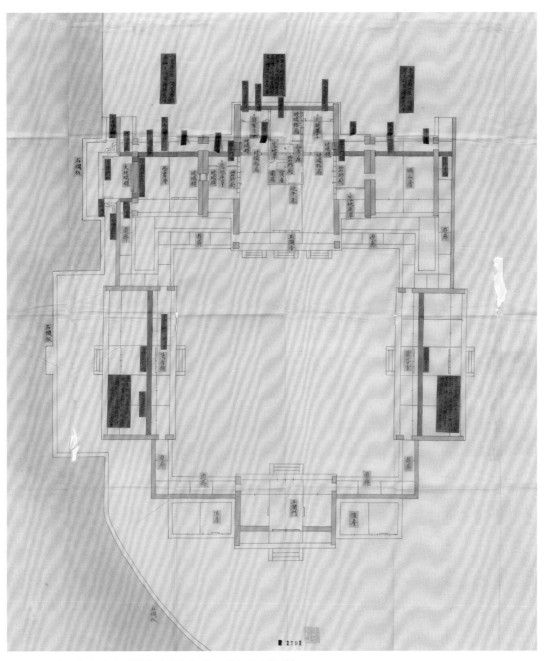

图 2.2-1 [玉澜堂地盘平样]（图片来源：国家图书馆藏）

从两配殿中砌墙可知，该图档应绘制于戊戌政变之后。茅建升《戊戌政变的时间、过程与原委》[1]中有关瀛台囚禁光绪皇帝工程的分析，为确定图档354—1791颐和园玉澜堂添砌墙体地盘样的绘制目的及其时间提供了参考。

光绪二十四年（1898）八月戊戌政变后，光绪帝被软禁在瀛台，并采取了一系列防范措施。据奉宸苑《传帖簿》记载："（光绪二十四年八月）二十七日，春字一百号，为传兴隆厂，淑清院北门堵砌，瀛台前两楼梯满砌；北海蚕坛后进水闸清挖积土，闸板糟朽，赶紧安换；日知阁外织女桥清挖淤泥，半截河闸棱包铁，添安铁壁（箅）子事。"这些措施均为隔绝光绪皇帝与外界的联系[2]。慈禧太后移居颐和园后，同样将光绪皇帝的寝宫玉澜堂进行改造，添砌墙体以隔绝与外界的联系。目前除玉澜堂东西两侧游廊被打通外，其余均延续了此次添修后的格局。根据戊戌政变后，慈禧太后再次驻跸的时间[3]可以大致推断该图档的绘制时间应在光绪二十四年（1898）八月到光绪二十六年（1900）三月之间。

这件图档是在特殊历史背景下，为满足特殊功能要求而绘制的，是光绪皇帝政变后被软禁的有力证据，也是雷氏全面参与皇家工程的例证。[4]

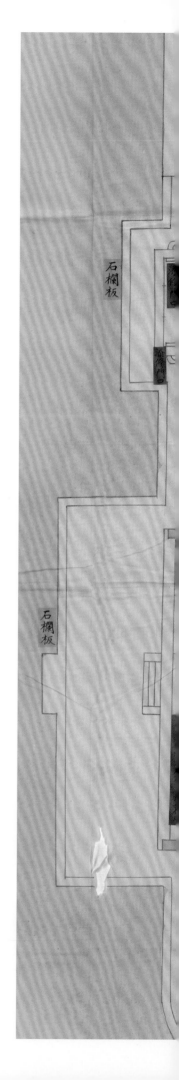

1 茅海建.戊戌政变的时间、过程与原委（三）[J].近代史研究 2002（6）：149-201.
2 茅海建.戊戌政变的时间、过程与原委（三）[J].近代史研究 2002（6）：163-164.
3 光绪二十六年三月初七慈禧太后政变后首次驻跸颐和园，引自：刘桂林.从清代帝后驻跸看颐和园.颐和园管理处.颐和园建园二百五十周年纪念文集.北京：五洲传播出版社，2000:322.
4 张龙.颐和园样式雷建筑图档综合研究 [D].天津：天津大学，2009:93-94.

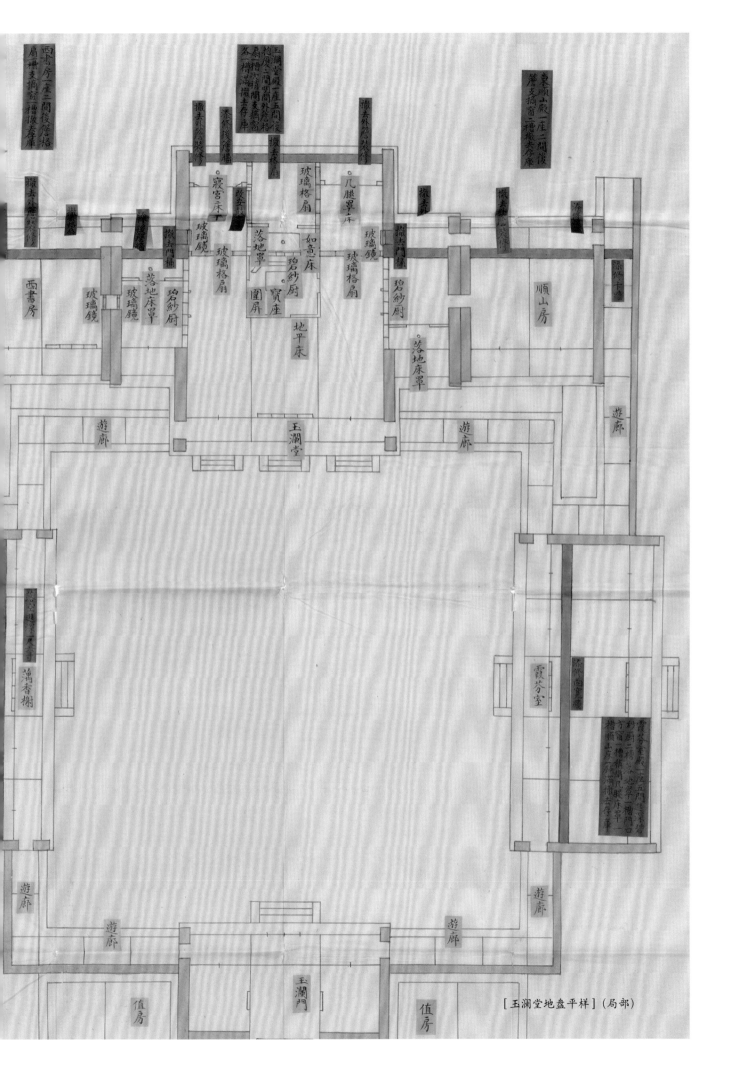

［玉瀾堂地盤平樣］（局部）

## [颐和园万寿山内寿膳房图档]

该图档绘制了万寿山寿膳房平面。

图档中红线记录物品等摆设位置，墨线记录建筑、物品名称等内容。寿膳房院落西侧有一道围墙，南北各有一"屏门"，围墙西侧记录"戏台院"。东侧有群朝房九间，记录"群朝房"，朝房内部记录"大门""寿膳房大门"，东北侧记录"南花园"，东侧红签标注"群朝房每三间内隔断门口一槽，高炕二铺，共计隔断门口八槽，高炕十六铺，院内添修隔断花瓦墙九道"。群朝房北侧接一围墙，围墙上开一"角门"。

寿膳房院落划分为东西两列，共八个小院落。西侧由北到南，第一个小院落布局为五开间正房一座，左右各带一座单开间耳房，东西各一座三开间厢房。院内记录"寿药房""连二灶一座上无天井"。正房内记录"隔断墙""格子""案子"，灶耳房内记录"炕"，东西厢房记录"落地罩""隔断""炕""几腿罩"。第二院落内布局为一座七开间库房，记录"寿茶房库房"，室内记录"隔断墙""格子""箱子"，院落东西两侧各有两个"角门"。第三院落格布局为一座五开间正房，左右各带一座单开间耳房，东西各一座三开间厢房，院落东西两侧各有一"角门"。院内记录"寿茶房""连二灶二座房上开天井二座"，正房和耳房内记录"格子""炕""茶案""茶桌""灶""哈巴狗"，东西厢房内记录"炕""落地罩""隔断""栏杆罩"。第四个院落布局与第三个院落几乎一致，仅东侧厢房内部南侧多了一"炕"，正房北侧东西两侧各多了一"角门"。

东侧四个院落建筑布局与西侧几乎一致。东侧由北到南，第一个小院落布局为五开间正房一座，正房东侧为一座单开间"穿堂"，西侧仍为一座单开间"耳房"，东西各一座三开间厢房。院内记录"寿膳房库房"，正房记录"格子""箱子""炕""佛龛""箱子"，东西厢房内记录"炕""几腿罩""隔断""栏杆罩"。第二个院落内为一座七开间库房，院内记录"寿膳房""连四灶二座房上开天井二座"，"各座内随水桶木盆大小桌张等"，"库房格子俱有柜门"。室内记录"菜案""格""炕""油桌""哈巴狗"，院落西侧有两个"角门"，东侧有偏北一"角门"。第三个院落布局为一座五开间正房，左右各带一座耳房，东西各一座三开间厢房，院内记录"寿膳房""连四灶二座房上开天井二座"，正房和耳房内记录"菜案""格子""炕""油桌""哈巴狗"。东西厢房记录"炕""几腿罩""栏杆罩""隔断"。第四个院落布局为一座五开间正房，左右各带一座单开间耳房，东西各一座三开间厢房。院内记录"寿膳房""连四灶二座房上开天井二座"，正房和耳房内记录"格子""菜案""炕""油桌""哈巴狗""灶"，东西厢房内记录"几腿罩""隔断""炕"。

图号：351-1488
绘制年代：[清光绪（1875-1908）]
颜色：彩色
款式：墨线、红线淡彩，红签
原图尺寸(cm)：68.3×53.7
图档类型：大类：地盘画样
　　　　　子类：规划图
所涉工程：颐和园万寿山内寿膳房规划与施工工程
工程地点：颐和园万寿山寿膳房

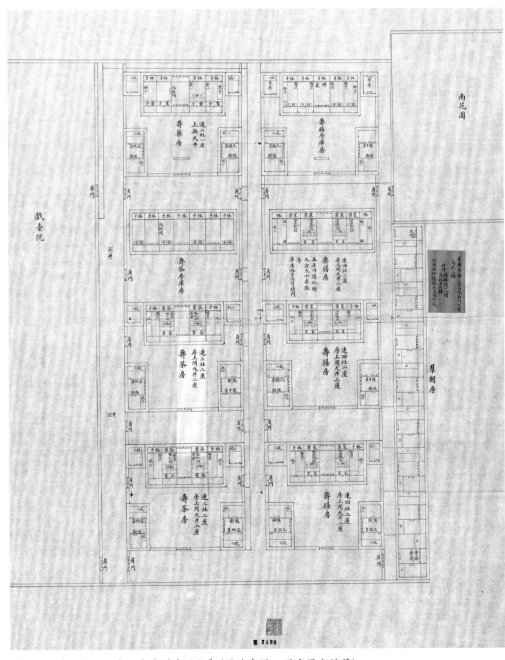

图2.2-2［颐和园万寿山内寿膳房图档］（图片来源：国家图书馆藏）

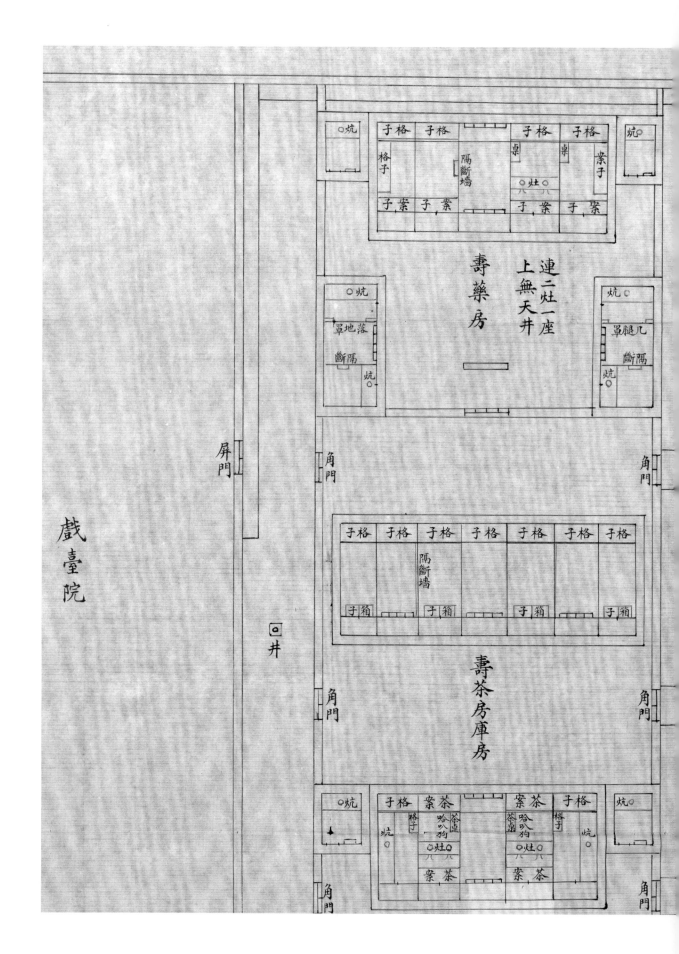

戲臺院

屏門

井

連二灶一座
上無天井
壽藥房

炕
子格　子格
格子
隔斷墻
子案　子案

子格　子格
桌　　桌
灶
子案　子案
案子
炕

炕
罩地落
隔斷
炕

炕
罩腿几
隔斷
炕

角門

角門

子格　子格　子格　子格　子格　子格　子格
隔斷墻
子箱　　　子箱　　　子箱　　　子箱

壽茶房庫房

角門

角門

炕
子格　茶案
格子
茶罨
哈叭狗
灶
案茶

茶罨
哈叭狗
灶
案茶
案茶
子格
炕

炕

角門

角門

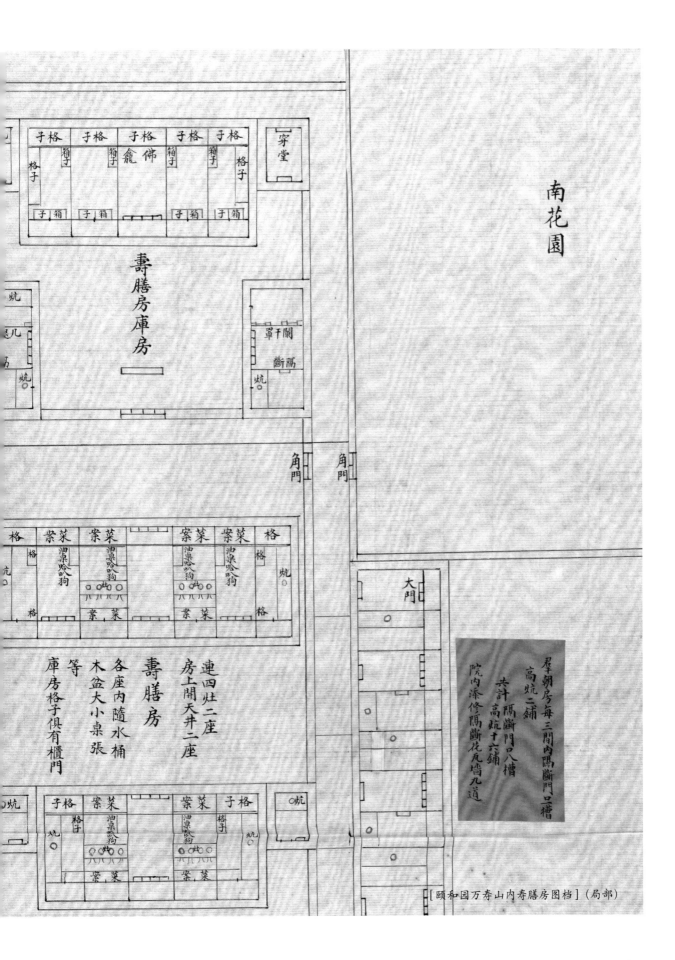

南花園

穿堂

子格
格子
子箱

子格
箱子
子箱

子格佛龕

子格
箱子
子箱

子格
箱子
子箱

格子
子箱

壽膳房庫房

炕
退几
為
炕

罩干闌
隔斷
炕

角門　角門

格
炕
格

菜紫
油凉哈叭狗
八八
菜紫

菜案
油凉哈叭狗
八八

菜案
油凉哈叭狗
八八

菜案
油凉哈叭狗
八八
菜案

格
炕
格

大門

○
○
○
○
○

庫房格子俱有櫃門
木盆大小桌一張
各座內隨水桶
房上開天井二座
連四灶二座
壽膳房
等

子格
格子
炕

菜紫
油凉哈叭狗
典
菜紫

菜案
油凉哈叭狗

子格
格子
炕

炕
○

炕
○
○
○

羣朝房每三間內隔斷門口三槽
高炕二鋪
隔斷門口八槽
共計高炕十六鋪
院內添修隔斷花瓦墙九道

［頤和園万寿山內寿膳房圖档］（局部）

175

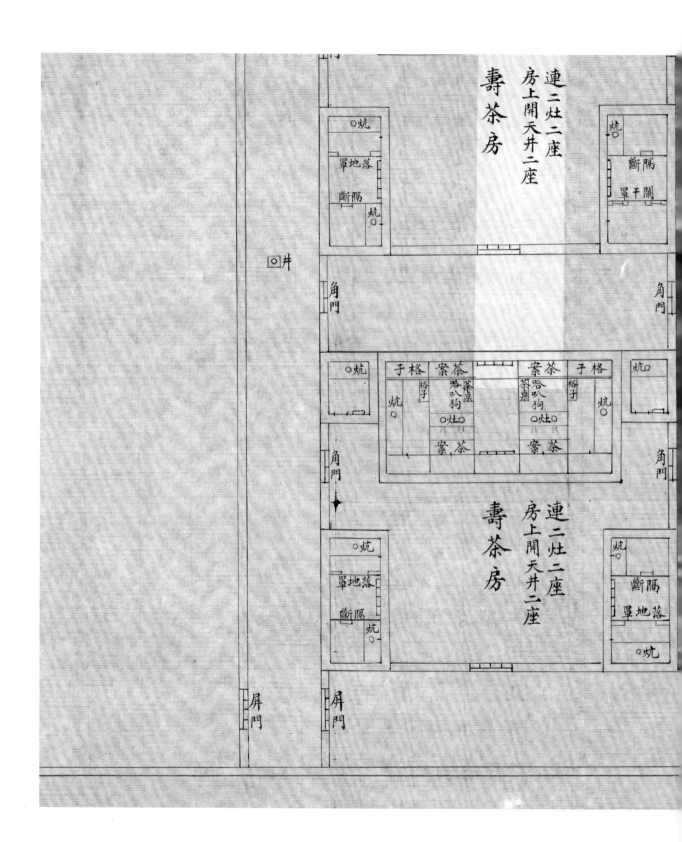

連二灶二座
房上開天井二座

壽茶房

炕
隔斷
罩干闌

炕
罩地落
隔斷
炕

井

角門

角門

炕

角門

炕
格子
茶𦉥哈狗
茶桌
灶
茶𥂖

茶𦉥哈狗
茶鼎
灶
茶𥂖

炕
格子

炕

角門

連二灶二座
房上開天井二座

壽茶房

炕
罩地落
隔斷
炕

炕
隔斷
罩地落
炕

屏門

屏門

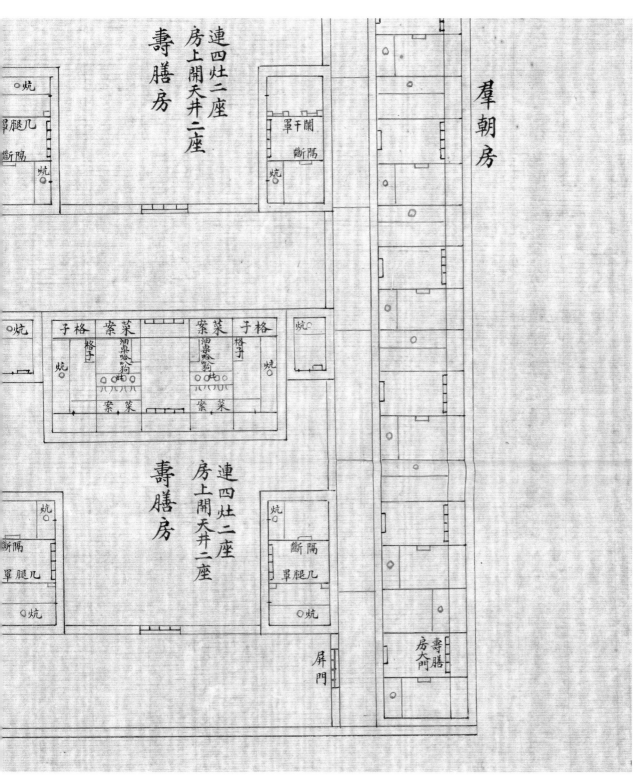

連四灶二座
房上開天井二座
壽膳房

單于闌
斷隔

炕
單腿几
斷隔

子格
格子
炕

菜案
油鹽醬醋
菜案

菜案
油鹽醬醋
菜案

子格
格子

炕

群朝房

連四灶二座
房上開天井二座
壽膳房

斷隔
單腿几
炕

炕

屏門

壽膳房大門

[颐和园万寿山内寿膳房图档]（局部）

177

## [ 昙花阁一座改修单层檐图样 ]

该图档绘制了位于万寿山山脊最东端制高点的昙花阁，现为景福阁，为立面淡彩效果示意图。

上图红签标注"谨拟昙花阁一座改修单层檐图样"，黄签标注"东西南北"。四角围墙蓝色淡彩，台基为四角花瓣状，柱子红油，彩画绿紫淡彩示意、屋面蓝色示意资源库屋顶。

下图红签标注"谨拟改修昙花阁一座六面各显三间，内明间面宽九尺二寸，二次间各面宽六尺六寸，外周围廊各深三尺六寸檐柱高一丈四尺下出三尺一寸台明高一尺八寸""撤改布瓦头停"，黄签标注"栅栏门""宇墙""石座""东西南北"。平面作六角形，蓝色淡彩宇墙连接六个石座，六组栅栏门，殿座柱子红色淡彩，且周围廊，彩画绿紫淡彩示意，屋面蓝色示意。

景福阁位于万寿山山脊最东端的制高点上，始建于乾隆年间，原名昙花阁，平面作六角形，象征昙花的花瓣，两层楼阁，重檐攒尖琉璃瓦顶，第二层设平座可凭栏远眺，底层为周围廊，下面的资源库亦呈5瓣莲花形。佛经上称优钵昙，象征灵瑞，昙花阁内上下2层都供奉佛像，是一座造型丰富，又很别致的佛阁。咸丰十年（1860）全部建筑被毁。光绪十八年（1892），在昙花阁的遗址上改建"十"字形大殿景福阁，阁坐北朝南，建于资源库上，面积502.7平方米，柱高4.09米，四周围廊深1.65米。三卷勾连搭歇山式屋顶，前后抱厦，抱厦明间悬挂匾额"景福阁"，有联曰："密荫千章此地直疑黄岳近，祥雯五色其光上与紫霄同。"阁的前、后檐抱厦为敞厅，这里地势居高临下，东、南、北三面具有很好的视野。

本图档绘制的是昙花阁立面淡彩效果示意图，标注了改修昙花阁的文字说明，上下绘制了两个不同方案。上图为资源库屋顶，宇墙无封口，没有砖雕纹饰，无栅栏、石座；下图为攒尖屋顶，圆宝顶，封闭式雕花宇墙，连接栅栏和石座，配有台阶。下图方案延续了原有的星形平面，周边的宇墙、栅栏门、须弥座等与现状勘测时的格局和样式相近，但将阁由三层改为一层。上图较下图方案更为简化，周边仅保留了宇墙，栅栏门、须弥座均消失。根据景福阁的重修时间，上述方案应绘于光绪十三到十八年（1887—1892）。这两个方案的发展变化，也说明重修初期，计划延续原有新奇的建筑造型，但囿于经济实力，不得不一再简化，最终完全放弃星形平面，改建为单层三卷的景福阁。[1]

---

1 张龙：颐和园样式雷建筑图档综合研究[D].天津：天津大学，2009:144.

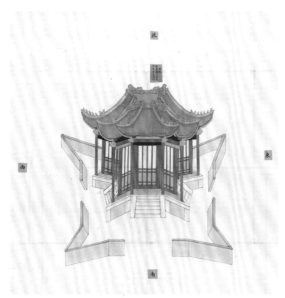

图号：333-0075

绘制年代：[清光绪十三至十八年（1887-1892）间]

颜色：彩色

款式：淡彩，红签、黄签

原图尺寸(cm)：111.0×59.6

图档类型：大类：立样

　　　　　　子类：单体建筑设计图

所涉工程：昙花阁规划工程

工程地点：昙花阁

图 2.2-3 ［昙花阁一座改修单层檐图样］（图片来源：国家图书馆藏）

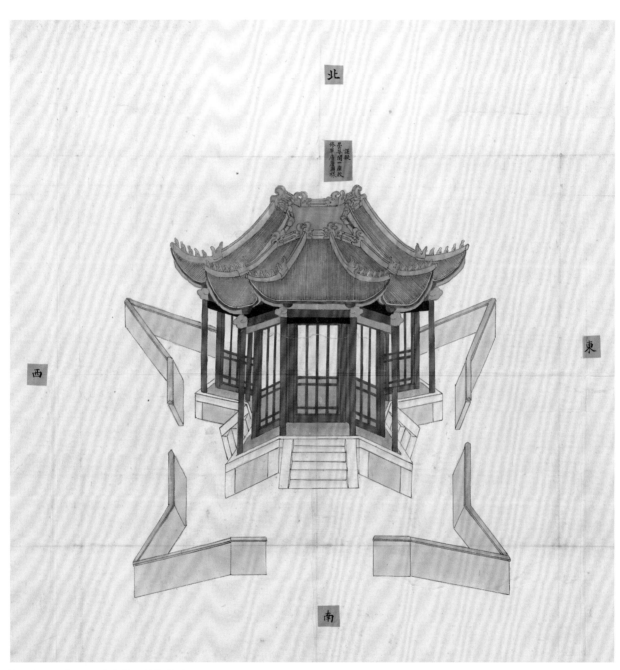

北

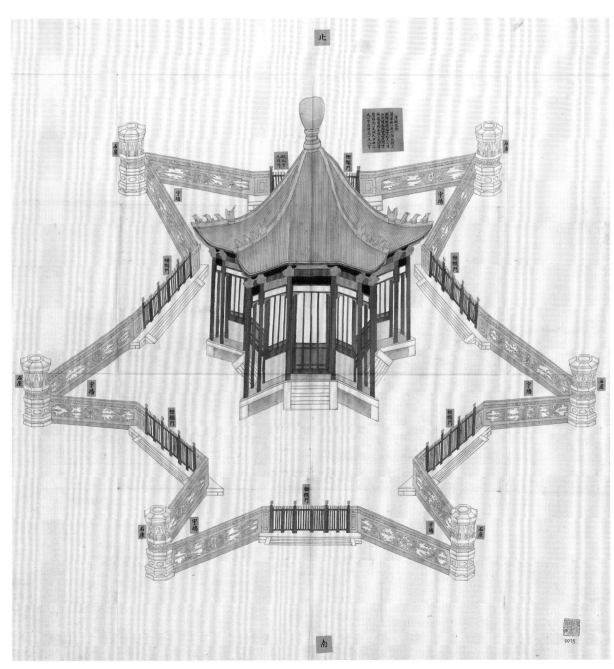

[昙花阁一座改修单层檐图样]（二）

## [万寿山颐和园内听鹂馆以东座落房内檐装修图样]

该图档绘制了听鹂馆以东座落房内檐装修图样，反映了贵寿无极装修工程信息。

图档中黄签标注"听鹂馆""垂花门""北房""玻璃窝风格""南房""耳房""敞厅""游廊""瓶式门口""扒山游廊""山色湖光共一楼""东""南""西""北"。红线绘制了北房和南房内檐装修样式及位置，红签标注了北房"中间玻璃门口两边玻璃窗""栏杆罩""顺山床""后簷（檐）床""前簷（檐）床"；南房"几腿罩床""栏杆罩""壁纱橱""前簷（檐）床""八方门口"；耳房"前簷（檐）炕""后簷（檐）炕"。

贵寿无极小院位于云松巢以西，始建于光绪年间。院落的垂花门坐西朝东，一殿一卷式顶。院内南殿3间，硬山式顶，建筑面积87.3平方米。殿东、西各有硬山顶耳房1间。北殿3间，歇山顶，建筑面积128.8平方米。院内西侧有歇山顶敞厅1间，北侧有硬山顶建筑3间，坐北朝南。

此图档为听鹂馆以东坐落房内檐装修图样，标有北房和南房及耳房的内檐装修图样，包括了罩、床、窗、厨的样式及位置。

图号：338-0200-02

绘制年代：[清光绪十八年（1892）前]

颜色：彩色

款式：墨线、红线淡彩，红签、黄签

原图尺寸(cm)：54.0×47.8

图档类型：大类：地盘画样

子类：装修陈设图

所涉工程：贵寿无极内外檐装修工程

工程地点：贵寿无极

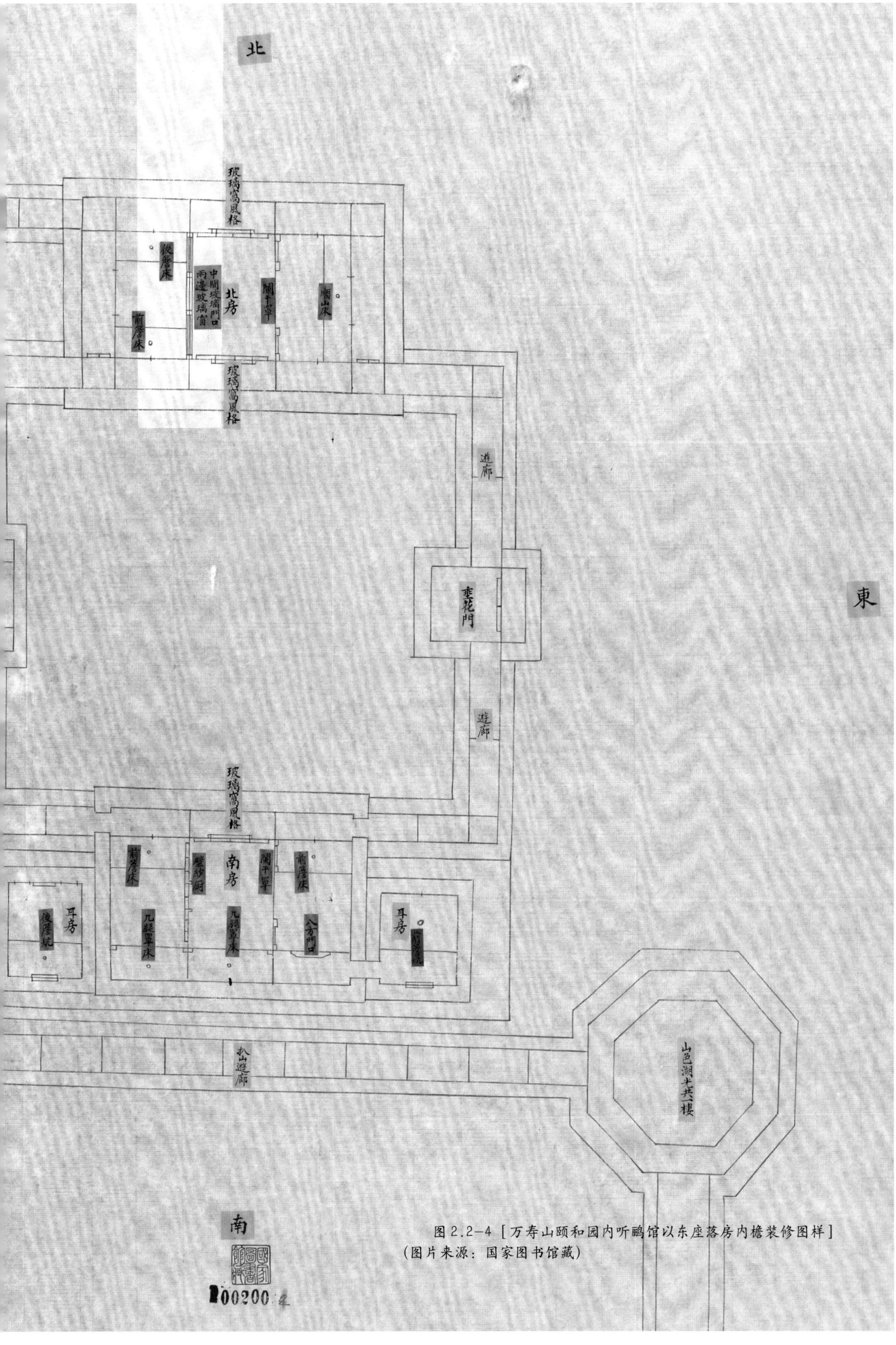

北

玻璃窗风格

遞簾床

前檐床

北房

中間玻璃門口
兩邊玻璃窗

闌干罩

順山床

玻璃窗风格

進廊

東

變花門

遊廊

玻璃窗风格

闌茗床

闌茗床

蟹彫廚

南房

闌干罩

前檐床

耳房

後簾妃

九龍罩床

几璃寶床

八方門

耳房

小几床

松山遊廊

山色湖光共一樓

图 2.2-4 [万寿山颐和园内听鹂馆以东座落房内檐装修图样]
(图片来源：国家图书馆藏)

南

[佛香阁并智慧海高矮立样]

该图档绘制了颐和园佛香阁、智慧海的立面。

图档中黄签为墨线楷书，标注了建筑标高和与周围建筑单体之间的高差关系，反映了万寿山顶部的南山门、佛香阁、北山门、众香界和智慧海等单体建筑之间立面位置关系及与万寿山周围环境的相对关系。

图档中右上角黄签标注"佛香阁并智慧海高矮立样"。佛香阁与智慧海之间标注"一分样""佛香阁比智慧海高七尺五寸六分""由佛香阁院地皮往上至智慧海大脊上塔尖通共高十二丈七寸"。佛香阁左侧标注"蝠式踏跺""南山门""游廊"。内部标注"佛香阁"；下侧泊岸标注"大料石泊岸"；左侧由下至上标注"由地皮至台明高六尺七寸""由柱……高一丈……"（黄签破损）"由头层至挂落一丈二""由挂落簷（檐）往上至二层簷（檐）高一丈五尺四寸""由二层簷（檐）至第二层簷（檐）挂落高九丈九寸六分""由二层挂落至第三层□□一丈三尺八寸"（黄签折叠）"由三层簷（檐）至第四层簷（檐）高一丈五尺二寸""由仅上层簷（檐）至顶子上皮高三丈九尺二寸"；右侧标注"佛香阁由土衬往上至顶子上皮通共高十二丈八尺二寸六分"。佛香阁右侧标注"北山门""游廊""台基进深一丈四尺九寸"。佛香阁与北山门之间标注"南北进深一丈四尺一寸"。北山门右侧标注"由牌楼南台帮至北山门连山干道在内共进深五丈二尺二寸"。

众香界标注"众香界牌楼""牌楼高二丈七尺一寸""牌楼台基进深八尺四寸"；智慧海内部标注"智慧海"；下侧标注"台基进深四丈四尺一寸"；左侧标注"智慧海由地皮往上至大脊上塔尖七丈五尺七寸"；右侧由下至上标注"由佛香阁院地皮往上至智慧海土衬上皮共高四丈五尺""由土衬往上至下层簷（檐）高二丈一尺六分""由下层簷（檐）至上层簷（檐）高一丈九尺一寸""由上层簷（檐）至大脊上塔尖高三丈五尺"。

颐和园佛香阁建筑群耸立在万寿山前山中心部位，坐北朝南，高四十一米，四面周围廊七十间，三层八面四重檐，十二檩八脊攒尖琉璃瓦顶。南北山门山门两座，每座三间，五檩歇山。众香界为一座琉璃牌楼，位于智慧海前，智慧海则为一座二层宗教建筑，坐北朝南，全部采用琉璃砖石材质，又称"无梁殿"。本图档清晰绘制佛香阁、智慧海等建筑之间的立面关系，并清楚标注了单体建筑、单体建筑之间的标高勘测数据，突出了佛香阁是颐和园建筑群中的核心和标志，同时还是全园景观的制高点（佛香阁比智慧海高七尺五寸六分）。

该图档题名和图签中标注的尺寸均说明这是一张控制佛香阁高度及其与智慧海之间关系的设计图。虽图中尺寸与现状均有出入，但足以说明佛香阁的高度是整个设计控制的关键。[1]

图号：339-0289
绘制年代：[清光绪十七年（1891）前后]
颜色：彩色
款式：墨线淡彩，黄签
图档类型：大类：立样
　　　　　子类：测绘图
原图尺寸(cm)：67.4×127.2
所涉工程：佛香阁、智慧海测绘工程
工程地点：佛香阁、智慧海

图2.2-5 [佛香阁并智慧海高矮立样]（图片来源：国家图书馆藏）

1 张龙：颐和园样式雷建筑图档综合研究[D]，天津：天津大学，2009:105.

由莲上层簷至
顶子上反高九丈
九尺二寸

佛香阁由土衬
柱上至顶子座
通共高十二丈八
尺二寸六分

由三层簷座至
四层簷高二丈五尺
二寸

由二层柱各至
第三层各高二丈
三尺八寸

由二层簷座至
二层簷柱各高
九尺九十六分

由柱各簷柱
上至二层簷座
高二丈五尺四寸

由頭层
柱至柱各
一丈二

由柱
高下

高山門

遊廊

由地座至台明
高六尺七寸

南北通深一
丈四尺一寸

北山門

遊廊

台東通深
一丈四尺八寸

大料石台岸

一分珠

六分

智慧海

[佛香阁并智慧海高矮立样] (局部)

## [治镜阁一座并前四方亭牌楼正殿大槽深埋头吊井桶尺寸做法立样]

　　该图档绘制了治镜阁剖面图，反映了内外城墙两重的建筑格局，内外城的交通方式，城内排水系统（吊井沟）。

　　图档中墨线记录了门券、正殿、牌楼、四方亭、长廊、治镜阁等处的形制尺寸，详细标注了台基部分的用料和尺寸。具体包括："马（码）头进深一丈四尺，面宽二丈，高一丈""泊岸宽二尺""城身通高三丈""跺（垛）口高二尺八寸""召门券四座，每座面宽九尺四寸，进深六尺，中高一丈二尺，内平水高六尺五寸。门洞券四座，每座各面宽一丈二尺，进深三丈三尺，中高一丈五尺，内平水高八尺四寸。扒道券八座，每座面宽四尺，进深五尺，中高七尺"。"扒道券门"下"台高六尺，进深一丈六尺"。外城门上"正殿四座，每座三间，明间面宽一丈一尺，二次间各面宽一丈五寸，进深一丈三尺，前后廊各深三尺五寸，柱高九尺二寸，下出一尺六寸，台高一尺二寸""长元廊十五间，空当十六丈二尺，明间面宽一丈四尺，两边各七间，各面宽一丈五寸，进深各一丈二尺，柱高七尺四寸"。台下"沟高二丈一尺""沟长四丈六尺"。内外城之间"院当宽二丈"。内城上"四方亭四座，每座明间面宽一丈四尺，二次间各面宽四尺，柱高九尺七寸，台明高一尺七寸，下出一尺六寸""牌楼四座，每座三间，明间面宽一丈二尺七寸，二次间各面宽一丈一尺五寸，中柱高一丈六尺，次柱高一丈三尺五寸，下出三尺五寸""头层月台明高九尺五寸"，"吊井沟二丈，宽三尺""横沟一道长五丈宽，高三尺"。"踏跺进深一丈三尺，面宽一丈六尺，十三级，每级高宽一尺""台明高一丈一尺""二层月台台明高一丈一尺""治镜阁一座，见方一丈二尺五寸，周围廊各进深六尺，四面抱厦，各面宽一丈二尺五寸，进深七尺六寸，柱高一丈三寸，下出三尺""吊井沟高一丈五尺宽三尺""横沟长一丈七尺，宽高各三尺""大槽落深二丈五尺"。红线绘制了吊井桶尺寸做法。图中白色为涂改痕迹，可能遮盖治镜阁的体量，后改为剖面图。

　　图档242-0034 [治镜阁一座并前四方亭牌楼正殿大槽深埋头吊井桶尺寸做法立样]是治镜阁重修设计方案之一。从平面上看，该方案内圈的垂直交通方式显然不能满足城台高度的需要，而且相应的剖面上所标注的尺寸与遗址出入较大，城台由二层变成了三层，主体建筑的体量也和文献所载相差甚远。[1]

---

1 张龙：颐和园样式雷建筑图档综合研究 [D]，天津：天津大学，2009:159.

图号：242-0034

绘制年代：[清光绪十七年至二十四年（1891-1898）]

颜色：彩色

款式：墨线、红线淡彩

原图尺寸（cm）：56.0×75.5

图档类型：大类：立样

　　　　　　子类：规划图

所涉工程：治镜阁剖面规划工程

工程地点：治镜阁

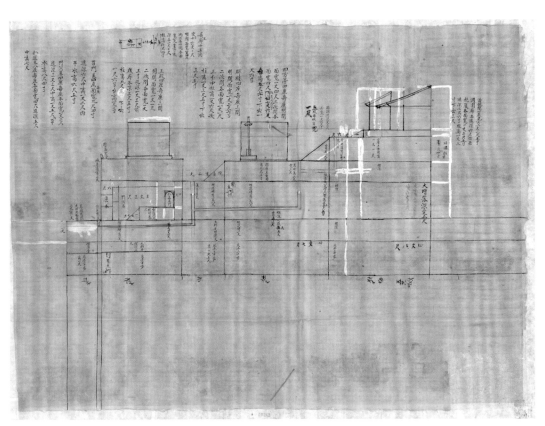

图2.2-6 ［治镜阁一座并前四方亭牌楼正殿大槽深埋头吊井桶尺寸做法立样］（图片来源：国家图书馆藏）

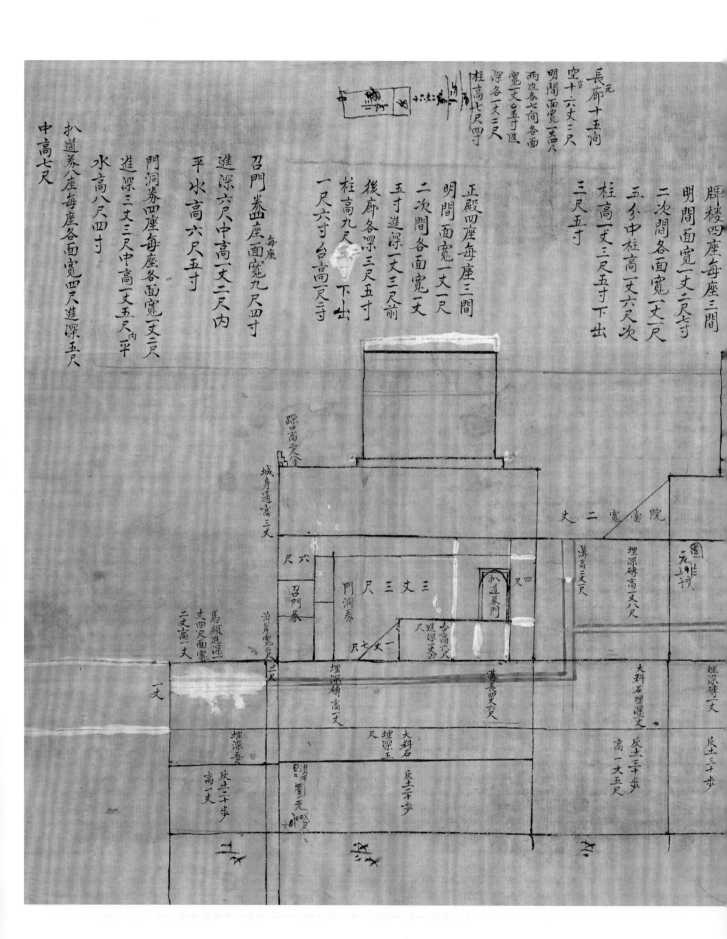

牌楼四座每座三間
明間面寬一丈二尺七寸
二次間各面寬一丈二尺
五分中柱高一丈六尺次
柱高一丈三尺五寸下出
三尺五寸

長廊十五間
空十六丈三尺
明間面寬三尺四
兩邊各七間各面
寬一丈○五寸進
深各一丈三尺
柱高七尺四寸

正殿四座每座三間
明間面寬一丈一尺
二次間各面寬一丈
五寸進深一丈三尺前
後廊各深三尺五寸
柱高九尺五寸下出
一尺六寸台高二尺寸

召門盏座每座
面寬九尺四寸
進深六尺中高一丈二尺內
平水高六尺五寸
門洞券四座每座面寬一丈二尺
進深三丈三尺中高一丈五尺內平
水高八尺四寸
扒道券八座每座各面寬四尺進深五尺
中高七尺

蹲口高元全
城身通高三丈
丈二寬當院
埋深磚高一丈八尺
圖元五誌
六尺
召門券
門洞券
尺三丈三
扒道券門
尺四
溝高三丈二尺
埋深磚高二丈
灰土三十步
泊岸寬二丈二尺
台高六尺
進深二丈六
尺七丈一
溝長二丈六尺
大料石埋深二丈
高一丈五尺
灰土三十步
埋深磚高三丈
馬頭進深二
丈四尺面寬
一文
埋深度
灰土三十步
高一丈
大料石
埋深五
尺
灰土三十步
泊岸寬元誌
高一丈
埋深磚
灰土三十步

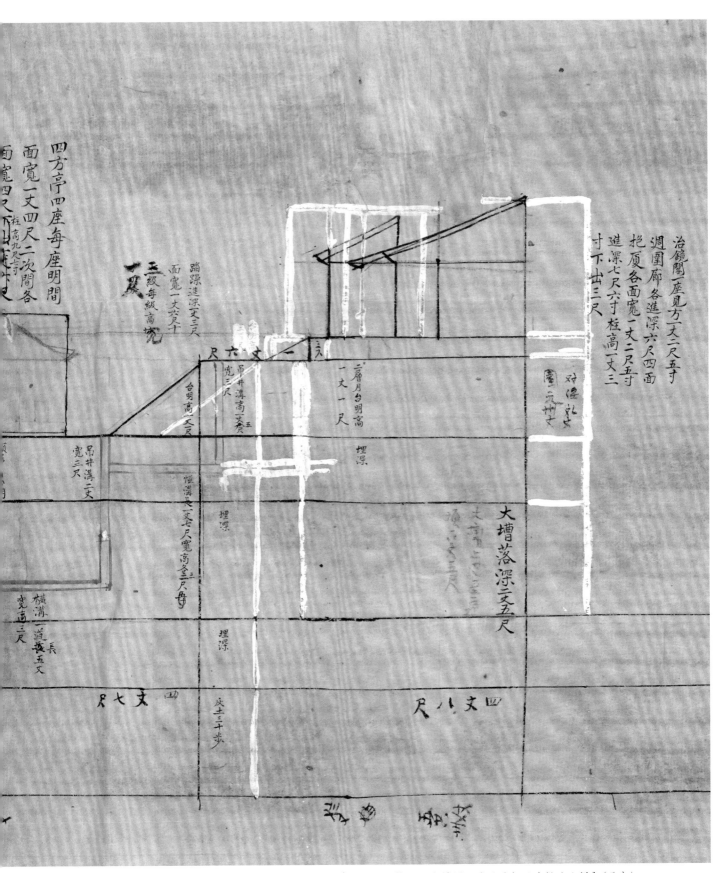

[治镜阁一座并前四方亭牌楼正殿大槽深埋头吊井桶尺寸做法立样]（局部）

# 北海

[北海漪澜堂东院西院地盘糙底]

该图档绘制了同治十三年（1874）漪澜堂、延楼组群修缮及在周边添改盖房工程。

该图档绘制简略，墨线文字清晰，主要反映漪澜堂东院及西院的建筑格局，记录了建筑开间、进深、柱高尺寸信息。其中东院绘制于图档右下角，文字从上到下依次为："南房""东房""北平台"。西院绘制于图档左上角，文字从上到下依次为："南房""东房""西房""北平台"。

该图档的背景是在同治十三年（1874）停修圆明园，同时着内务府大臣查勘三海，酌度修理，以备太后驻跸之所，此为对三海的建筑精心修葺以及添盖时提出的方案。

同治十三年（1874）七月二十九日："停止圆明园工程，三海酌度情形。八月初一。"同治十三年（1874）七月二十九日谕："因念三海近来宫掖，殿宇完固，量加修理工作不至过繁。著该管大臣查勘三海地方，酌度情形，将如何修葺之处，奏请办理。将此通谕中外知之。"

同治十三年（1874）八月一日，又谕："并令该管大臣查勘三海地方，量加修理，为朕恭奉两宫皇太后驻跸之所。惟现在时值艰难，何忍重劳民力。所有三海工程，该管大臣务当核实勘估，力杜浮冒，以昭撙节而恤民艰。"

同治十三年（1874）八月初二日，召见英、明，谕："三海工程速为勘办。皇上驻南海春耦斋，勤政殿召见办事。[西]太后驻北海悦心堂、画舫斋，东太后[驻]北海漪澜堂，均收拾油饰见新。"

同治十三年（1874）八月初九日："将北海漪澜堂和画舫斋殿宇廊檐酌加修葺，油饰见新，请慈安、慈禧两太后分别驻跸。""再酌将勤政殿、春耦斋、退瞩楼等处一并油饰见新，以为朕办事、召见、引见、驻跸之所。"

同时制作了烫样，故宫藏北海漪澜堂烫样，编号为资古建00000748。档案记载如下，同治十三年（1874）八月十四日："[八月]十四日，查画北海，着烫样呈进御览。又传查镜清斋、濠濮涧、浴兰轩、密□空地添盖房十五间，均着烫样呈览。又传南北海添盖茶膳房、值房、鹿圈等房，均着烫样。"同治十三年（1874）九月二十六日："漪澜堂已烫样，……外添盖房二十二间，添盖资源库四间，共计三百三十间。""九月二十六日，奏准，……又传旨北海漪澜东西院添盖值房太零星，着再行踏勘，多添房间，要其整，其碍树去。额驸又至东西院踏勘，每院拟添盖房二十间。"

　　该图档所绘制方案，按舆图、实地勘察与测绘图纸可知，漪澜堂周边的添建、改建工程并未执行；最先进行估算的南海勤政殿、丰泽园，北海漪澜堂、浴兰轩，及其他西苑工程也几乎均在准备期间，并未兴工，此次重修三海工程历时四个月便无疾而终。

图号：162-013
绘制年代：清同治十三年（1874）
颜色：黑白
款式：墨线
原图尺寸（cm）：28.5×19.7
图档类型：大类：地盘画样
　　　　　　子类：规划图
所涉工程：北海漪澜堂东西院修缮工程
工程地点：北海漪澜堂

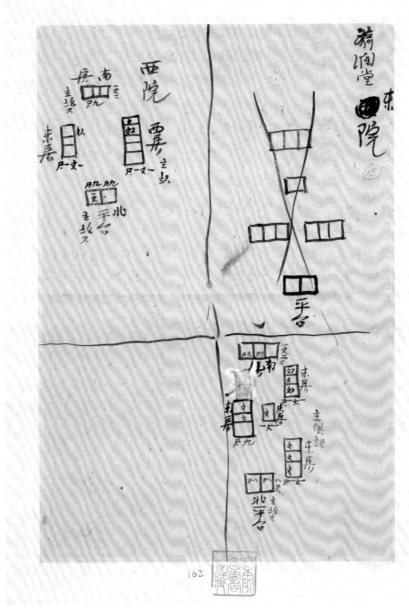

图 2.2-7 [北海漪澜堂东院西院地盘糙底]（图片来源：国家图书馆藏）

## 北海山后［平样］糙底

该图档绘制了同治十三年（1874）漪澜堂、延楼组群修缮及在周边添改盖房工程。

该图档墨线文字较清晰，反映了同治十三年（1874）琼岛北坡漪澜堂、延楼建筑组群的布局，题名一侧记录"利手办"三字，意为"天利厂亲手办"。图档记录了倚晴楼、分凉阁、延楼、晴栏花韵、戏台、漪澜堂、碧照楼、远帆阁、道宁斋、小昆邱亭、延南薰、垂花门、湖天浮玉等建筑开间、进深尺寸信息及围墙丈尺。此外，还绘制了倚晴楼、分凉阁、碧照楼的立面以及部分建筑的内檐装修和槛窗等细节。

漪澜堂、道宁斋、延楼建筑组群，仿照镇江金山寺建造，颇具金山江天之势。漪澜堂、碧照楼、道宁斋、远帆阁及延楼等建筑，在琼华岛北麓，背依琼华岛，面临太液池，东自倚晴楼城关起，西到分凉阁城关止，是一组两层廊式建筑。道宁斋、漪澜堂、晴栏花韵分列在左、中、右三个院内，各院分别建有偏厦抄手游廊和戏台，及其两侧抄手游廊。

该图档作为踏勘图，切实反映了同治十三年（1874）漪澜堂、延楼建筑组群的原貌，具有纪实意义，清晰地表达了"屋包山"的设计意图。漪澜堂、延楼建筑组群的修建于乾隆十六年至乾隆十七年（1751–1752）和乾隆三十四年（1769）两次完成，此后有多次修缮记录，但并没有较大的格局变动。

图号：155-0001-09

绘制年代：清同治十三年（1874）八月

颜色：黑白

款式：墨线

原图尺寸(cm)：58.1×70.0

图档类型：大类：地盘画样

　　　　　　子类：规划草图（踏勘图）

所涉工程：北海漪澜堂、延楼修缮工程

工程地点：北海漪澜堂

图 2.2-8 北海山后 [平样] 糙底（图片来源：国家图书馆藏）

## 静清斋样底

该图档绘制了同治十三年（1874）镜清斋修缮工程。

图档墨线文字清晰，反映了同治十三年（1874）镜清斋全园建筑组群的布局，对园内建筑及周边环境进行了勘查，记录了建筑开间、进深、柱高、台明、下出等尺寸以及建筑屋顶形式、残损状况等信息，如镜清斋旁记录"歇山上顶坦他（坍塌）"；沁泉廊旁记录"歇山代云栱坦他（坍塌）阶条走错"；东南侧大墙旁记录"十（什）锦花啬（墙）地角陈锦大墙走闪"。建筑部分包括：宫门、镜清斋、画峰室、枕峦亭、西跨院值房、沁泉廊、抱素书屋、韵琴斋、焙茶坞、罨画轩十座，小玉带桥一座，对上述建筑内檐装修进行了简略绘制，建筑组群外部环境绘制有游廊、土山、湖石假山、湖石泊岸、水池、道路分布。

静心斋原名镜清斋，位于北海北岸，为大西天东所，始建于乾隆二十一年（1756），乾隆二十三年（1758）竣工，整个院落占地面积 9308 平方米，建筑面积 1912.87 平方米。《三海见闻志》载："静心斋，清代原名镜清斋，门内旧额犹存，中华民国二年（1913）始改为静心斋，新额悬于门外。"镜清斋自乾隆朝修建以来，经光绪十三年的添建工程后，并无格局上的变动。

该图档较详细地反映了同治十三年镜清斋组群原貌，具有纪实意义。图中所反映的是镜清斋同治十三年（1874）的基本格局，此次踏勘目的是为营建西跨院值房及镜清斋修缮工程做前期准备工作，相较光绪朝的添建活动，缺少画峰室西侧廊桥、爬山廊、叠翠楼、青石曲桥等建筑，反映了光绪朝添建前的格局。

图号：155-0001-11

绘制年代：清同治十三年（1874）八月

颜色：黑白

款式：墨线

原图尺寸(cm)：54.2×58.5

图档类型：大类：地盘画样

　　　　　　　子类：规划草图（踏勘图）

所涉工程：镜清斋修缮工程

工程地点：镜清斋

图 2.2-9 静清斋糙样底（图片来源：国家图书馆藏）

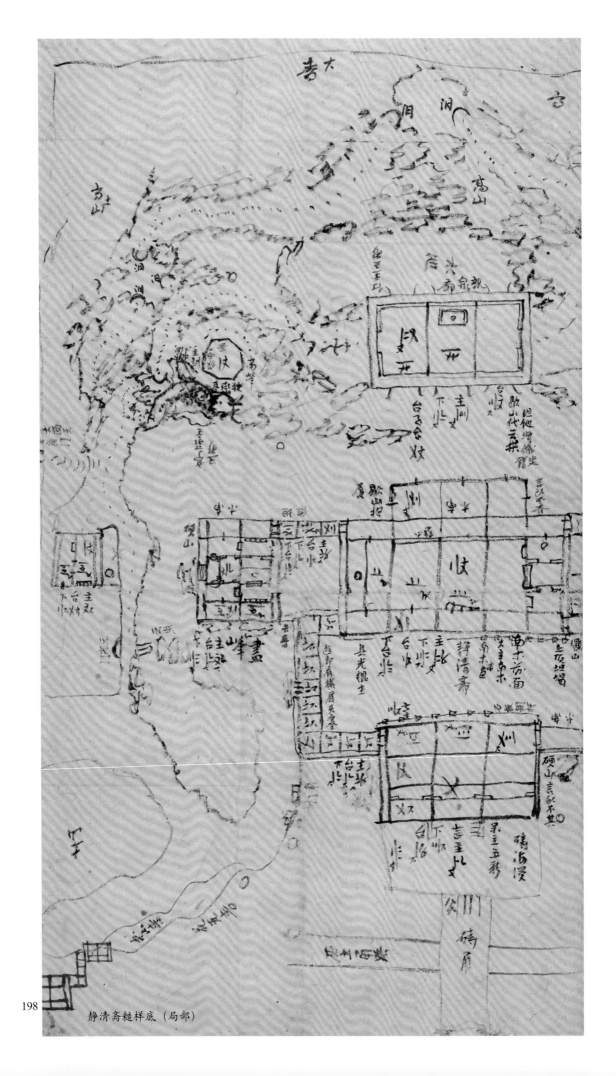

静清斋糙样底（局部）

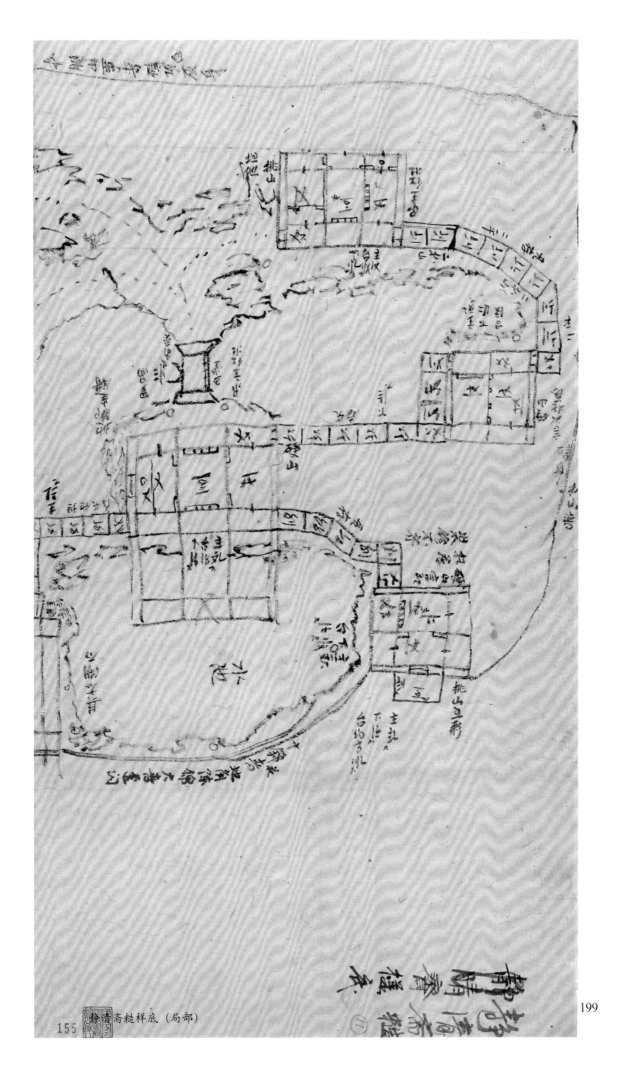

静清斋糙样底（局部）

155

## 豪濮涧装修［地盘样糙底］

该图档绘制了同治十三年（1874）北海濠濮涧添改建工程。

图档墨线文字清晰，反映了同治十三年（1874）濠濮涧主体建筑组群的布局，对园内建筑及周边环境进行了勘查，记录了建筑开间、进深、柱高、台明、下出等尺寸以及建筑屋顶形式、残损状况、装修状况等信息，如南侧宫门旁记录"硬山""大木歪闪""地盘歪错""装修全无"。建筑部分包括：濠濮间、云岫厂、崇椒室、宫门四座，对建筑组群外部环境进行了简略绘制，包括青石、道路、土山分布、游廊保存状况、东侧水道大料石驳岸等。

该图档作为踏勘图纸，较详细地反映了同治十三年（1874）濠濮涧的基本原貌，应为图档161-0007所参考的原始图档，为后续添、改建等营建活动做出准备，体现了实际工程中的设计流程。濠濮间位于北海东岸，乾隆二十二年（1757）始建，二十四年（1759）建成。宫门、云岫厂、崇椒室均面阔三间、前后廊，濠濮间面阔三间周围廊，濠濮涧是同治十三年（1874）大修的重点项目。

图号：155-0001-16
绘制年代：清同治十三年（1874）八月
颜色：黑白
款式：墨线
原图尺寸(cm)：49.1×45.5
图档类型：大类：地盘画样
　　　　　　子类：规划图
所涉工程：北海豪濮涧添改建工程
工程地点：北海豪濮涧

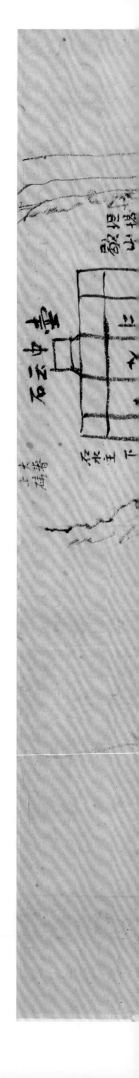

图 2.2-10 豪濮涧装修[地盘样糙底]

（图片来源：国家图书馆藏）

## 北海豪濮涧［地盘样］

该图档绘制了同治十三年（1874）北海濠濮涧添改建工程。

图档墨线文字工整，绘制清晰，反映了同治十三年（1874）濠濮涧全园建筑组群的布局，记录了建筑开间、进深、柱高、台明、下出等尺寸以及建筑残损状况、装修状况等信息，并提出添改措施。以濠濮间为例，文字从左至右依次为："歇山，周围廊敞厅一座，三间各面宽一丈，廊深四尺四寸，进深一丈二尺，言（檐）柱高一丈一尺一寸，台明高五寸，下出二尺五寸""大木歪闪拟拆盖""壶中云石""豪濮涧""坍塌拟拆盖""补添栏杆""石水柱高六尺"。右上角红线绘制添盖南北配房，南侧扒山墙、北侧卡墙，西侧卡墙及随墙屏门等内容，拟在宫门处形成院落。图档对建筑组群外部环境进行了详细绘制，土山、青石、道路、树坑、水池，以及东侧水道、石洞、大墙、出水口等都有细致的表达，多处"山石走错拟归安"。总计"改盖房十二间，补盖游廊二十间，添盖房六间，添砌卡啬（墙）两段随屏门一座"。


该图档背景是在同治十三年（1874），停修圆明园，同时着内务府大臣查勘三海，酌度修理，以备太后驻跸之所，对三海的建筑精心修葺以及添盖时提出的方案。

该图档绘制了同治十三年（1874）北海濠濮涧添改盖房屋的规划设计概况，同图档155-0001-16互为印证，体现了实际工程中的设计流程。


图号：161-0007

绘制年代：清同治十三年（1874）九月底

颜色：彩色

款式：墨线、红线

原图尺寸(cm)：111.5×59.5

图档类型：大类：地盘画样

子类：规划图

所涉工程：北海濠濮涧添、改建房屋

工程地点：北海豪濮涧

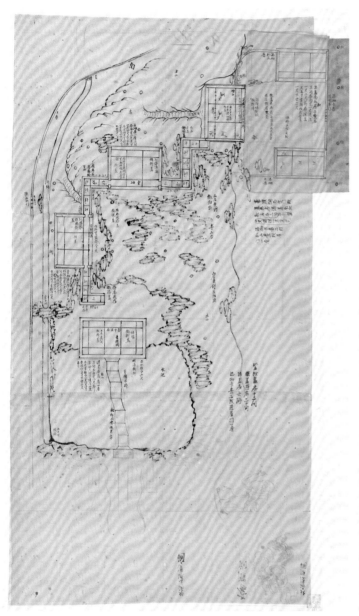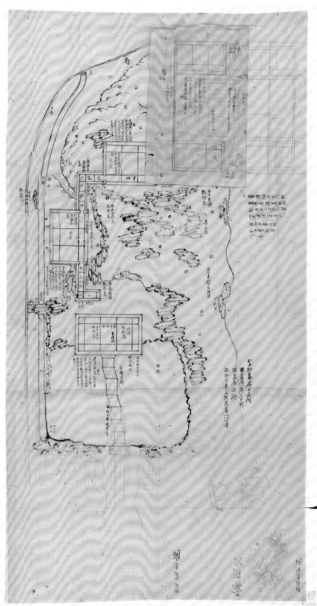

图 2.2-11 北海豪濮涧［地盘样］（图片来源：国家图书馆藏）

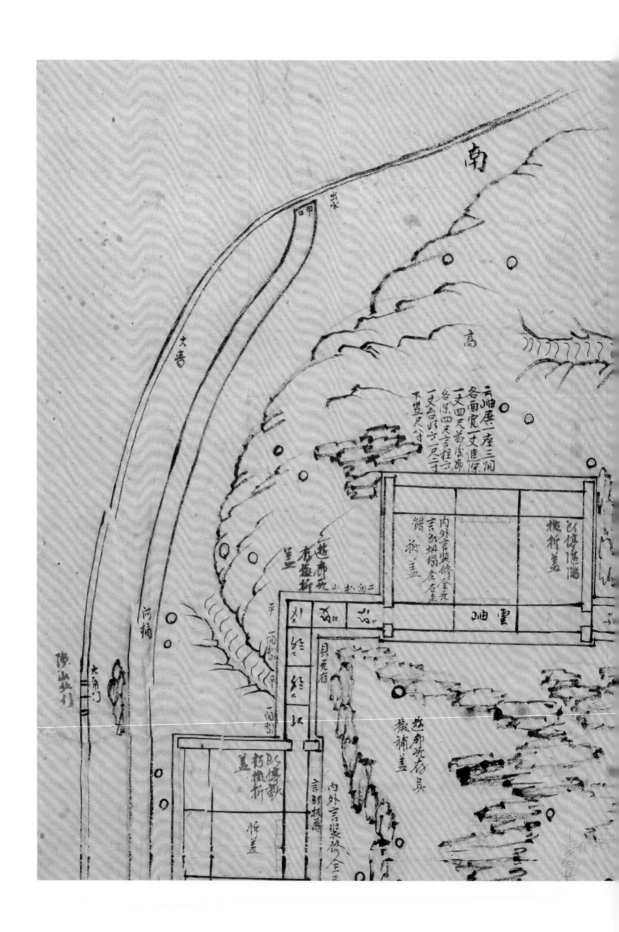

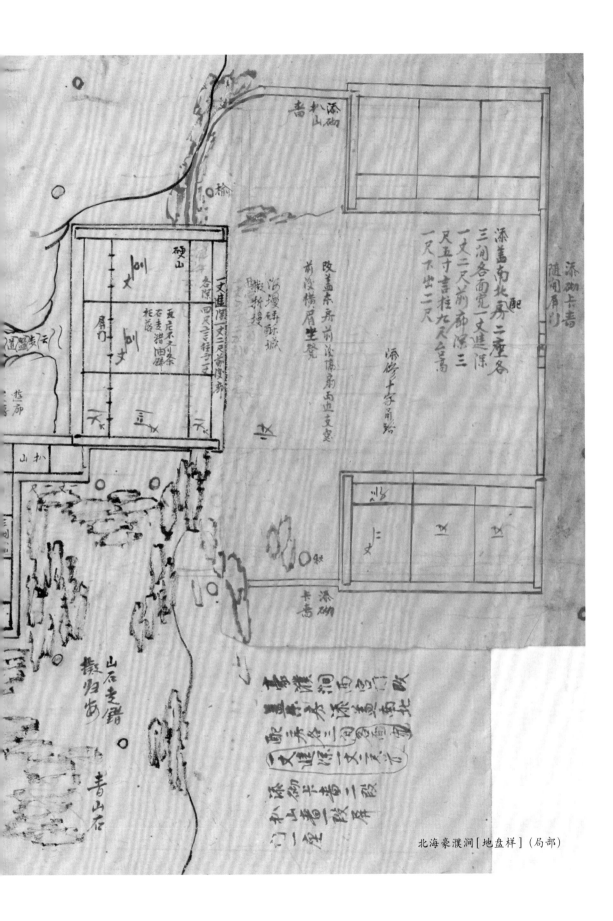

北海豪濮涧[地盘样]（局部）

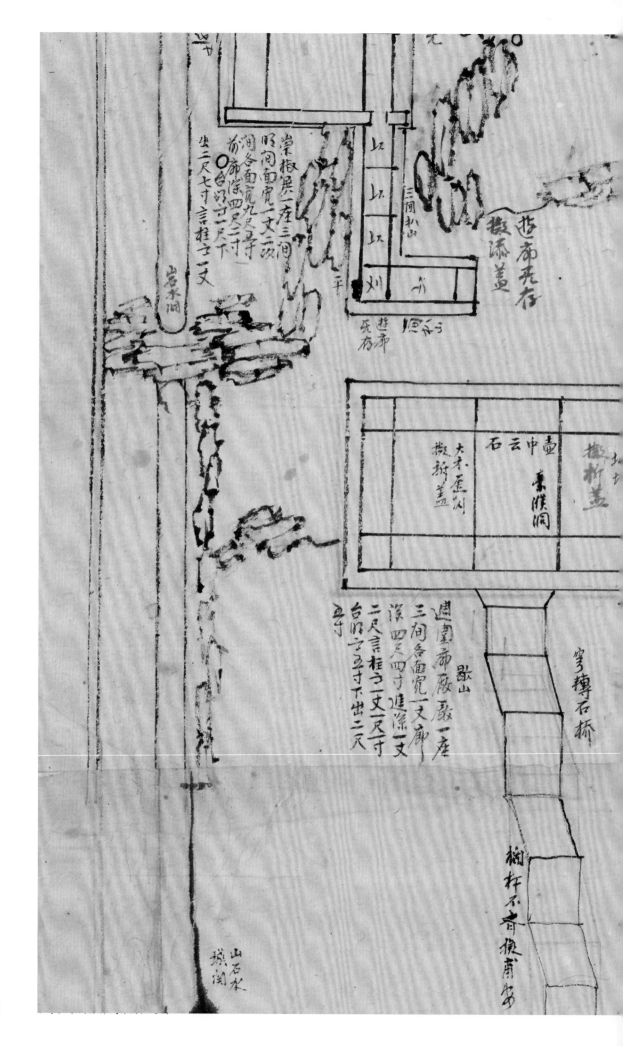

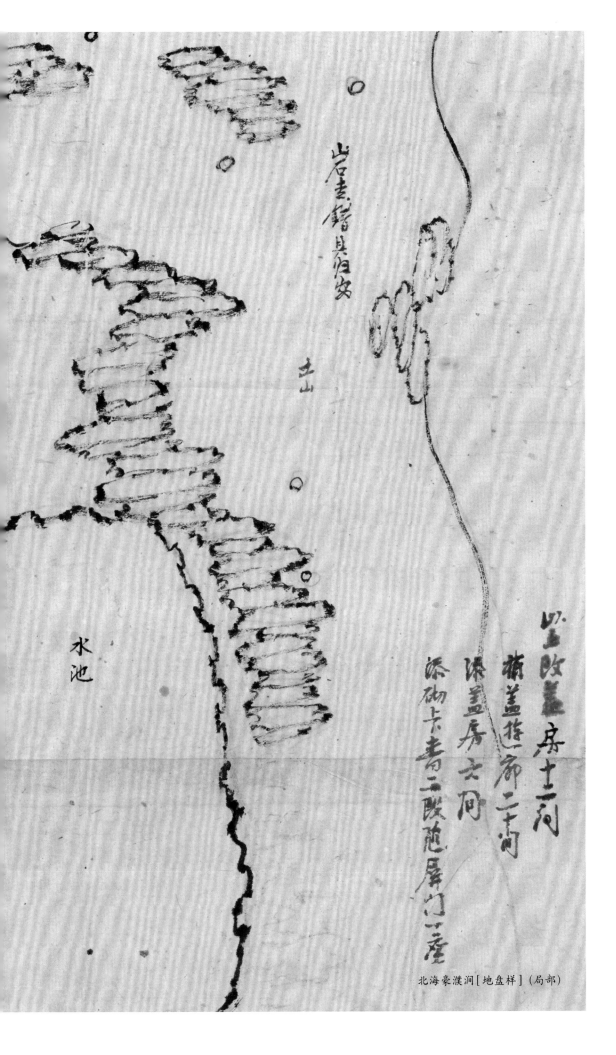

山石青暗<br>其色安

土山

水池

以上改盖房十一间<br>搭盖排<br>一厢二十间<br>添盖正房六间<br>添砌卡墙二段花屏门六座

北海豪濮涧［地盘样］（局部）

## [碧照楼远帆阁地盘糙底]

该图档绘制了同治十三年（1874）碧照楼远帆阁添改建工程。

图档墨线文字较清晰，反映了同治十三年（1874）碧照楼远帆阁二层布局，碧照楼远帆阁均记录了"歇山，上言（檐）柱高一丈，随下言（檐）进深面宽"，碧照楼一侧记录"筒瓦箍头脊排山瓦岔角兽"，连廊"上言（檐）柱高七尺"，两侧扒山"一坡三间"，远帆阁拟揭瓦顶。对建筑内檐装修进行了简略绘制，记录了内檐隔断、炕、楼梯的位置。图档上底边缺损，左侧有粘接、涂抹、红线圈改痕迹。

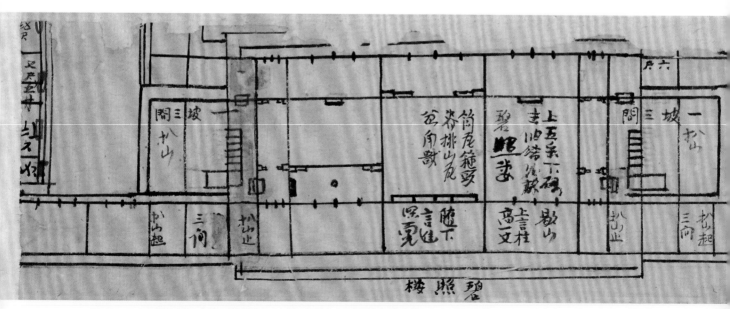

图 3.2-12 [碧照楼远帆阁地盘糙底]（图片来源：国家图书馆藏）

该图档较详细地反映了同治十三年（1874）碧照楼远帆阁二层格局及拟添修情况。

同治十三年（1874）八月初九日："将北海漪澜堂和画舫斋殿宇廊檐酌加修葺，油饰见新，请慈安、慈禧两太后分别驻跸""再酌将勤政殿、春耦斋、退瞑楼等处一并油饰见新，以为朕办事、召见、引见、驻跸之所。"

同时制作了烫样，故宫藏北海漪澜堂烫样，编号为资古建00000748。档案记载如下，同治十三年（1874）八月十四日："[八月]十四日，查画北海，着烫样呈进御览。又传查镜清斋、濠濮涧、浴兰轩、密□空地添盖房十五间，均着烫样呈览。又传南北海添盖茶膳房、值房、鹿圈等房，均着烫样。"同治十三年（1874）九月二十六日："漪澜堂已烫样，……外添盖房二十二间，添盖资源库四间，共计三百三十间。"这次踏勘设计和后续的烫样制作涉及远帆阁、碧照楼这两组建筑。

该图档绘制了同治十三年碧照楼、远帆阁二层内檐基本原貌，应为参考图档155-0001-09绘制，较图档155-0001-09工整，内檐信息更加清晰完善，两相印证体现了实际工程中的设计流程，结合档案可大致确定两张图档的绘制时间。

图号：162-0012
绘制年代：清同治十三年（1874）八月
颜色：彩色
款式：墨线、红线
原图尺寸(cm)：13.0×70.0
图档类型：大类：地盘画样
　　　　　　子类：规划图
所涉工程：碧照楼远帆阁添改建工程
工程地点：碧照楼远帆阁

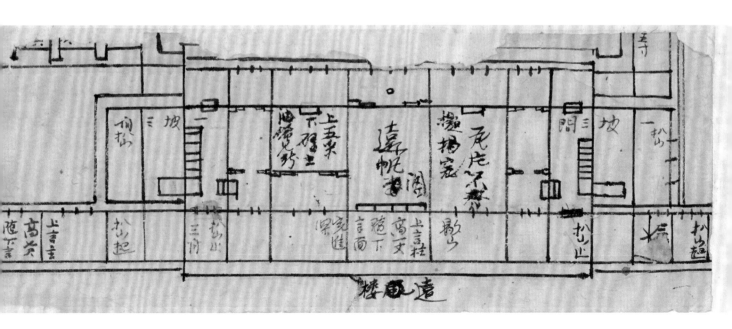

# 香山

## 静宜园内中宫各殿座游廊等图样

该图档绘制了光绪年间静宜园中宫重建工程。

该图档保存完好,图档绘制范围包括中宫建筑群及院墙、墙外石路以及南北水沟。有数处贴纸以红线绘制添改建内容。图档中贴黄签、红签、粉签用以标注名称及尺寸做法。该工程负责人为雷廷昌。

右上黄签标注"贴签准样""香山学古堂细样""静宜园内中宫各殿座游廊等图样"。另有黄签标注"大山""石路""香山寺""活水沟""璎珞岩""水池""四方亭""南""山坡""东""一孔石券桥""山沟""泊岸""宇墙""北""三孔石券桥""三孔石券桥一座,桥身长五丈一尺,宽一丈七尺九寸,雁翅斜长五尺五寸,阑干一边九堂""西""南宫门""南宫门一座三间,内明间面(面)宽一丈一尺一寸,二次间各面(面)宽一丈四寸,通进深一丈七尺六寸,柱高九尺八寸""土山""东宫门""涧碧溪清宫门一座三间,内明间面(面)宽一丈一尺一寸,二次间,各面(面)宽一丈五寸,前后进深二丈,柱高九尺七寸""濠濮想""南朝房""北朝房""南北朝房二座各三间各面(面)宽一丈四寸,进深一丈二尺四寸,前廊深四尺二寸,柱高八尺七寸""踏跺""月台""礓䃰""郁兰堂""画禅室""画禅室一座三间,各面(面)宽一丈一尺进深一丈二尺三寸,外前后廊各深四尺二寸,簷(簷(檐))柱高一丈""游廊""山石踏跺""垂花门""垂花门一座面(面)宽一丈二寸,进深一丈,前挑深二尺六寸,柱高九尺五寸""屏门""流杯亭""露香八方亭""抱厦""浑春轩""门罩""屏门""涧碧溪清""泽春轩一座七间,内明间面(面)宽一丈二尺二次间各面(面)宽一丈一尺四寸,四稍间各面(面)宽一丈五寸,进深一丈六

图号:343-0646

绘制年代:[清光绪二十年(1894)前]

颜色:彩色

款式:墨线、红线淡彩,红签、黄签、粉签

　　　　　大类:地盘画样

图档类型:子类:规划图

原图尺寸(cm):136.5×107.3

所涉工程:静宜园中宫重建工程

工程地点:静宜园

尺三寸，前后廊各深四尺二寸，随前抱厦三间进深一丈二寸，三面（面）廊深四尺二寸，簷（檐）柱高一丈一尺四寸""聚芳园""聚芳园一座五间，内明间面（面）宽一丈一尺，四次间各面（面）宽一丈三寸，进深一丈四尺五寸，前后廊各深四尺二寸，随后抱厦三间进深一丈一尺，三面（面）廊各深四尺二寸，柱高一丈""茶房""学古堂""学古堂一座七间，内明间面（面）宽一丈三尺，六次间各面（面）宽一丈一尺三寸，进深二丈九尺六寸，周围廊深五尺，随前抱厦五间，进深一丈六尺三寸，后抱厦三间，进深一丈六尺三寸，三面（面）廊各深五尺，簷（檐）柱高一丈五尺""物外超然殿一座五间，内明间面（面）宽一丈二尺，二次间各面（面）宽一丈一尺五寸，二稍间各面（面）宽一丈一尺四寸，进深一丈六尺一寸，随后抱厦三间，进深一丈二尺，外前后廊深四尺二寸，簷（檐）柱高一丈二尺""九间殿""九间殿一座九间，台基通面（面）宽九丈九尺，进深一丈六尺三寸，外前后廊各深四尺二寸，簷（檐）柱高一丈三尺""北宫门""北宫门一座三间，内明间面（面）宽一丈一尺二寸二次间各面（面）宽一丈二寸，通进深一丈八尺二寸，柱高九尺三寸""大墙""采香亭""采香亭一座见方一丈四尺三寸，外周围廊各深四尺二寸，柱高九尺二寸""扒山游廊""披云室""披云室殿一座五间，各面（面）宽一丈二寸，进

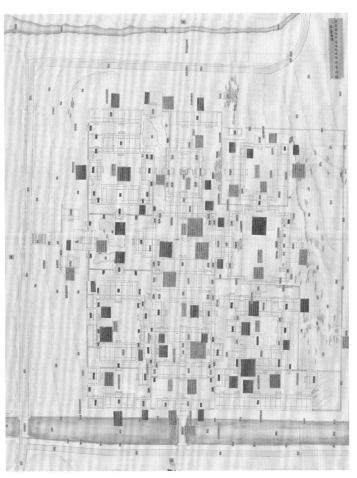

图 2.2-13 静宜园内中宫各殿座游廊等图样（图片来源：国家图书馆藏）

深一丈六尺九寸，前廊深四尺二寸，随抱厦三间进深一丈四寸，柱高九尺七寸""怡情书史""水容峰翠""怡情书史西殿一座五间，内明间面（面）宽一丈三寸四次间各面（面）宽一丈二寸，进深一丈六尺四寸，周园廊各深四尺三寸，簷（檐）柱高九尺六寸""平台""平台一座三间各面（面）宽八尺二寸，进深一丈二寸，柱高一丈""正殿""正殿一座三间各面（面）宽一丈，进深一丈四尺四寸，外前廊深四尺二寸，柱高一丈""垂手踏跺""石座""延旭轩""延旭轩一座五间，内明间面（面）宽一丈二尺，二次间各面（面）宽一丈一尺，二稍间各面（面）宽一丈五寸，进深二丈二尺四寸，周围廊深五尺，簷（檐）柱高一丈二尺""角门""清赏为美""元和宣畅""大山""山路""西宫门""西宫门亭子一座面（面）宽一丈四寸，进深一丈一尺，柱高九尺""瞰碧亭"。

红签标注"砖海墁面（面）宽二丈四尺七寸，进深二丈五尺""南房""南房一座十间，内五间各面（面）宽一丈，内五间各面（面）宽九尺，俱进深一丈四尺，前廊各深四尺，柱高九尺""角门""南殿""游廊""屏门""东配殿""东西配殿二座各三间，内明间各面（面）宽一丈，二次间各面（面）宽九尺，俱进深一丈四尺，外三回廊各深四尺，簷（檐）柱高一丈""西配殿""南北正殿二座各七间，内明间各面（面）宽一丈五寸，四次间各面（面）宽一丈，稍间各面（面）宽九尺五寸，俱进深一丈八尺，外前后廊各深五尺，簷（檐）柱高一丈一尺五寸""正殿""游廊中间面（面）宽一丈，进深四尺五寸，柱高九尺""门罩""门罩一座面（面）宽一丈二尺，中进深五尺，前后挑各深二尺五寸，柱高一丈二尺""抱厦""游廊面（面）宽六尺，俱进深四尺，柱高九尺""西配殿""东西配殿二座各三间各面（面）宽一丈，各进深一丈二尺，前廊各深四尺五寸，簷（檐）柱高一丈""郁兰堂南北正殿每座七间，内明间各面（面）宽一丈五寸，四次间各面（面）宽一丈二稍间各面（面）宽九尺五寸，俱进深一丈八尺，前后廊各深五尺，簷（檐）柱高一丈一尺五寸""东厢房""西厢房""东西厢房二座各三间各面（面）宽一丈，俱进深一丈四尺，外前后廊各深四尺五寸，柱高一丈""顺山房""正房""正房一座五间，内明间面（面）宽一丈五寸，次稍间各面（面）宽一丈，进深一丈六尺，前后廊各深四尺五寸，簷（檐）柱高一丈""顺山房二座各三间各面（面）宽一丈，进深一丈六尺，柱高九尺""南房""南值房一座八间各面（面）宽一丈，进深一丈四尺，外前廊深四尺，柱高九尺""罩子门二座各面（面）宽一丈二尺，各进深五尺，柱高四尺""濠濮想一座五间，内明间面（面）宽一丈一尺，四次间各面（面）宽一丈三寸，进深一丈四尺五寸，前后廊各深四尺二寸，随后抱厦三间进深一丈一尺，三回廊各深四尺二寸，柱高一丈""东西配殿二座，各三间各面（面）宽一丈进深一丈四尺，周围廊各深四尺五寸，簷（檐）柱高一丈""门口""配殿二座各三间，各面（面）宽一丈，进深一丈二尺，前廊各深四尺五寸，簷（檐）柱高一丈""值房""值房二座各三间，各面（面）宽一丈，进深一丈二尺，柱高八尺五寸""值房一座三间各面（面）宽一丈，进深一丈四尺，柱高九尺""值房一座二间各面（面）宽九尺，进深一丈二尺，柱高九尺""南楼""奉旨改修南楼一座三间，内明间面（面）宽一丈五寸，次间各面（面）宽一丈，进深九尺五寸，前廊深四尺五寸，下簷（檐）柱高一丈二尺，上簷（檐）柱高一丈五寸，随前平台抱厦三间进深一丈四尺""顺山房二座各四间各面（面）宽九尺五寸，进深一丈六尺，外前廊各深四尺五寸，簷（檐）柱高一丈""清赏为美殿一座五间，内明间面（面）宽一丈五寸，次稍间各面（面）宽一丈，进深二丈，前后廊各深五尺，小簷（檐）柱高一丈二尺，台明高一尺六寸""东西配殿二座各三间，各面（面）宽一丈，进深一丈六尺，外前后廊各深四尺五寸，簷（檐）柱高一丈""重簷（檐）大戏台""两卷顺山房""重簷（檐）大戏台一座，面（面）宽二丈四尺，进深二丈五尺，扮戏房两卷各五间，内明间面（面）宽一丈二尺，二次间各面（面）宽六尺，二稍间各面（面）宽一丈五寸，前后各进深一丈六尺，外前后廊各深四尺五寸，小簷（檐）柱高一丈四尺，台明高三尺五寸""东西厢房二座各三间各面（面）宽一丈，进深一丈四尺，外前廊各深四尺五寸，簷（檐）柱高一丈""正房十九间，内明间面（面）宽一丈一尺，内十八间各面（面）宽一丈，俱进深一丈六尺，外前后廊各深四尺五寸，簷（檐）柱高一丈"。

粉签标注"由石路至山沟九丈有□""石路宽一丈二尺""山坡高一丈""宽八丈五尺""大墙往南宽阔二丈五尺""去有碍松树十数棵""南北院当五丈五寸，东西院当七丈一尺""二丈""泊岸高一丈""泊岸高一丈三尺""去有碍松树十数棵""南北院当七丈四尺，东西院当七丈一尺""叠落高五尺五寸""迤（以）西叠落高四尺""宽一丈""一丈五尺""南北院当四丈六尺四寸""原大墙往东宽阔二丈""由原墙至石路长十丈""南北院当六丈八尺一寸，东西院当四丈六尺八寸""南北院当八丈六尺，东西院当十一丈三尺""南北院当四丈七尺三寸，东西院当十一丈八尺""南北院当一丈八尺五寸""南北院当三丈一尺九寸，东西院当十二丈""宫门至桥二丈五尺七寸""山沟宽四丈六尺深三丈二尺""由台基至墙一丈四尺""南北院当七丈二尺七寸，东西院当四丈六尺""迤（以）西叠落高九尺""南北院当十二丈三尺二寸，东院当八丈四尺""台明高五尺五寸""宽七尺八寸""南北院当二丈九尺，东西院当七丈六尺""由原大墙往北宽阔□□""迤（以）南叠落高二尺五寸""泊岸"。

该图为表现光绪中宫重建的地盘图，有贴签，绘制工整。和重建前方案相比，新方案在西南角增加了一个院落，其他格局均未大变。对照《重修颐和园工程清单》可知，该方案时间应在光绪二十年（1894）前，责任人为雷廷昌。

《重修颐和园工程清单》记载：光绪二十年（1894）六月初一到七月二十，中宫等处出运渣土；光绪二十年（1894）七月廿一到廿五，中宫等处渣土清理完竣。在此之后就没有中宫重建的记载了，《清实录》中也未见帝后临幸中宫一带的记录，初步判断中宫重建方案没有实施。民国年间中宫被改建为"慈幼院女校"，建筑均按照旧基址新建。20世纪80年代香山饭店在中宫旧址上拔地而起，整个遗址不复存在。

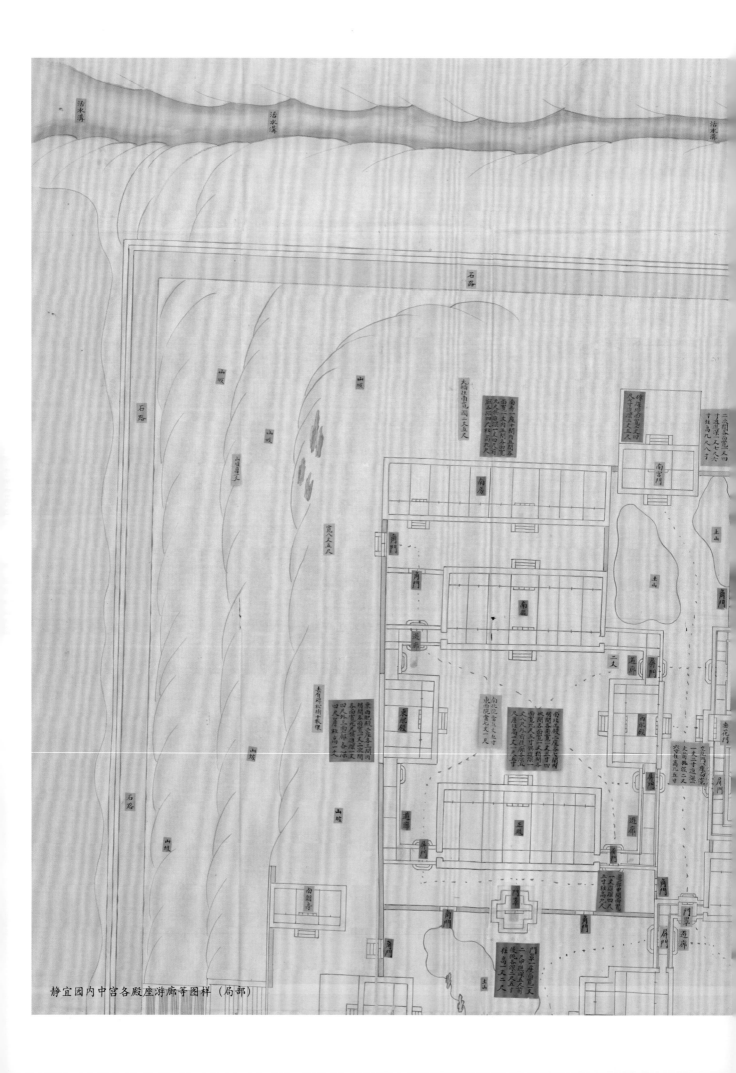

静宜园内中官各殿座游廊等图样（局部）

静宜園内中宮各殿座遊廊等圖樣

貼簽推樣

香山寺石路

石路

石水溝

大山

大山

大山

大山

天橋

天橋

大山

水池

四方亭

櫻路蔵

山路

山石磊磊

山石磊磊

山石磊磊

遊廊

遊廊

平台

南廊

松山遊廊

松山遊廊

松山遊廊

松山遊廊

怡情書史

水容峰翠

揖香亭

顕書

南廊

屏門

屏門

屏門

門罩

静宜园内宫各殿座游廊等图样（局部）

## 谨查静宜园内无量殿性因妙果殿宇房间图样

该图档绘制了静宜园重建工程中对无量殿性因妙果殿宇的踏勘情况。

该图档保存完好，图档中贴黄签用以标注名称及尺寸做法。

黄签标注"谨查静宜园内无量殿性因妙果殿宇房间图样""洪光寺""北""宇墙""院墙""踏跺""城关""头停脱落木植不齐""五圣祠""瓦片脱落""五圣祠一座三间各面宽一丈一尺二寸，进深一丈四尺，前后廊各深四尺二寸簷（檐）柱高一丈二寸""松树""院当南北五丈四尺九寸，东西五丈一尺""东西院当一丈六尺""角门""北配殿""簷（檐）头脱落""南北配殿二座各三间各面宽一丈一寸，进深一丈二尺，前廊深四尺二寸，簷（檐）柱高九尺一寸""山门""佛殿""坍塌无存""佛殿一座三间，内明间面宽一丈二寸，二次间各面宽一丈，进深一丈四尺前廊□""西""南配殿""榆树""北配殿""头停坍塌""柏树""丁香""无量殿""头停渗漏""大木糟朽""无量殿一座三间，内明间面宽二丈，二次间各面宽一丈五尺二寸，通进深二丈二尺四寸，柱高一丈二尺三寸""院当南北五丈九尺三寸，东西三丈六尺一寸""元瓶""方炉""影壁""柏树""山门""山门一座三间，内明间面宽一丈四尺九寸，二次间各面宽一丈三尺二寸，进深一丈三尺二寸柱高九尺六寸""南北配殿二座各三间，内明间面宽一丈二尺二寸，二次间各面宽一丈一尺二寸，进深一丈五尺六寸，柱高九尺五寸""马尾松""院当南北二丈八尺五寸东西十三丈二尺""圆灵应现""南""绉眉坡""楞伽妙觉""东西院当二丈五尺""槐树""扒山墙""游廊""妙高堂""泊岸""妙高堂西殿一座五间，内明间面宽一丈三尺一寸，四次间各面宽一丈一寸，进深一丈七尺五寸，前廊深五尺，簷（檐）柱高一丈一尺五寸""院当东西二丈九尺五寸南北七丈""南北配殿二座各三间，内明间面宽一丈五寸，二次间各面宽九尺五寸，进深一丈四尺前廊深四尺，簷（檐）柱高一丈""正殿""正殿一座三间内明间面宽一丈二尺一寸，二次间各面宽一丈一尺二寸，进深一丈六尺三寸，前廊深四尺二寸，簷（檐）柱高一丈二寸""海棠院""院当南北一丈五尺，东西三丈四尺""垂花门""南北院当一丈七尺五寸""值房""南北院当二丈二尺五寸""东""琉璃宇墙""青霞""抱厦""青霞殿一座二间各面宽一丈五寸，进深一丈四尺五寸，随前抱厦一间，进深六尺七寸，柱高七尺五寸""性因妙果""坍塌无存""性因妙果正殿一座五间，内明间面宽二丈一尺，四次间各面宽一丈五尺五寸，中进深一丈四尺九寸，前后进深一丈二尺二寸""来青轩""仙桥""耳房""石幢""月台""月台高八尺三寸""来青轩西殿一座五间，内明间面宽一丈一尺五寸，二次间各面宽一丈一尺，二稍间各面宽一丈五寸，进深一丈六尺，前廊深四尺簷（檐）柱高九尺""西配殿""东配殿""石座""院当南北八丈五尺，东西六丈八尺""影壁""东西配殿二座各五间，内明间面宽一丈二尺一寸，二次间各面宽一丈一尺一寸，二稍间各面宽一丈，进深一丈七尺五寸，前廊深三尺七寸，柱高一丈三寸""看面墙""月台高四尺八寸"。

该图是绘制现场踏勘情况的测绘图，反映静宜园内无量殿组群的建筑遗存情况，应是在咸丰十年（1860）静宜园遭兵燹后，内务府进行盘查时候的现场测绘勘察图。据建筑残留情况判断均为光绪年间所绘，作者是雷廷昌，绘制的时间和目的应是光绪十七年（1891）前为了配合静宜园重建工程而进行的现场勘测。

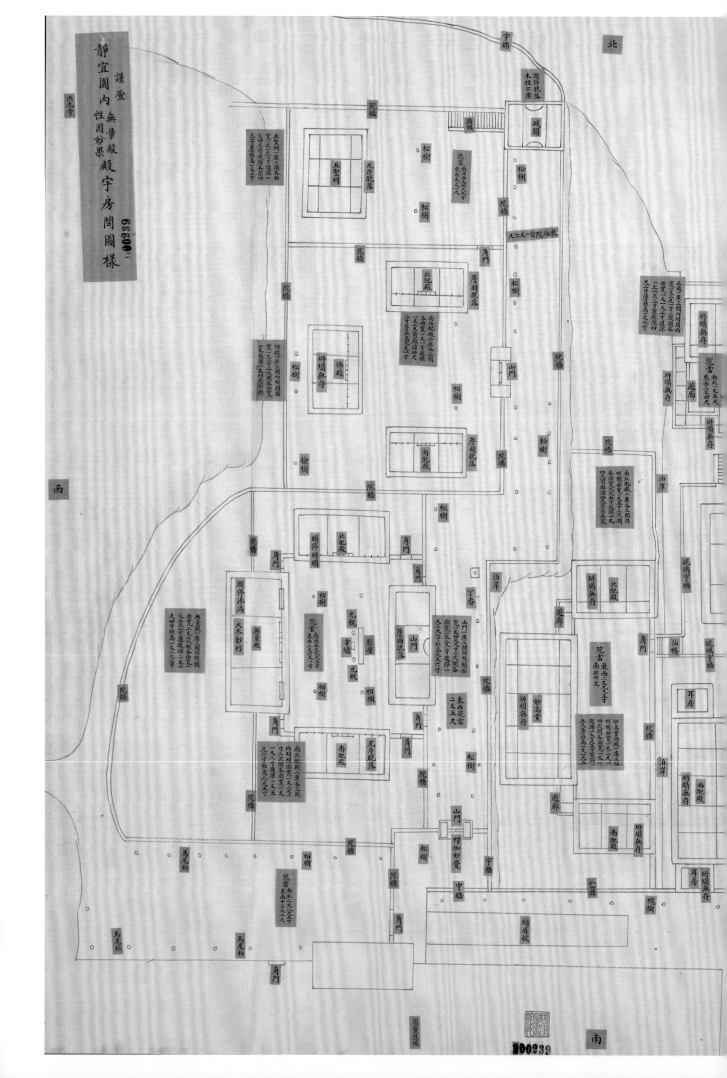

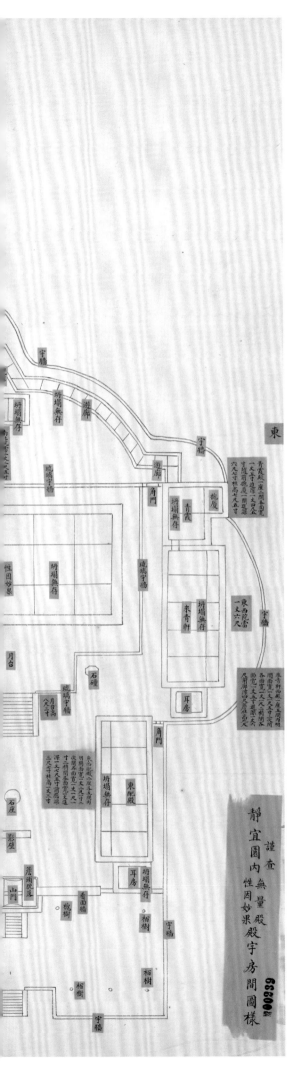

图号：339-0239

绘制年代：[清光绪二十年（1894）前]

颜色：彩色

款式：墨线淡彩、黄签

图档类型：大类：地盘画样

　　　　　　子类：规划图

原图尺寸(cm)：64.7×67.5

所涉工程：静宜园重建工程

工程地点：静宜园无量殿性因妙果殿宇

图 2.2-14　谨查静宜园内无量殿性因妙果殿宇房间图样
（图片来源：国家图书馆藏）

# 圆明园

## 慎德堂内檐装修尺寸地盘画样

该图档绘制了清道光十六年（1836）前慎德堂的设计，绘制工整。

图档中各部分装修结构及家具附近以较小的黄签分别进行了标注，右起第一列由上至下为"游廊""游廊"，第二列由上至下为"角门""炉坑""炉坑"，第三列由上至下为"床""矮床""支摘窗（窗）"，第四列由上至下为"佛堂""床""支摘窗（窗）"，第五列由上至下为"床""矮床""槅扇""慎德堂"，第六列为"支摘窗（窗）"，第七列由上至下为"床""床""床""支摘窗（窗）"，第八列由上至下为"矮床""玻璃镜"，第九列由上至下为"角门""炉坑"，第十列为"游廊"，此类黄签共计二十五个。以较大的黄签墨线标注了各结构尺寸，右起第一列从上至下为"隔断方窗（窗）面宽一丈七寸高一丈五尺八寸""飞罩面宽一丈七寸高一丈二尺六寸""落地罩面宽一丈七寸高一丈二尺六寸""门口方窗（窗）面宽一丈七寸高一丈五尺八寸""飞罩面宽一丈七寸高一丈二尺六寸"，第二列由上至下为"壁子窗（窗）进深八尺八寸高四尺五寸五分""碧纱橱进深一丈五寸高一丈二尺六寸""飞罩进深二丈二尺三寸高一丈二尺六寸"，第三列由上至下为"飞罩进深一丈五寸高一丈二尺六寸""碧纱橱面宽一丈七寸高一丈二尺六寸"，第四列由上至下为"门口方窗（窗）进深一丈五尺六寸高一丈二尺六寸""枕窗（窗）面宽一丈一尺七寸高一丈二尺六寸"，第五列由上至下为"枕窗（窗）面宽一丈一尺七寸高一丈二尺六寸""真假门口方窗（窗）进深一丈五寸高一丈五尺八寸""飞罩面宽一丈一尺七寸高一丈五尺八寸""地皮至顶格高一丈五尺八寸"，第六列由上至下为"栏杆罩进深一丈五尺六寸高一丈二尺六寸""碧纱橱面宽一□高一丈□□""飞罩面宽一丈七寸高一丈五尺八寸"第七列由上至下为"栏杆罩进深一丈五尺六寸高一丈二尺六寸""飞罩面宽一丈七寸高一丈二尺六寸""枕窗（窗）进深一丈五寸高一丈二尺六寸""栏杆罩进深二丈二尺三寸高一丈二尺六寸"，第八列由上至下为"真假门口方窗（窗）面宽一丈七□高七尺""开关罩面宽一丈七寸高七尺二寸五分"，此类黄签共计二十五个。贴样一张，上黄签墨线标注"飞罩面宽一丈七寸高七尺九寸""仙楼"，共计二个。

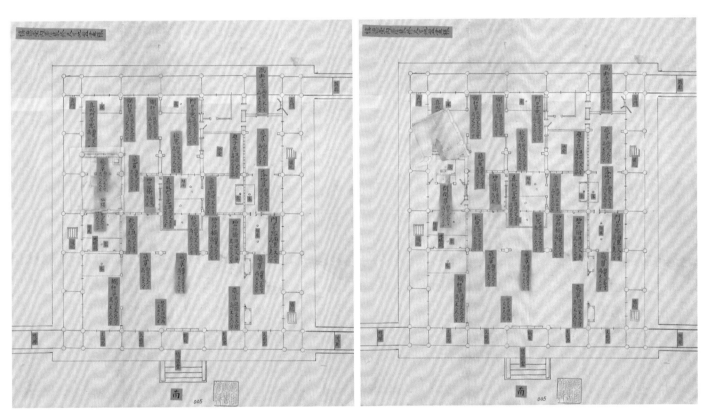

图 2.2—15 慎德堂内檐装修尺寸地盘画样（图片来源：国家图书馆藏）

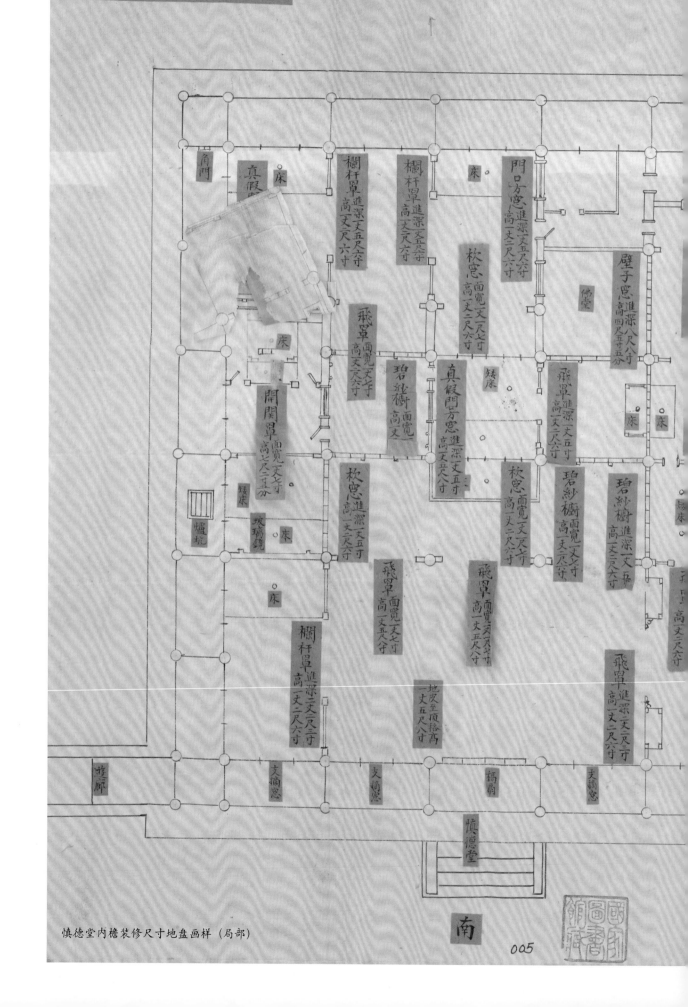

慎德堂内檐装修尺寸地盘画样（局部）

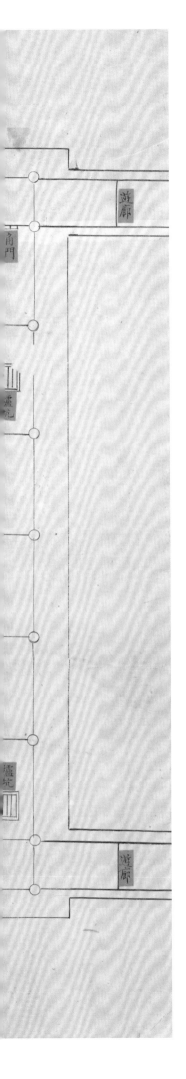

图号：005-0004
绘制年代：[清道光十六年（1836）前]
颜色：彩色
款式：墨线，黄签
原图尺寸（cm）：33.0×30.0
图档类型：大类：地盘画样
　　　　　子类：装修设计图
所涉工程：慎德堂内檐装修工程
工程地点：慎德堂

慎德堂为皇帝寝宫，建成于道光十一年（1831），是一座面五间，进深三进，外檐显六间，并带周围廊的建筑。其屋顶为三卷勾连搭式，室内装修自建成之后有过多次改建，尚存有较多不同时代的图样。从这些不同时期的图档中，可以看到室内装修发展变化的轨迹。

根据道光十六年（1836）九州清晏总平面图上所画慎德堂室内装修状况判断，此图为道光十六年（1836）以前的一次装修设计的呈览样，很可能即为道光十一年（1831）所建式样，主要特点是前进为五间连通的形式，后进当心间与西次、梢间之间也只设置了栏杆一类的较通畅的装修，仅仅在中进深的后半部作了封堵。整个建筑被分隔成大小不同风格各异的多种空间类型：有的五间连通，有的三间连通，有的二间连通，有的一间独立存在，以此满足接见大臣、读书、念佛、就寝等多种功能要求，可称之为中国19世纪上半叶的"多功能厅"。[1]

该图反映了道光十六年（1836）前慎德堂的空间布局形式、内檐装修设计，对慎德堂的设计研究的推进有重要意义。

---

1 郭黛姮、贺艳.深藏记忆遗产中的圆明园——样式房图档研究［M］.上海：上海远东出版社，2016:108.

## [九州清晏西所奉三无私圆明园殿内檐装修尺寸准底]

该图档绘制了清道光（1821—1850）圆明园九州清晏中路圆明园殿、奉三无私殿、西所的内檐装修工程。

图档中有红线修改痕迹。圆明园殿为九州清晏建筑群的门殿，为一座五开间的殿宇，图中各间用算筹码记录了丈尺和檐柱高、台明高详细标尺，以及用墨线记录"地平宝座床""透护笼双扇门""帘（帘）架""中扇上扇安"等信息。奉三无私殿为九州清晏建筑群中轴线上的主殿，室内设计七开间，图中各间同样记录了丈尺和檐柱高、台明高详细标尺，室内记录各窗、屏插门、格子门的设计。九州清晏殿为五开间殿宇，西边两间打通，有红线绘制修改床和窗的位置，墨线记录了丈尺和檐柱高、台明高详细标尺，以及地炕及各窗的设计。西所是一栋二层楼建筑，上下各三开间，安铜镜，有详细的门、窗、格的样式及檐柱高、台明高详细标尺。

该图详细记录了九州清晏西所三无私圆明园丈尺、檐柱高、台明高等设计尺寸并绘制了门窗，是该处不可多得的图像资料，也是研究该处室内空间设计重要的参考资料。

图号：007-0008-02

绘制年代：[清道光（1821-1850）]

颜色：彩色

款式：墨线，红线

原图尺寸（cm）：34.0×50.0

图档类型：大类：地盘画样

　　　　　　子类：装修设计图

所涉工程：九州清晏西所奉三无私圆明园殿内檐装修工程

工程地点：九州清晏奉三无私殿圆明园殿

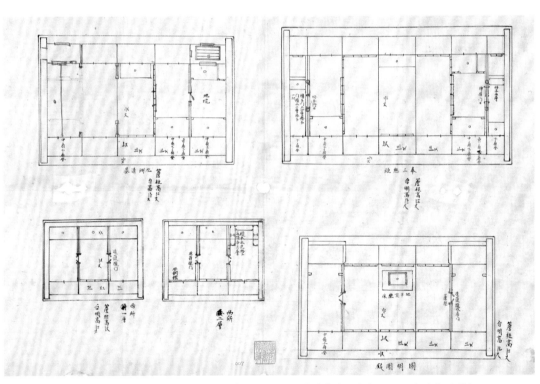

图2.2-16 [九州清晏西所奉三无私圆明园殿内檐装修尺寸准底]（图片来源：国家图书馆藏）

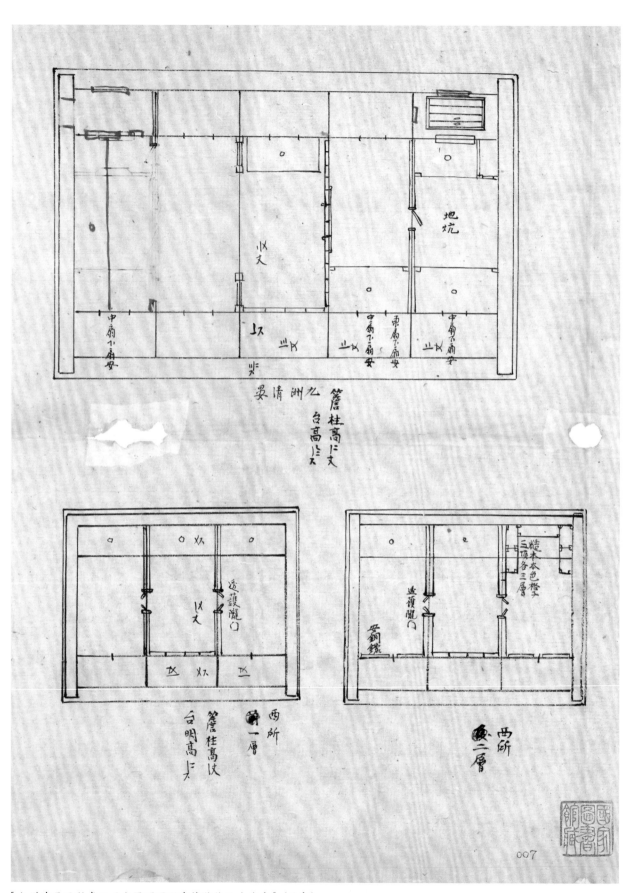

[九州清晏西所奉三无私圆明园殿内檐装修尺寸准底]（局部）

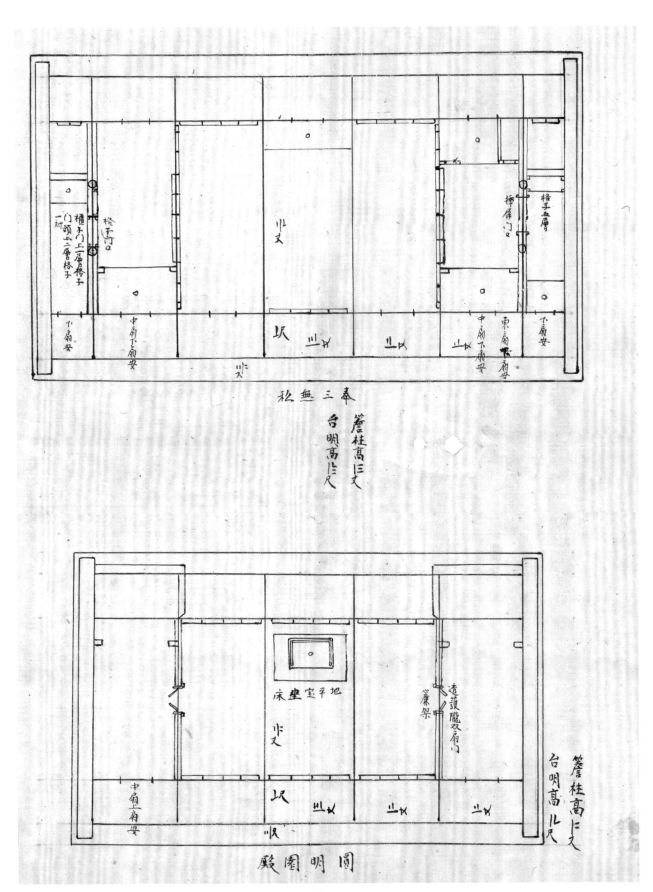

[九州清晏西所奉三无私圆明园殿内檐装修尺寸准底]（局部）

[奉三无私殿地盘准样]

　　该图档绘制了清咸丰五年（1855）三月圆明园九州清晏中路正中景区奉三无私殿建筑内檐装修添改建工程。

　　图档中绘制奉三无私殿平样图，图中用黑白墨线绘制了奉三无私殿的整体设计施工图样。奉三无私殿是五开间大殿，明间和次间连通，开间中宝座有修改痕迹。有前后回廊，图中有三枚黄签，分别标注"奉三无私""殿一座五间明间面宽一丈三尺，四次间各面宽一丈二尺，进深二丈六尺，周围廊各深六尺，簷（檐）柱高一丈三尺，台明高二尺四寸，下檐出三尺五寸"。左右两侧各有一家具贴样，左侧柜子用算筹码记录长宽高尺寸，右侧插屏门用算筹码记录门里宽高、花梨边宽高、镜子样式。图档右侧右一五斗柜立样，上有算筹码标注尺寸。图中开间用算筹码记录地皮纸中枋、至顶格、净空的高度。碧纱橱十二扇系楠木有提装横皮七堂每扇各宽高尺寸（算筹码），图纸左上记录有"咸丰五年三月十七日对准。"

　　奉三无私殿是九州清晏建筑群中轴线上的主殿，在年节时用于举行宗亲家宴，也曾用以举行廷臣宴。该图档记录了奉三无私殿的平面布局、面阔进深柱高等详细尺寸，是研究该处室内空间设计的重要的参考资料。

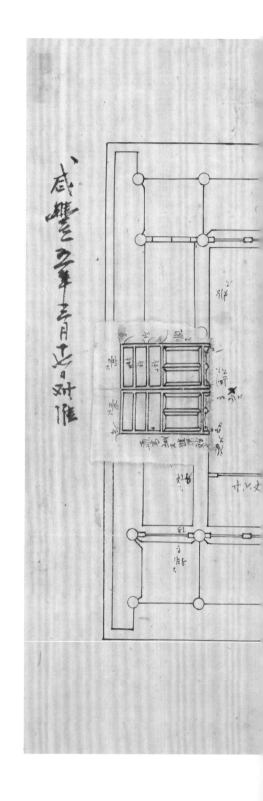

图号：007-0001
绘制年代：清咸丰五年（1855）三月
颜色：彩色
款式：墨线，黄签
原图尺寸（cm）：29.7×43.9
图档类型：大类：地盘画样
　　　　　　子类：规划图
所涉工程：奉三无私殿内檐装修添改修工程
工程地点：九州清晏中路奉三无私殿

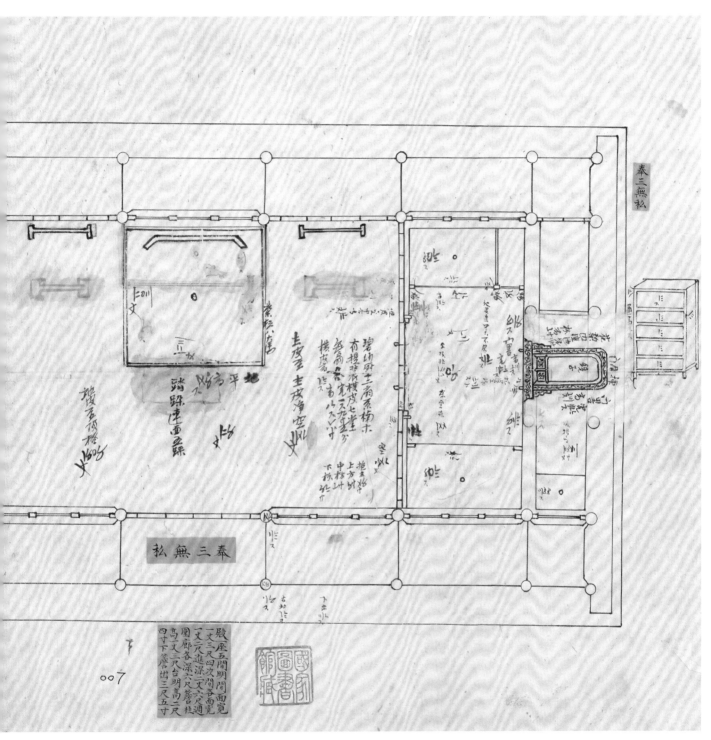

图 2.2-17 [奉三无私殿地盘准样]（图片来源：国家图书馆藏）

231

含碧楼［玻璃屉子立样］

该图档绘制了含碧楼玻璃屉子设计，绘制精美。

上图档中绘制含碧楼上明间西次间南北窗八扇，皆用红签标注具体尺寸。每扇宽四尺七寸六分，高五尺六寸四分。棕色表示窗框、淡绿表示支摘窗、浅灰色表示空当。上面空当高二尺二寸八分，玻璃大边外口见方三尺，两侧空当宽分别为七寸六分。

下图档中绘制含碧楼上明间西次间南北窗八扇，皆用红签标注具体尺寸。每扇宽四尺七寸六分，高五尺六寸四分。棕色表示窗框、淡绿表示支摘窗、浅黄色表示空当，上下空当高各四寸，玻璃大边外口见方三尺，两侧空当宽分别为七寸六分。


图档065-0006-04是图档065-0006-05的草图。

上面两图绘制了含碧楼玻璃屉子的样式和详细尺寸，是研究该家具设计的不可多得的参考资料，对复原玻璃屉子有重要的参考意义。

图号：065-0006-06

绘制年代：[不详]

颜色：彩色

款式：墨线淡彩，红签

原图尺寸（cm）：26.0×23.0

图档类型：大类：立样

子类：设计变更图

所涉工程：长春园如园含碧楼外檐装修工程

工程地点：长春园如园含碧楼

**图 2.2-18 含碧楼[玻璃屉子立样]**
**（图片来源：国家图书馆藏）**

图号：065-0006-05

绘制年代：[不详]

颜色：彩色

款式：墨线淡彩，红签

原图尺寸（cm）：25.7×22.8

图档类型：大类：立样

子类：装修设计图

所涉工程：长春园如园含碧楼外檐装修工程

工程地点：长春园如园含碧楼

**图 2.2-19 含碧楼[玻璃屉子立样]**
**（图片来源：国家图书馆藏）**

## 天地一家春准底房间［地盘样］

该图档绘制了清同治十二年（1873）天地一家春准底房间设计图。

图档中建筑群的主体建筑为天地一家春主殿，其两侧及后部，布置了若干楼阁、曲廊、停榭，东侧有协性斋、戏殿、戏台，北侧有澄光榭、问月楼，西侧有蔚藻堂等。该建筑群从宫门、集禧堂、天地一家春、连廊直到问月楼，由一条南北向轴线贯穿起来。东北侧有一处建筑群，其中添盖了戏殿、戏台、扮戏房等建筑。戏台东侧建筑布局比较简单，建筑的开间、进深变化略有等第之别。南侧是宫门区的建筑，在中轴线上由大宫门、二宫门、迎辉殿、中和堂构成。迎辉殿与中和堂之间有抄手游廊，各进院落建筑布局小有差别，彼此间有墙相隔，紧靠开在正殿两侧的小门沟通，各院建筑构成不尽相同。在两座宫门之间有弯月形"御河"和石桥，门外设有东西朝房，南面设影背。东侧有一处贴样，绘有若干建筑，做成一个个小院落。

同治十二年（1873）重修时对原有的寝宫区进行重新设计，将主殿敷春堂的工字殿改成一座四券殿，更名为"为天地一家春"。同时对于东南所、东西二所的建筑也做了改动，原敷春堂周围的园林建筑也有变动。

该图绘制了天地一家春的建筑布局、山水布局，既是研究该景区外部空间设计的重要参考资料，又是复原该景区的依据之一。

图号：093-0018
绘制年代：清同治十二年（1873）
颜色：彩色
款式：墨线、红线
原图尺寸（cm）：153.0×135.0
图档类型：大类：地盘画样
        子类：设计图
所涉工程：天地一家春殿宇房间改建工程
工程地点：万春园天地一家春

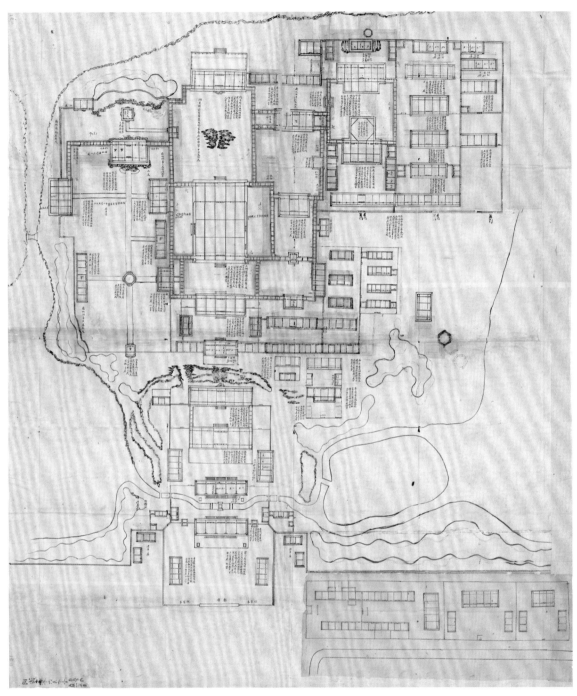

图 2.2-20 天地一家春准底房间[地盘样] (图片来源：国家图书馆藏)

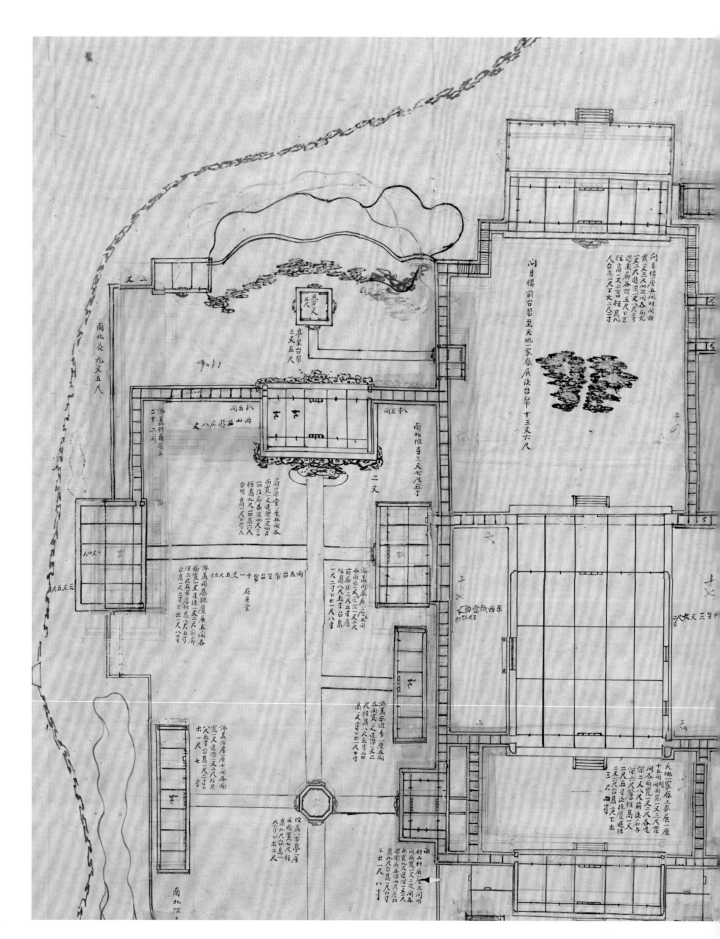

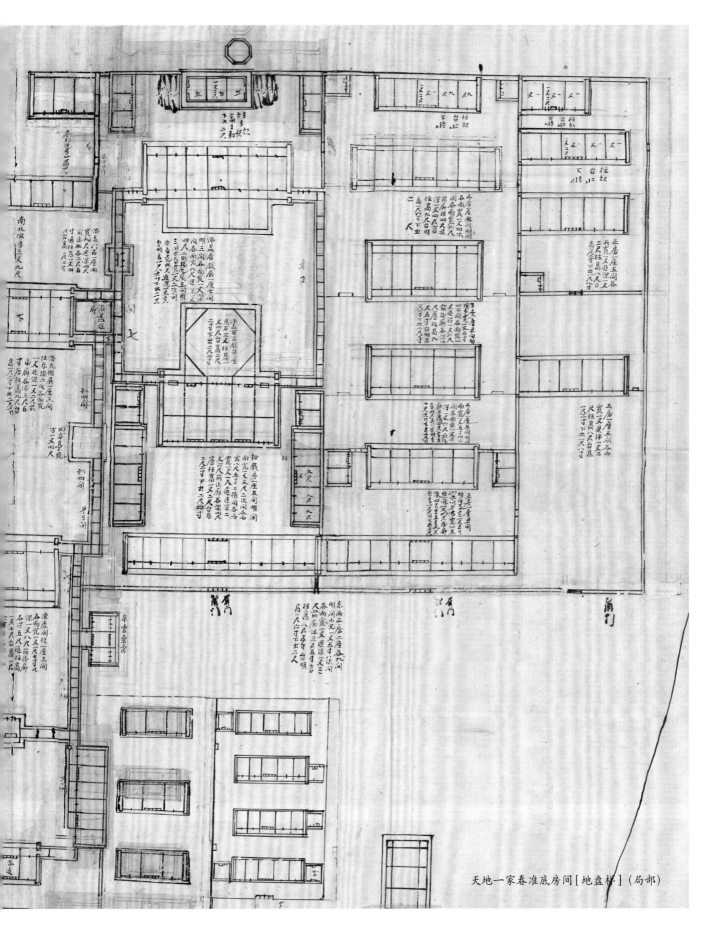

天地一家春准底房间［地盘样］（局部）

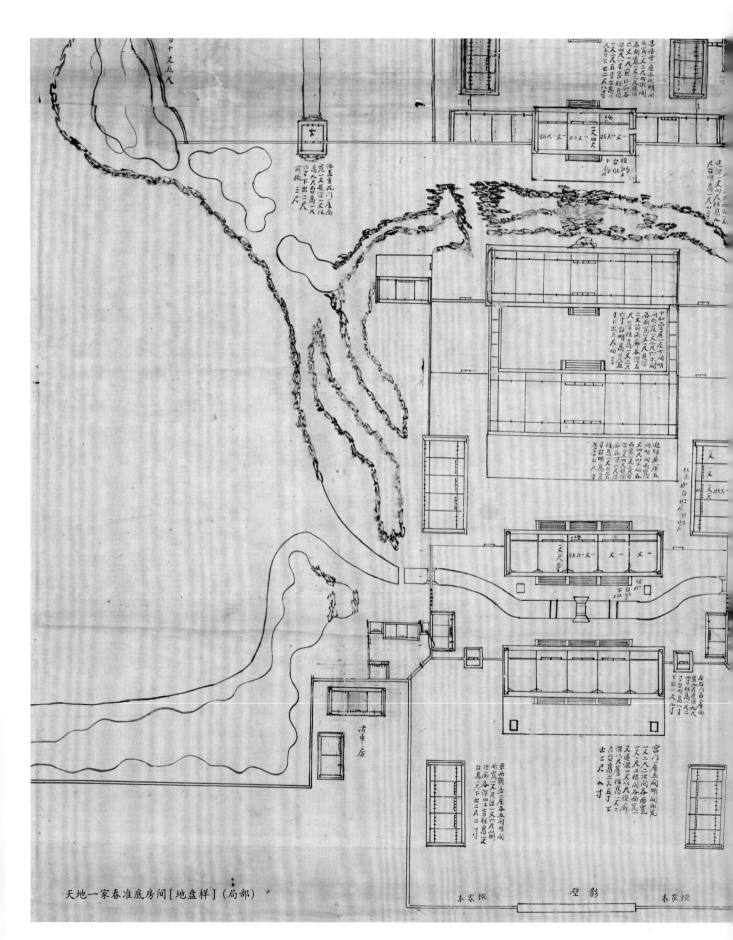

天地一家春准底房间［地盘样］（局部）

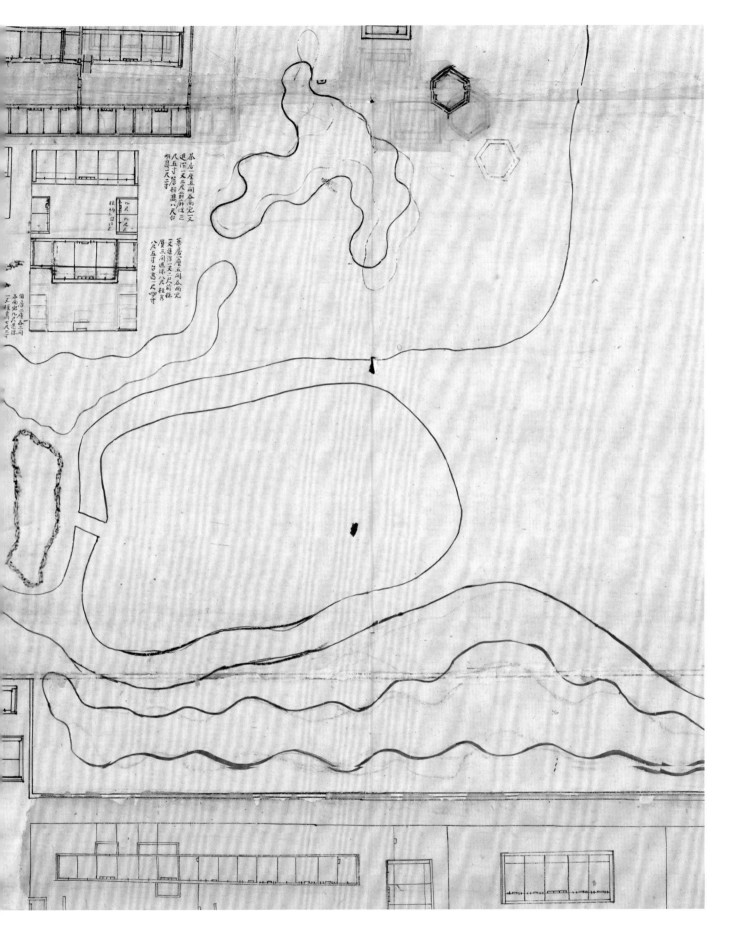

# [万春园宫门外茶膳房平样]

该图档绘制了清同治十三年四月（1874年5月）万春园宫门外茶膳房设计。

图档用墨线绘制，文字较为清晰，绘制大小房间五十五间，共三个院落，并有墨线记录相关尺寸及设计装修信息，由上至下第一个院内为："东厢房""明间面宽一丈，二次间九尺，进深一丈，柱高八尺，下出一尺二寸，台高八寸""奶茶房""明间面宽一丈一尺，次间各面宽一丈，前后廊各深四尺，柱高一丈，下出一尺八寸，台高一尺，进深一丈四尺"；"随墙门""西厢房"。第二个院内为："东厢房""明间次间各一丈，进深一丈一尺，柱高八尺，下出一尺二寸，台高八寸""膳房""明间面宽一丈一尺四，次间各面宽一丈一尺，进深一丈四尺，前后廊各深四尺，柱高一丈，下出二尺五寸台高五寸""影壁""随墙门""西厢房"。第三个院内为："膳房五间""食水井""素局二间""荤局二间""点心局三间""二间饭局""皂君庙""抱厦""首领住房五间""点心饭他但（坦）三间""点心饭他但（坦）二间""点心饭他但（坦）二间""荤素局三间""四局司房三间""影壁""门罩面宽八尺进"。图档最上方墨线记录"南北通面宽九丈"，右侧记录由上至下为"此二院上房东□房装修无存不全金脊言枋□存""东西通长四十丈七尺""外言此院装修言（檐）脊枋俱无存"，左侧记录由上至下为"万春园宫门外茶□房""膳房五间各面宽一丈，进深一丈四尺，前后廊各深三尺五寸，柱高九尺五寸，下出二尺八寸，台高一尺""南房面宽九尺，进深一丈二尺，北房面宽一丈，柱高八尺五寸，下出一尺六寸□□，台高八寸"。图档最右侧墨线记录方位"南"，最下方墨线记录方位"西"。

图号：087-0001-01
绘制年代：清同治十三年（1874）四月
颜色：黑白
款式：墨线
原图尺寸（cm）：65.5×34.3
图档类型：大类：地盘画样
　　　　　　子类：规划图
所涉工程：万春园宫门外茶膳房整修工程
工程地点：万春园外茶膳房

该图绘制了万春园宫门外茶
膳房的建筑布局，详细记录了相
关建筑的尺寸，既是研究该处建
筑设计的重要的参考资料，又是
复原该景区的依据之一。

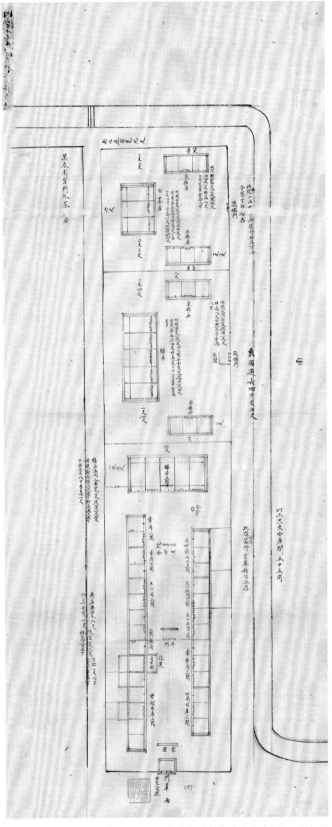

图 2.2-21［万春园宫门外茶膳房平样］（图片来源：国家图
书馆藏）

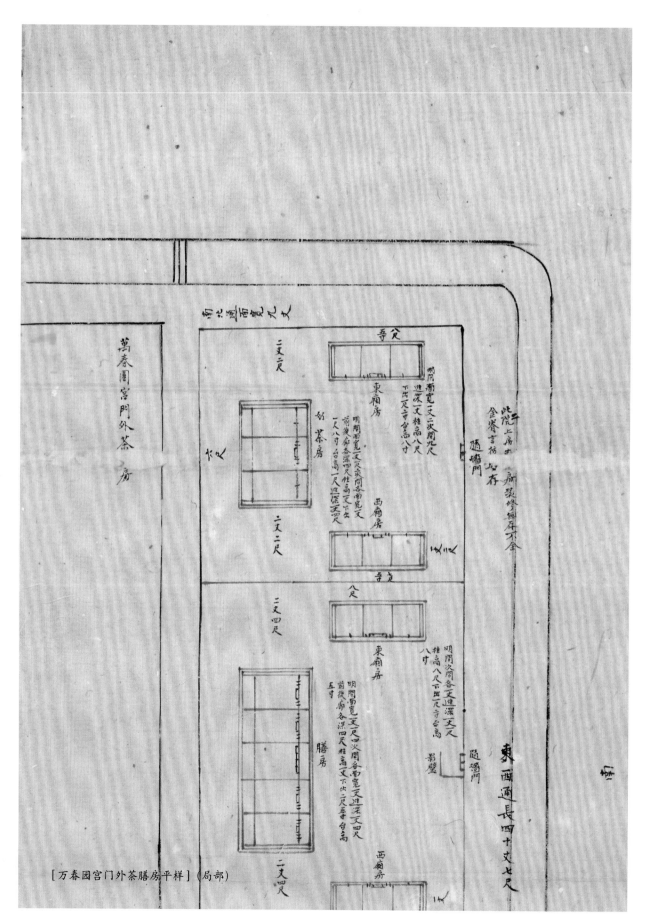

[万春园宫门外茶膳房平样]（局部）

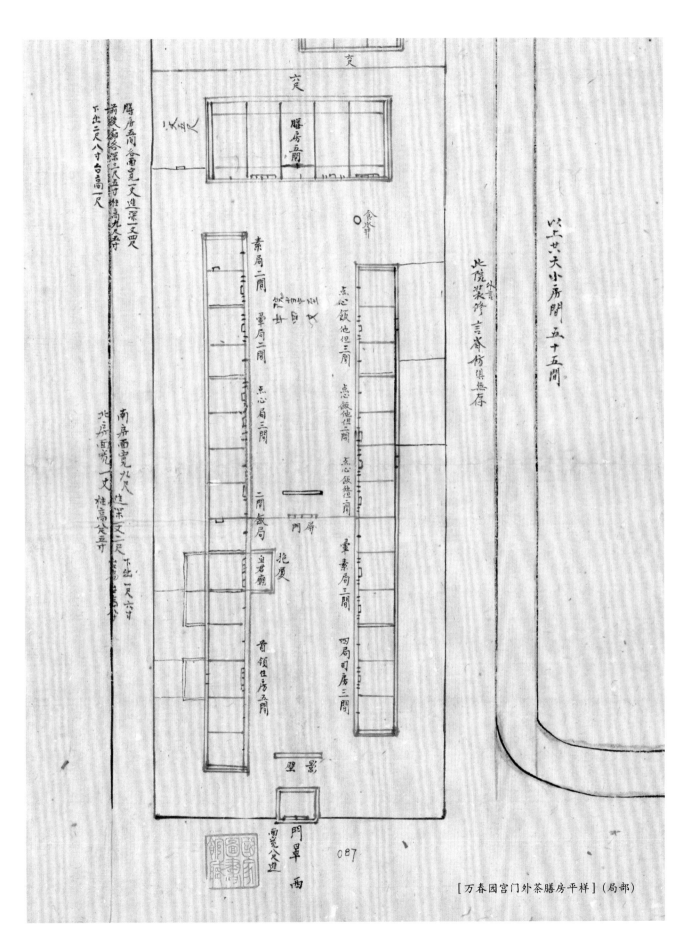

膳房五間各面寬丈進深一丈四尺

前後廊各深三尺五寸柱高九尺五寸

下出二尺八寸台高一尺

六尺

膳房五間

食水井

此院裝修言眷術俱無存

以上共大小房間五十五間

素局二間

暈局二間

點心局三間

二間飯局

門屏

抱厦

迎君廟

首領住房五間

壁影

點心飯他伹三間

點心飯他伹三間

點心飯他伹二間

暈素局三間

四局司房三間

南房面寬九尺進深二丈二尺下出一尺六寸

北房面寬一丈八尺柱高八尺五寸

門罩

西

087

## [ 坦坦荡荡课农轩等地槅扇立样糙底 ]

该图档绘制了清咸丰九年（1859）以后坦坦荡荡、恒春堂等建筑外檐装修设计和澄景堂、涵远斋内檐装修设计。

图档用墨线绘制各建筑内外檐构件装修形象，并用墨线记录尺寸或结构信息。坦坦荡荡处绘制槅扇一幅，槅扇二槽，有回字纹、云纹等纹饰，绘制金漆。槅扇装修位置带有帘架，为黑漆花边，黑条六扇，用墨线记录结构性文字。

恒春堂处绘制槅扇一幅，有山形纹、卷草纹等纹饰，裙板为缠枝纹样，绦环板有卷草纹，槅扇装修位置帘架楠中通牙，南边硬花护条，有窗扇尺寸记录。

慎修思永处绘制槅扇一幅，有山形纹、卷草纹等纹饰，裙板为回字纹图样，带有梅花纹饰，且南边梅条向南边绘出变化，绦环板为素面，槅扇装修位置帘架通楠木牙，绘制汉纹饰，安花料补齐，有窗扇尺寸记录。

丰乐轩处绘制槅扇一幅，有四叶纹、回字纹等纹饰，隔心较通透，裙板上部绦环板为素面，雕花处为硬木，绘制有窗扇尺寸记录。

课农轩处绘制槅扇一幅，有山形纹、花卉纹等纹饰，格心上部绘菊花、梅花纹饰，中部绘制牡丹与梅花纹饰，下部绘制菊花纹饰，中、下之间格心两边绘制荷花纹饰相称。裙板绘制花鸟山石纹，根据立样记录为梅花整株，裙板上绦环板为梅花纹饰；下绦环板为卷草纹。槅扇为楠木边栢木条，四季花雕硬木，槅扇槽齐平，还有槅扇尺寸与结构描述性文字记录。

澄景堂处绘制槅扇（曲屏）一幅，装修位置为澄景堂西顺小西墙，共十扇，西边二扇破堂心。屏心自上至下纹饰绘制五处，一层为五彩百古纹玻璃镜；二层为花卉人物山水纹玻璃；三层为花卉山水人物纹玻璃外雕半圈回字纹；四层为花卉纹玻璃镜；五层裙板纹饰为硬木"寿"字，裙板以下为装饰用波浪形曲线牙板，编目者根据立样所绘结构分析将原澄景堂处绘制槅扇定义为曲屏。此外有曲屏尺寸文字记录。

涵远斋处绘槅扇（曲屏）幅，装修位置为涵远斋西墙，有五彩西番莲福纹饰，共十二扇。屏心自上至下纹饰绘制五处，一层为菊花纹饰；二层为花鸟纹玻璃镜且鸟绘三只，外镶虎皮玻璃；三层为三蓝八仙人山水纹饰玻璃镜心，绘汉纹式花活，外镶虎皮玻璃；四层为五彩百古纹绦环板，配黄心洋式风格；五层裙板为汉奎龙纹，裙板中心绘制黄色"寿"字，裙板以下为装饰用波浪形曲线牙板，根据立样所绘结构分析将原涵远斋处绘槅扇定义为曲屏。此外有曲屏尺寸文字记录。

对于这件编号为图档060-0075[坦坦荡荡课农轩等地槅扇立样糙底]的藏品定名与绘制年代具有新的定义。

绘制在图样左侧的澄景堂处以及涵远斋处二幅木质建筑构件，在底部以波浪形曲线牙板作为装饰，且根据立样所绘结构与数量判断为曲屏，不需底座，这与其余五幅平底结构槅扇稍有不同，可对其定名为[坦坦荡荡课农轩等地槅扇曲屏立样糙底]。另外，综合澄景堂建筑需十扇槅扇、涵远斋建筑需十二扇槅来看，在《国家图书馆藏样式雷图档·圆明园卷初编》以及《国家图书馆藏样式雷图档·圆明园卷续编》中未曾出现过此种建筑开间所用如此之多格栅门，且不封闭使用的规格。

图号：060-0075

绘制年代：[清咸丰九年至清光绪二十年 (1859-1894)]

颜色：黑白

款式：墨线

原图尺寸（cm）：29.5×57.2

图档类型：大类：立样

　　　　　　子类：装修陈设图

所涉工程：坦坦荡荡、恒春堂、慎修思永、丰乐轩、课农轩外檐装修设计；

　　　　　　澄景堂、涵远斋内檐装修工程

工程地点：坦坦荡荡、恒春堂、慎修思永、丰乐轩、课农轩、澄景堂、涵远斋

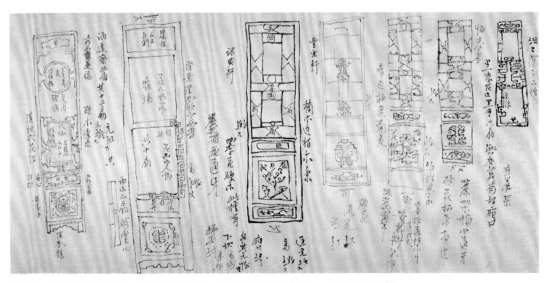

图2.2-22 [坦坦荡荡课农轩等地槅扇立样糙底]（图片来源：国家图书馆藏）

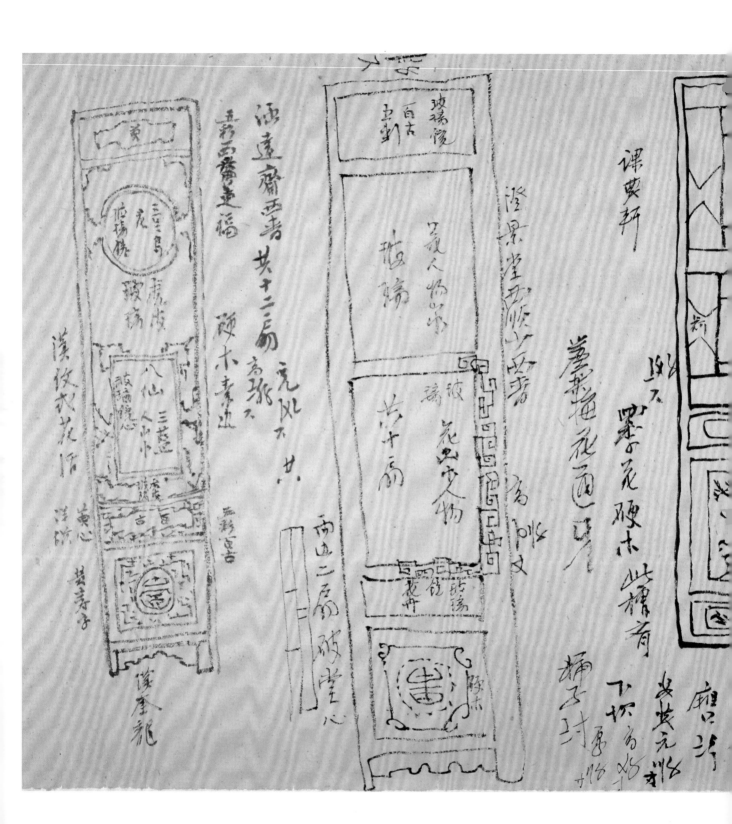

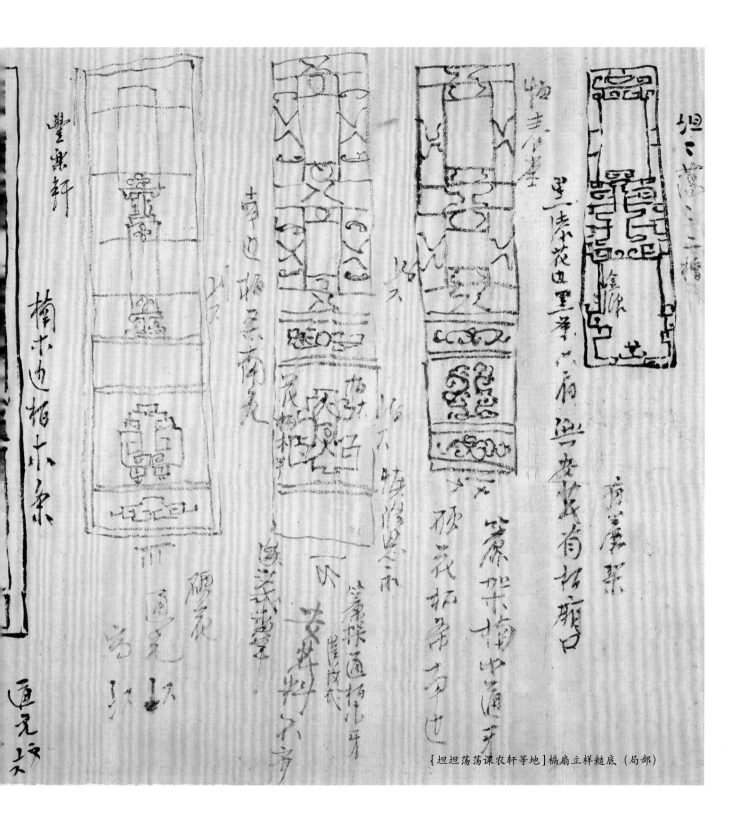

［坦坦荡荡课农轩等地］槅扇立样糙底（局部）

在《国家图书馆藏样式雷图档·圆明园卷初编》中图档167-0139 长春宫课农轩后殿东间[槅扇立样]、图档060-0063课农轩后殿东间厢口嵌扇[立]样，以及《国家图书馆藏样式雷图档·圆明园卷续编》中图档300-0006[敷春堂涵秋馆课农轩内槅扇规制略节]相关图档中有可明确课农轩处槅扇的进一步用料、纹饰、尺寸规制等细节。

在"[坦坦荡荡课农轩等地]槅扇立样糙底"所绘内容中，澄景堂以及涵远斋两处关于玻璃的记载不在少数，分别有"玻璃""玻璃镜""玻璃镜心""虎皮玻璃"这四种文字记录，此外，在二幅曲屏的材料与用量上可知，除去木料结构外，屏心大量镶嵌与安装玻璃，这已确定图档060-0075的绘制年代不应早于平板型玻璃（钠钙玻璃）大量用在圆明园的历史时期。乾隆三十五年（1770）四月，圆明园的淳化轩新建宫殿的后殿窗户安装玻璃。此为中国最早安装玻璃窗之事。[1]因此，本立样糙底的绘制年代不应早于乾隆三十五年（1770），但本立样中的"课农轩"三字将成图时间再次向后进行了推延。圆明园四十景之一的北远山村，位于大北门内偏东，各房舍名称与农事相关，周边稻田遍野，展现田园景观。嘉庆二十二年二月（1817），"北远山村"之"皆春阁"改建为"课农轩"大殿。[2]根据课农轩处绘制槅扇一幅的立样糙底的"课农轩"三字得知，本糙底的绘制时间定不会早于嘉庆二十二年（1817）。此外，在张凤梧作《样式雷圆明园图档综合研究》中还有关于课农轩内檐绘图的论述：图档013-003、图档060-075涉及"课农轩"内檐花罩和槅扇式样及尺寸，这与咸丰九年《旨意档》记载近似，并且绘制和记录方式也与咸丰年间图档近似，据此判断，这两幅图样同为咸丰末年整修"课农轩"内檐工程的画样。[3]至此，本幅《[坦坦荡荡课农轩等地槅扇立样糙底]》最早的绘制时期已经比安装玻璃之事的乾隆三十五年（1770）向后推延了89年，为清朝晚期的咸丰九年（1859）。但这一推断还不足以证明此图绘制时间的唯一性，通过研究清晚期历史节点可以持续找到答案。

该图绘制了[坦坦荡荡课农轩等地]槅扇的形式和尺寸，对槅扇的研究和复原有重要的指导意义。

到了咸丰十年（1860），英法联军攻入北京，同年焚烧圆明园，但因课农轩地势较偏远，得以幸存，仅被附近土匪破坏一小部分，主体建筑被保留了下来。除此，在本立样糙底中，慎修思永处以及课农轩处槅扇共同绘制在这件《[坦坦荡荡课农轩等地槅扇立样糙底]》中，也印证了"慎修思永"以及"课农轩"同期修缮的历史依据。经过咸丰十年（1860）英法联军的抢掠与焚烧，圆明园遭到了严重的损毁，它已不适宜统治者居住。但仍有一部分建筑存在，据《雷氏旨意档》记载，同治年间，皇上问："圆明园内尚存多少处？"□贵宝回奏十三处：双鹤斋、慎修思永、课农轩、文昌阁、魁星楼、春雨轩、杏花村、知过堂、紫碧山房、顺木天、庄严法界、鱼跃鸢飞、耕云堂。[4]从样式房挂抄的光绪二十年（1894）《圆明园旨意堂司谕》和光绪二十二年至二十四年（1896—1898）《旨意、堂谕、司谕档记》可知，这一阶段园内整修

---

1 童力群.论以"玻璃窗"来确定庚辰本定稿于乾隆三十五年以后[J].鄂州大学学报.2010（17）：49-52.
2 王其亨、张凤梧.一幅样式雷圆明园全图的年代推断[J].中国园林.2009（6）：83-87.
3 张凤梧.样式雷圆明园图档综合研究[D].天津：天津大学，2010:120.
4 中国第一历史档案馆编.圆明园[M].上海：上海古籍出版社，1983:1119.

工程主要集中在"文渊阁""慎修思永"以及"课农轩"等三处景区。[1]第七代"样式雷"雷廷昌（1845–1907），分别在同治十二年（1873）和光绪二十二年（1896）参与圆明园的重修工程，如课农轩的修缮等。第八代"样式雷"雷献彩（1877年生，卒年不明），担任圆明园样式房掌案，负责重修圆明园工程，完成天地一家春、慎修思永、四宜书屋、鸣鹤园等工程及内檐装修设计。[2]结合样式雷家族在本立样糙底对课农轩与慎修思永两处同时修缮工程的记载，图档060–0075立样糙底的绘制时间可能在清光绪二十年（1894）或清光绪二十二年至二十四年（1896–1898），经第七代"样式雷"雷廷昌任职期间所制；或者为经由第八代"样式雷"雷献彩任职期间所绘的时期版本。

最终，在澄景堂以及涵远斋处所绘制的二幅曲屏将《[坦坦荡荡课农轩等地槅扇立样糙底]》的最晚绘制年代锁定为清光绪二十年（1894）。其因在曲屏的裙板处绘制出"寿"字，而涵远斋处更是采用汉奎龙纹绘黄色"寿"字的内沿装修设计纹饰，旨在慈禧六十岁大寿时增设内檐设计所用。此外，在课农轩处绘制的槅扇立样糙底中也大量采用了传统园林中多见的菊花、梅花、牡丹、荷花以及梅花等的纹饰，从侧面也印证了这一历史时期慈禧对于花卉纹饰与题材的追求，以及将情感寄托在圆明园这座皇家园林中的精神向往。至此，这幅《[坦坦荡荡课农轩等地槅扇立样糙底]》的绘制年代推测为清晚期的清咸丰九年至清光绪二十年（1859–1894）之间。

1 张凤梧.样式雷圆明园图档综合研究［D］.天津：天津大学，2010:159页.
2 中国第一历史档案馆编.圆明园［M］.上海：上海古籍出版社，1991: 827页.

[风扇立样]

该图档绘制了圆明园水木明瑟风扇设计图立样。

图档中反映了该风扇整体及部分构件，以墨线绘制构件，并记录尺寸，尺寸由上至下分别为"高一尺""高一寸五""高一尺一寸""高三寸三""高一尺二""高四寸五""长八尺"，最右侧记录尺寸为"通高八尺二寸"。


水木明瑟是借助溪流建造的一座跨水游乐建筑，溪流的上游来自文源阁西北的河道，下游供给坐石临流的流碑渠。

水木明瑟殿的风扇安在东次间，其中的水法是通过铜"轮子"转动"翎毛"风扇产生冷风，使人感到凉爽，所以乾隆称"泠泠瑟瑟""用以消暑"。这个风扇由一个十字形架子支托，中间立着风扇的转轴，转轴最下的一段做成"["形曲轴，横向的操纵杆端头有小孔，曲轴从孔中穿过，操纵杆推动曲轴，风扇即可转动。风扇用黄色羽毛刺成，启面室五十八厘米，长五十五厘米。

在图档030-1中绘制的西次间室内风扇位置有长方形盖板，此为与地面下溪勾通的开口，图中画了三块盖板，中间的一块应当为风扇所在位置。溪流进入室内遇到室内较热的空气，便开始挥发，产生凉爽空气，风扇转动时即可将其带入整房间。风扇中轴的高度仅为三尺一寸八分（一米左右），操纵杆距地面的高度仅一尺。

此图绘制了该风扇的形式和设计尺寸，对此风扇的研究和复原有重要的指导意义。

图号：007-0018
绘制年代：[不详]
颜色：黑白
款式：墨线
原图尺寸（cm）：28.3×22.5
图档类型：大类：立样
　　　　　　子类：装修陈设图
所涉工程：水木明瑟风扇工程
工程地点：水木明瑟

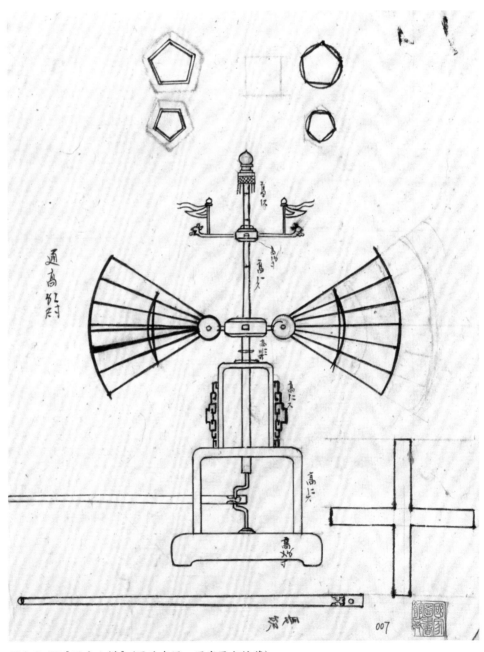

图 2.2-23 ［风扇立样］（图片来源：国家图书馆藏）

## 同乐园戏台承重楞木气眼隧道准底

该图档绘制了以指南为方向前提的同乐园戏台承重楞木气眼隧道设计平面图。

图档绘制工整，图面清晰。用墨线绘制隧道主体结构，配以行楷墨线标注各构件尺寸。隧道地下层沿南北向布置了四条大梁——承重，作为主梁，东西向穿插若干次梁——楞木，活动的楼板搭在次梁间，便于安装演戏道具。在其上铺板，即为一层平面。中间两道承重间距一丈七尺三寸，与戏台明间柱子对位，地下层的高度用墨线记录"地皮至承重下皮高五尺，地皮至楼板下皮高六尺五分"，承重本身的梁高一尺。戏台两侧后墙开有通气孔"气眼"。[1]图档背面墨笔记录"同乐园戏台承重楞木气眼隧道准底 咸丰九年九月查得"。

该图描绘了戏台承重楞木气眼隧道的结构设计和通风设计，对该部位研究和复原具有一定的参考价值。

图号：021-0007
绘制年代：清咸丰九年（1859）九月
颜色：黑白
款式：墨线
原图尺寸（cm）：45.4×40.0
图档类型：大类：地盘画样
　　　　　　子类：勘察图
所涉工程：同乐园戏台承重楞木气眼隧道工程
工程地点：同乐园戏台

---

1 郭黛姮、贺燕.深藏记忆遗产中的圆明园——样式房图档研究（三）[M].上海：上海远东出版社，2016:172-173.

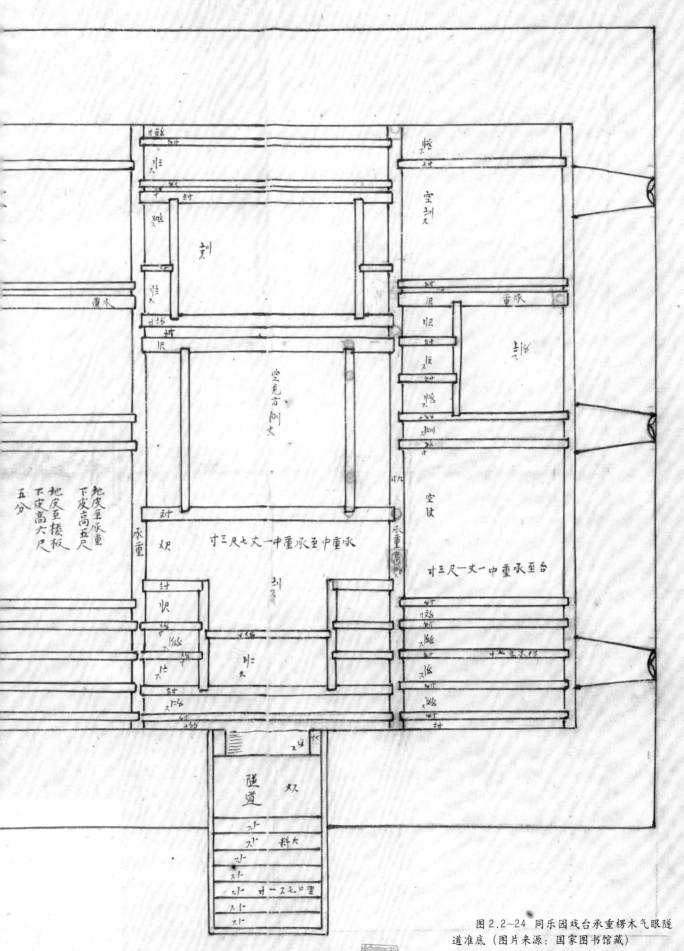

图 2.2-24 同乐园戏台承重楞木气眼隧
道准底（图片来源：国家图书馆藏）

# 玉泉山

[静明园水月庵添修点景坐落房立样]

该图档绘制了静明园水月庵添修点景坐落房工程。展现了静明园水月庵的建筑格局、点景坐落房形制及与周围山石、山路、河流、石桥位置关系的重要信息。

图档中墨线绘制出建筑的外围轮廓，点景建筑精细至整个院落间架结构的立面，山水环绕、山石铺地、山路起伏富有层次感，绘制栩栩如生。其包含的范围北至西大庙，南至八方石塔至溪田课耕一带，西至石桥、河桶，东至城阙一带大山。山石施蓝色，河流施绿色，河道施红褐色，部分河道及石桥有白色混合红褐色涂改痕迹，与墨线绘制的河道及石桥形成设计前后对比。

点景坐落房为贴样，二进院落的建筑立面图，带叠落游廊、台阶，歇山屋顶，正殿为面阔七开间带周围廊，东西配殿，后对面为门房居中，两小门分列其左右。从贴样位置可知该点景建筑位于水月庵以北，依山势而建。

图档中墨线记录建筑名称、工程信息，标注有"西大庙""大山""山路""澄照""城阙""由水月庵以南至泊岸九丈""由水月庵往北至山路长十四丈五尺""水月庵地基长七丈三尺""水月庵""正殿""配殿""山门""由水月庵以南至小道南北长十六丈五尺""十一丈""小道""河泡""河桶""石桥""山坡""山石""八方石塔""观音阁""赏遇楼"，标注朝向"北""南""西""东"，有五处"算筹码"尺寸。

图号：354-1747
绘制年代：清光绪二十一年（1895）以后
颜色：彩色
款式：墨线淡彩
图档类型：大类：立样
　　　　　　子类：建筑设计图
原图尺寸(cm)：110.0×130.0
所涉工程：静明园水月庵添修工程
工程地点：静明园水月庵

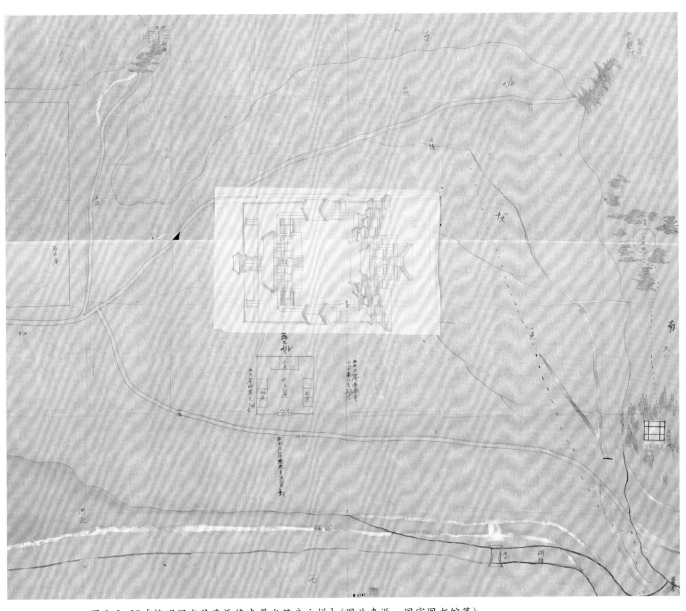

图 2.2-25 [静明园水月庵添修点景坐落房立样]（图片来源：国家图书馆藏）

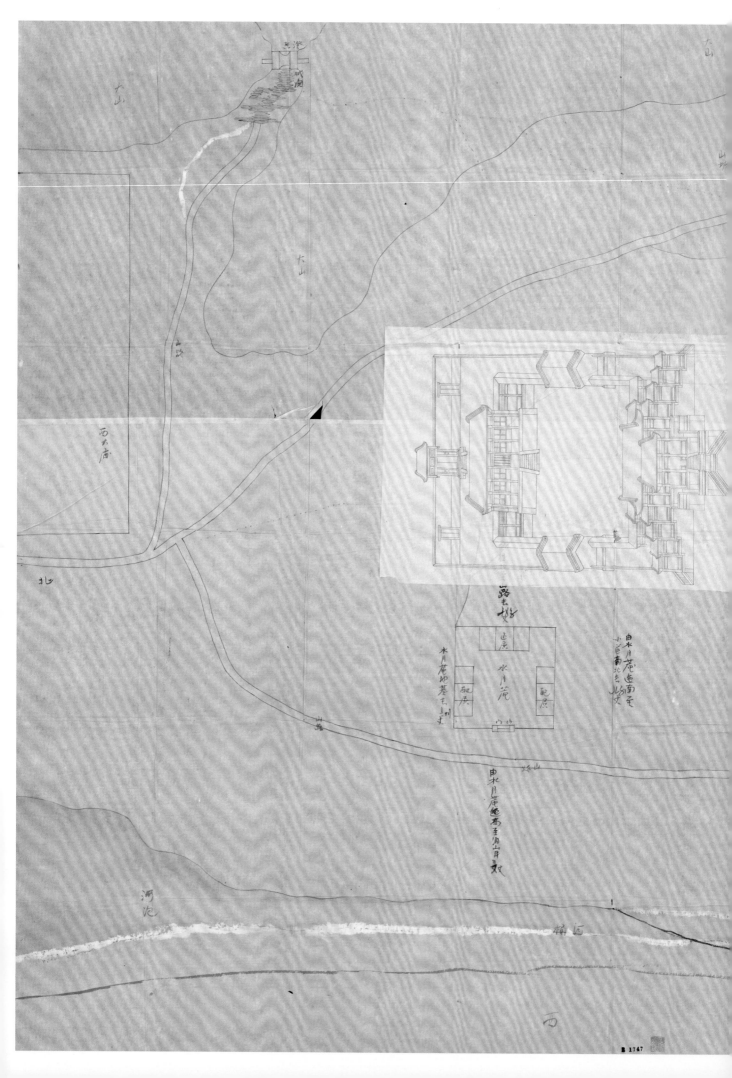

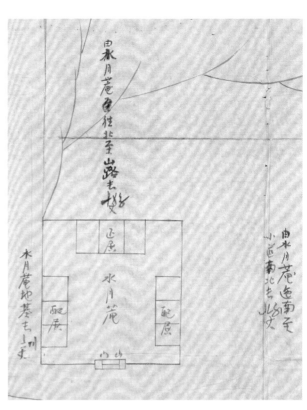

[静明园水月庵添修
点景坐落房立样]（局部）

257

## 玉泉山龙王殿［大木立样］

该图档绘制了同治年间玉泉山龙王殿重修工程，展现了龙王殿大木样的建筑格局，为一间单体建筑的剖面图。

图档中墨线绘制出主体结构外围轮廓，精细至屋顶、间架结构、檐柱、槛窗、槛墙、台明，屋顶为歇山。墨线记录建筑名称及相关信息共二处，左上为"玉泉山龙王殿"，右侧为"歇山"。

图号：124-0003
绘制年代：清同治年间（1861-1875）
颜色：黑白
款式：墨线
图档类型：大类：立样
　　　　　　子类：单体建筑设计图
原图尺寸(cm)：21.0×24.0
所涉工程：玉泉山龙王殿装修设计工程
工程地点：玉泉山龙王殿

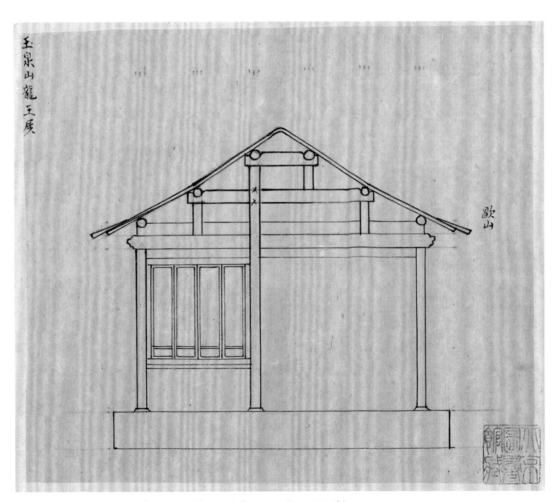

图2.2-26 玉泉山龙王殿［大木立样］（图片来源：国家图书馆藏）

# 南苑

[新宫迤延野绿二次间落地罩立样]

该图档绘制了新衙门行宫内檐装修设计工程中的迤延野绿二次间内檐装修设计。

图档中用墨线绘制出落地罩立面，柱边各安一堂槅扇，两边槅扇的上面横加横披窗，槅扇及横披窗均有万字纹饰，横披与槅扇垂直相对的地方安装植物花纹花牙子，两边槅扇下面设有矮小的木质须弥座。图中贴一处黄签，墨线记录"谨拟改迤延野绿内二次间面宽落地罩各一槽"字样。

新衙门行宫位于镇国寺门附近五里处，为明代上林苑内监提督衙署。见《钦定日下旧闻考》记载："新衙门在镇国寺门内约五里许，建自前明。"顺治十五年（1658）顺治皇帝下令对新衙门提督署进行修缮，并更名为"新衙门行宫"，简称"新宫"。其位于南苑西部，故又称"西宫"。《清稗类钞·宫苑类》载："国初作东西二宫。"

中国第一历史档案馆《南苑新宫地盘平样》舆 350—1357 和《钦定日下旧闻考》的记载对照，新衙门行宫整体坐北朝南，建筑格局分东、中、西三路。中路大宫门门前有铁狮一对，为元代遗物，上镌"延祐元年十月制"，即公元 1314 年制。宫门前广场东、西两侧分设朝房，各三楹。宫门三楹，两侧辟有角门。大宫门北为前殿，三楹，额曰：迤延野绿。中路第一进院落的院墙东西两侧各有一座垂花门，西垂花门内为西阿哥所，东垂花门内为东阿哥所。二宫门位于前殿北面，宫门三楹，与前殿之间以丹陛相连。二宫门北为后殿，共五楹。东路最北端有一院落，院落内正殿名为"裕性轩"，共有五楹。轩西为澹思书屋，尽管书屋"量地得斋小，非希安膝容"，但却深得乾隆皇帝喜爱。裕性轩和澹思书屋拐角处辟有一间"陶春室"，尽管这里空间极其狭小，但却能体会到"甄陶春意始，犹胜赏芳菲"的意境。庭院东南角的假山上设有一座四角亭，名为"古秀亭"北连澹思书屋，东接曲廊，它是庭院的制高点，在作为庭院点景的同时，亦作为庭院的观景点。清末，行宫废圮。1927 年殿宇被军阀部队拆除殆尽。

落地罩又称"地帐"。是由山槛框、横披、槅扇、花牙子组成。形式略同于栏杆罩。但无中间的立框栏杆，横披与抱框组成几腿罩，在开间左右柱或进深前后柱各安一扇槅扇，直落地面，中间留空，槅扇之上加横披；横披与槅扇相交成直角处安花牙子一类的装饰，以打破方形门洞形状的呆板，其形有如两边挂起来的帷帐，因此称为"落地罩"。这种罩为中国建筑常用的装修，外檐、内檐均用。内檐中，一般是用来隔开小面积的空间，或安在宝座或床榻前，或于通道上。

图号: 352-1550
绘制年代: 清光绪 (1875-1908)
颜色: 彩色
款式: 墨线, 黄签
原图尺寸 (cm): 34.0×45.0
图档类型: 大类: 立样
　　　　　　子类: 内檐装修设计图
所涉工程: 新衙门行宫内檐装修工程
工程地点: 新衙门行宫迩延野绿二次间

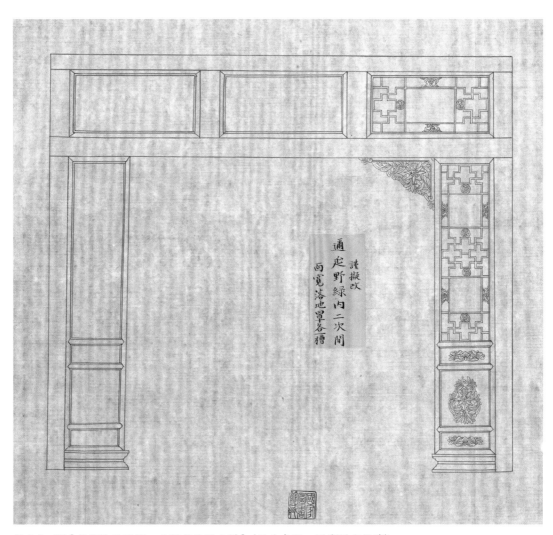

图 2.2-27 [新宫迩延野绿二次间落地罩立样] (图片来源: 国家图书馆藏)

261

## [团河行宫涵道斋内檐装修地盘样]

该图档绘制了团河行宫涵道斋内檐装修工程。

本图档绘制的是团河行宫涵道斋内檐装修平面设计图。图中墨线记录的是建筑的外围轮廓及内檐装修符号，并有红线绘制的碧纱橱、飞罩、栏杆罩等设计修改内容。贴黄签标注"涵道斋"及殿内门、床、窗等位置。计有："顺山床""前簷（檐）床""后簷（檐）床""落地罩床""板墙门口方窗（窗）""炕窗（窗）""板墙门口""落地罩""碧纱厨（橱）""围屏"，白色签标注有："西寝宫""阑杆罩""飞罩""顺山床"。殿中为宝座、围屏、碧纱橱、东西对称各有一落地罩、板墙门口、炕窗、添安护窗板；殿前后有："玻璃窝风格"玻璃纱屉，浅色签标注"此处均安洋玻璃纱屉"，前簷（檐）床、后簷（檐）床；西寝宫内设有落地罩床一座。

对比园内其他殿宇样式雷图档可以看出，团河行宫各殿座装修风格基本一致，前后门安放玻璃窝风格，既做装饰，又增加殿内的隐蔽性，殿内中间置宝座，左右两侧室内空间用隔断隔开，多用碧纱橱、几腿罩、栏杆罩等等。寝殿内安顺山床、落地罩床、前后檐床等。这些装修设计形成了自由流通、层层伸展的空间效果。

图号：339-0213
绘制年代：清光绪（1875-1908）
颜色：彩色
款式：墨线、红线，黄签
原图尺寸（cm）：60.4×44.5
图档类型：大类：地盘画样
　　　　　　子类：设计变更图
所涉工程：团河行宫涵道斋内檐装修工程
工程地点：团河行宫涵道斋

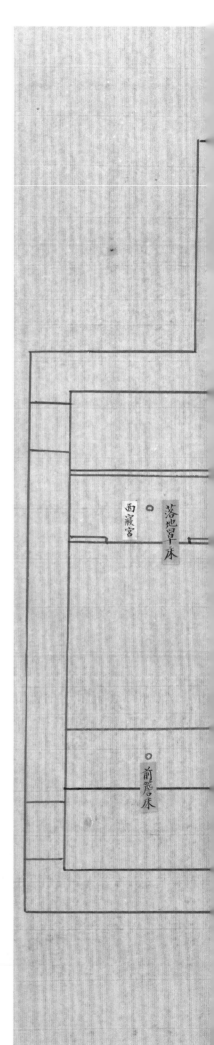

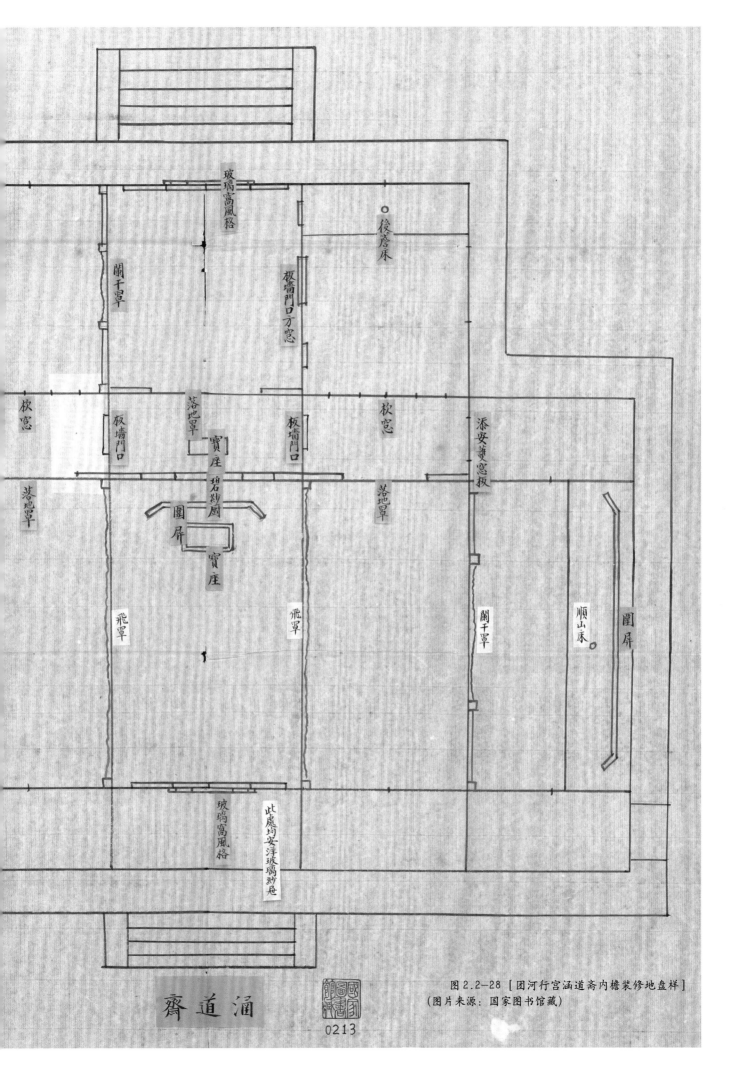

玻璃窗風格

闌干罩

板墙門口方窗

後蘑床

○

枕窗

落地罩

板墻門口

枕窗

添安護窗板

枕窗

落地罩

板墻門口

寶座 碧紗厨

圍屏

寶座

落地罩

飛罩

飛罩

闌干罩

順山床 ○

圍屏

玻璃窗風格

此處均安洋玻璃妙庵

涵道齋

0213

図 2.2-28 ［団河行宮涵道斎内檐装修地盤様］
（図片来源：国家図書館蔵）

## ［团河行宫内添修船坞图样］

该图档绘制了南苑团河行宫内添修船坞工程。

该图档绘制清晰，用墨线画出船坞轴线，墨书"东""南""西""北"四向，并贴浅黄签再次标注"东"。其左黄签标注："谨拟船坞一座七间各面宽一丈一尺，进深二丈，柱高一丈二尺，金刚墙宽四尺，单雁翅斜长一丈五尺"。还有"谨拟团河宫内顺河泊岸向添修船坞一座七间"墨笔字迹。另外有墨笔涂抹的描述性文字字迹，以及对船坞规划图进行修改、调整的红线。

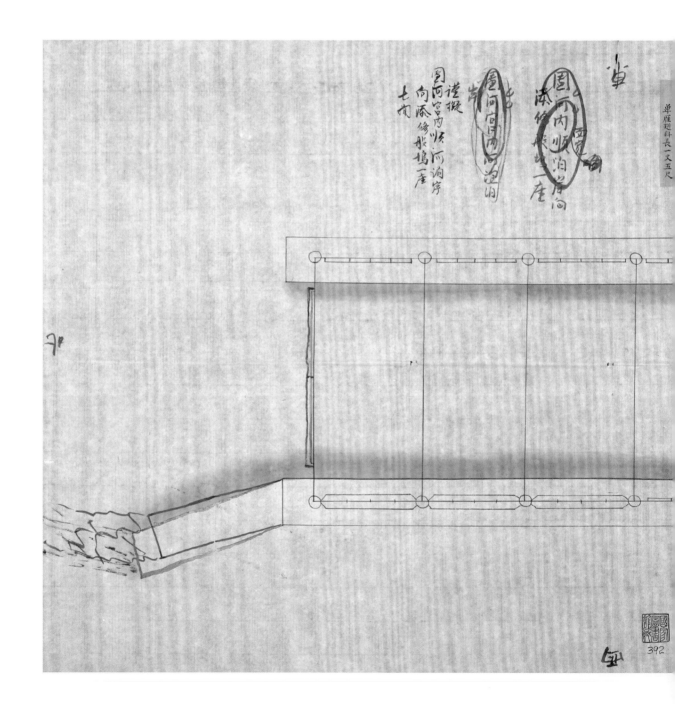

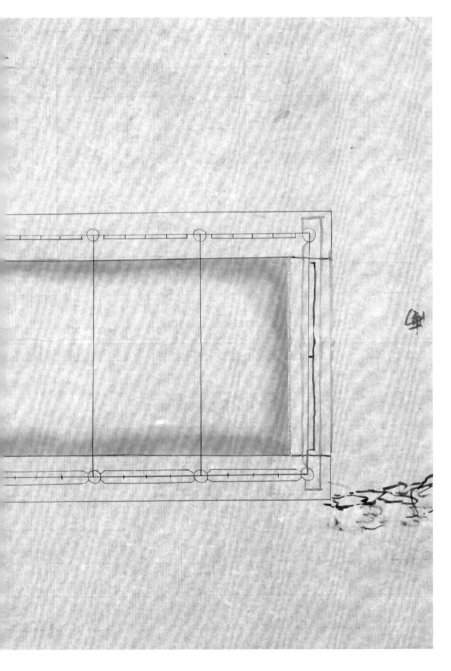

图号：392-0154

绘制年代：[不详]

颜色：彩色

款式：墨线、红线淡彩，黄签

原图尺寸（cm）：37.0×67.5

图档类型：大类：地盘画样

　　　　　　　子类：单体建筑设计图

所涉工程：团河行宫内添修船坞工程

工程地点：团河行宫内顺河泊岸

图 2.2-29 [团河行宫内添修船坞图样]（图片来源：国家图书馆藏）

船坞是修造船用的坞式建筑物，分为干船坞、注水船坞和浮船坞三类。干船坞应用较多，一般所称的船坞即为干船坞。船坞是造船厂中修、造船舶的工作资源库，是修理和建造船舶的场所。是船厂中经人工处理的用于修造船的场地设施，船舶的建造和大修都是在船坞中进行的。

船坞由宋朝人张平（925—987）发明。据史料记载，张平生于临朐杨善，历任北宋马步都虞侯、监市木、供奉官、监阳平都木务兼造船厂、崇仪副使、如京使、客省使、盐铁使等职。病逝后回原籍御葬，"在村西起陵冢，墓前石人石羊，十分显赫"。张平任供奉官、监阳平都木务兼造船厂时，在渭河造船，为防止船被河水冲走，每船派三户守护，一年不得不征调上千户民工，劳民伤财。张平下令在岸边挖大坑造船，完工后掘开引水入坑，船可漂起驶入河中，形成"船坞"。

另外，沿海"船坑"也是船坞的雏形。人们利用海潮涨落来升降船舶，涨潮时将船舶引入一个三面土堤的"船坑"，落潮时船舶可落在预置的支墩，再用围堰封闭缺口开始修理，修好后再将围堰拆去，趁涨潮出坑。后来逐渐将土堤改为坞墙，围堰改为坞门，利用水泵控制坞内水面的涨落，成为干船坞。干船坞的三面接陆一面临水，其基本组成部分为坞口、坞室和坞首。坞口用于进出船舶，设有挡水坞门，船坞的排灌水设备常建在坞口两侧的坞墩中；坞室用于放置船舶，在坞室的底板上设有支承船的龙骨墩和边墩；坞首是与坞口相对的一端，其平面形状可以是矩形、半圆形和菱形，坞首的空间是坞室的一部分，在这里拆装螺旋桨和尾轴。干船坞配有各种动力管道及起重、除锈、油漆和牵船等附属设备。当船舶进入干船坞修理时，首先用灌泄水设施向坞内充水，待坞内与坞外水位齐平时，打开坞门，利用牵引设备将船舶慢速牵入坞内，之后将坞内水体抽干，使船舶坐落于龙骨墩上。修完或建完的船舶出坞时，首先向坞内灌水，至坞门内外水位齐平时，打开坞门，牵船出坞。

清代图像史料从顺治朝一直延续到清末。尤其是中国第一历史档案馆所藏的清初顺治、康熙朝的舆图弥足珍贵。孙喆的《康雍乾时期舆图绘制与疆域形成研究》有记载：清代疆域形成之研究一直是一个重大历史课题。但从地图的角度来探讨清代疆域形成的著述尚不多见。边界划分，总是同地图标示联系在一起，由边界划分而形成的国界也总要用地图来表示。中国是世界上最早绘制地图的国家之一，中国绘制建立在大地坐标系统之上的实测地图的构想萌发于西方测量技术传入的明代，实际测绘则始于清康乾时期。清廷于这一时期利用西方近代测绘技术，进行了全国性的大地测量活动，将结果绘成舆图，并把测绘地图与版图的确定紧密联系在一起。

推测图档绘制于清高宗弘历于乾隆三十七年(1772)之前，清代初期建[团河宫内顺河泊岸向添修船坞]之前；也有一种可能就是后现代时期，对原建筑设计进行了进一步整改、完善所绘制。

此外图上标注出的此图纸命名为[团河宫内顺河泊岸向添修船坞]，后期国家图书馆为了简要概述，命名为"团河行宫内添修船坞图样"。

## 三、植物花木

　　自古以来，人类就敬畏自然、崇尚自然、思考自然、感悟自然，"道法自然"，"万物静观皆自然"，对包罗万象的自然风景怀有独特深厚的人文情怀。植物是自然界的有形载体之一，与山形水系等其他造园要素不同，具有生命性与象征意义，架构起人与自然对话的情感表达媒介。皇家园林植物所蕴含的象征寓意与文化内涵，使延续千年至高无上的皇权观以及帝王对理想生活空间的向往追求、审美思想、意趣品格都间接得以托物抒志、言志、寄情。盈目适地的植物景观与时空环境的变化，又随时代背景而变更，受经济、政治、科技、文化发展的影响，逐渐构成皇家园林文化内核的一部分，其文化寓意与园林意境绵延至今。

# 颐和园

[仁寿殿地盘平样]

该图档绘制了颐和园时期仁寿殿整修工程。

图档中用墨线记录仁寿殿正殿尺寸信息，"殿檐约高二丈八""月台进深三丈一尺""月台面宽十（十一）丈四尺五寸""台高八寸"。殿前用墨线圆圈绘制出陈设位置，其中台阶左侧红线记录"五十三号""五十二号"，右侧红线记录相同。殿前记录"由丹陛至太湖石六丈"。南配殿侧记录"殿约高一丈八"。寿星石高"六尺"。仁寿门两侧用墨线圆圈绘制竹、秋、松等植物。

该图档比较全面地展示了颐和园时期仁寿殿院内的植物配置。图中可见仁寿殿前种植有楸树、松树和竹子，呈规则性布置，南北各两株楸树位于配殿东侧角落，竹子种在仁寿门墙边，还有五株松树散布院中。对比该区域现状古树，可知南侧的两株楸树尚存，北侧的一株楸树位置有所变化，另一株换成了银杏，油松缺少一株，竹子也彻底消失。

图号：355-1866

绘制年代：[不详]

颜色：黑白

款式：墨线、红线

原图尺寸（cm）：56.0×51.0

图档类型：大类：地盘画样

          子类：规划图

所涉工程：仁寿殿整修工程

工程地点：仁寿殿

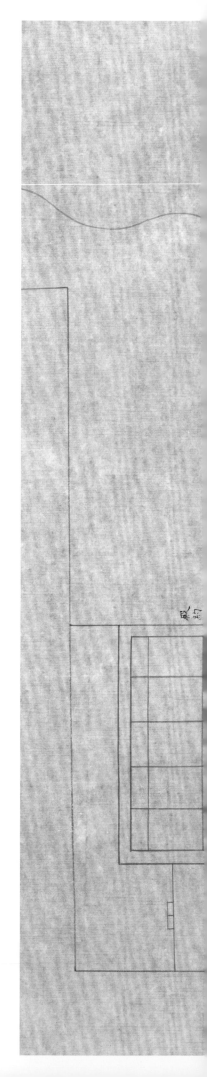

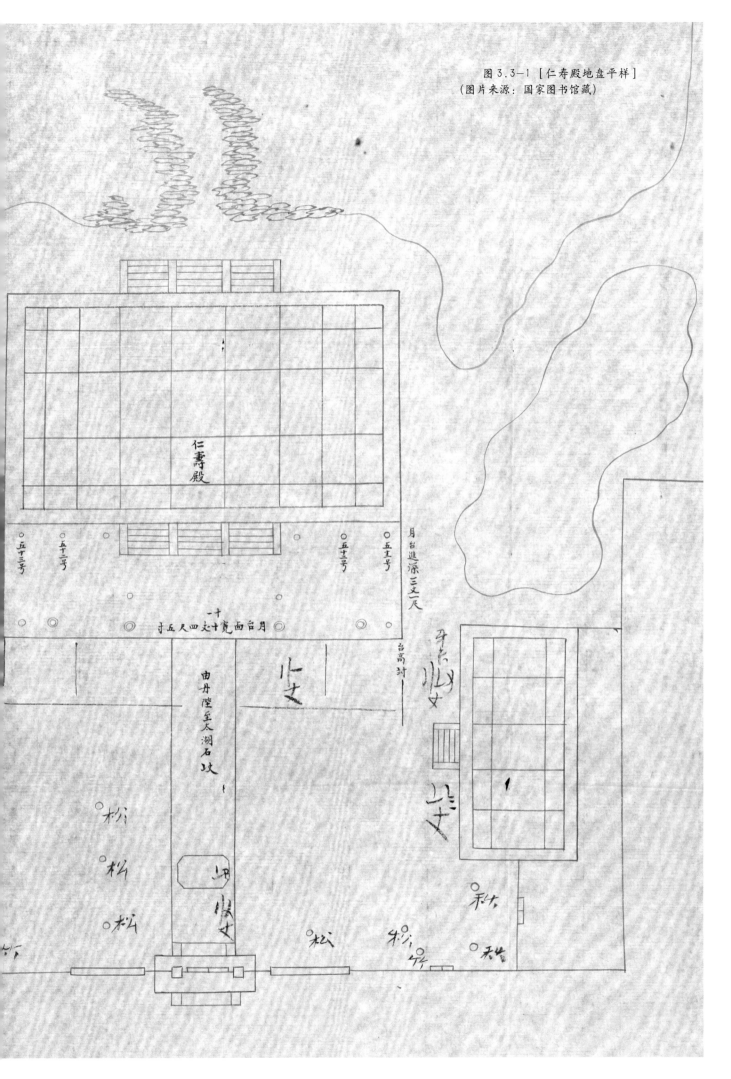

图 3.3-1 [仁寿殿地盘平样]
（图片来源：国家图书馆藏）

## [谨拟介寿堂以东添修值房图样]

该图档绘制了介寿堂以东拟添修值房平面。

图档中添加的值房用红线绘制，规划为南北两院，设两处角门，均坐北朝南，每座七间配有如意踏跺。黄签标注"东""西""南""北""介寿堂""垂花门"，介寿堂东侧"爬山大墙""角门""大墙""长游廊""勇（甬）路""寄澜亭""意迟云在山路""松树"五棵、"榆树"二棵、"昆明湖""栏板""泊岸"。红签标注北侧值房"谨拟值房一座七间各面宽一丈进深一丈二尺柱高九尺台明高一尺二寸"，南侧值房"谨拟值房一座七间各面宽一丈进深一丈四尺柱高九尺五寸台明高一尺六寸""南北院当二丈""西侧夹道宽一丈""西角门至山一丈五尺"，拟修院内"撤去松树一颗（棵）""撤去松树一颗（棵）""撤去榆树一颗（棵）""由台明至墙长十丈五寸""由墙往北至角门通长十四丈五尺""墙至游廊三丈""甬路宽七尺"。

由于佛香阁功能的转变，介寿堂也由原来的佛教建筑慈福楼改建为居住建筑介寿堂，并在东侧添建了值房。关于该值房的样式雷图档共有三张，另外两张是图档354-1794[介寿堂以东添修值房图样]和图档356-1953[介寿堂添修值房平样]。三张图档树木的种类和位置完全一致，共有七棵树，分别为五棵松树和二棵榆树，但因拟建值房的形式和位置不同，所以需要伐除的树木株数也不同。此图中显示南北值房东西向双排布置，需要伐除三棵树，而最终方案选取的是图档356-1953的方案，该方案由于值房改外南北向单排布置，七棵树全部得以保留。这是对古树最大限度的保留，体现了古人对生态和自然保护的理念。

图号：355-1813

绘制年代：[不详]

颜色：彩色

款式：墨线、红线淡彩，红签、黄签

原图尺寸（cm）：92.0×74.0

图档类型：大类：地盘画样

　　　　　　子类：规划图

所涉工程：介寿堂添修工程

工程地点：介寿堂

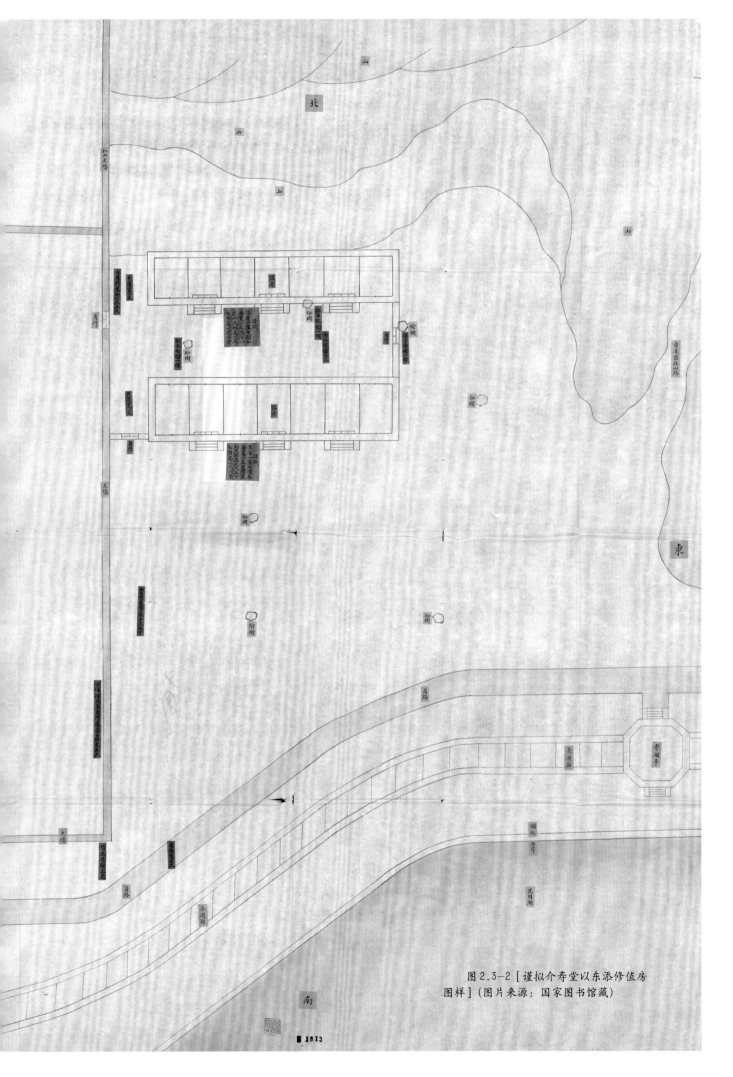

图 2.3-2 [谨拟介寿堂以东添修值房
图样] (图片来源: 国家图书馆藏)

# 香山

## 谨查静宜园内欢喜园松坞云庄殿宇房间图样

该图档绘制了光绪年间静宜园重修工程时对欢喜园和松邬云庄组群建筑遗存的勘测情况的平面图。

图档为彩绘，保存完好，贴黄签标注建筑名称、做法以及各类树木的位置。该工程负责人是雷廷昌。

黄签标注"谨查静宜园内欢喜园松隝（坞）云庄殿宇房间图样""大山""山石""山石""大山""榆树""栢（柏）树""栢（柏）树""松树""水沟""山石""南北院当二丈二尺""山石踏跺""山石桥""山石踏跺""山石""松树""水沟""山石""山石""水沟""栖云楼""坍塌无存""栖云楼一座五间，内明间面宽一丈一尺二寸，次稍间各面宽一丈五寸，进深一丈六尺五寸，外前廊深四尺二寸，下簷（檐）柱高八尺四寸""松隝（坞）云庄""簷（檐）头脱落木植不齐""角门""游廊""坍塌无存""游廊""坍塌无存""泊岸""水池""泊岸""泊岸""泊岸""泊岸""凭（凭）襟致爽""簷（檐）头脱落木植不齐""凭（凭）襟致爽楼一座三间各面宽一丈二寸进深一丈二尺三寸外前后廊各深四尺二寸下簷（檐）柱高八尺""游廊""坍塌无存""游廊""坍塌无存""青霞堆""坍塌无存""东西院当一丈四尺五寸""青霞堆四方亭一座见方一丈二尺三寸外周围廊深四尺二寸""松树""松树""松树""松树""松树""松树""戯（戏）台""山水清音""坍塌无存""山水清音戯（戏）台一座见方一丈一尺外三面（面）廊各深四尺二寸随扮戯（戏），房三间内明间面宽一丈一尺，二次间各面宽一丈五寸进深一丈四尺七寸周围廊各深四尺二寸""南北院当一丈五尺""院墙""角门""院墙""宫门""簷（檐）头脱落木植不齐""宫门一座三间内明间面宽一丈一尺三寸二次间各面宽一丈五寸前进深一丈二尺五寸后落金五尺柱高九尺二寸""角门""栢（柏）树""院墙""栢（柏）树""栢（柏）树""院墙""栢（柏）树""门楼""门楼一座台基面宽一丈一尺进深八尺五寸""栢（柏）树""院墙""栢（柏）树""松隝（坞）云庄殿一座五间内明间面宽一丈一尺一寸次稍间各面宽一丈二寸进深一丈八尺三寸外前后廊各深四尺三寸簷（檐）柱高一丈六寸""暗沟""宇墙""东""泊岸""宇墙""暗沟""水沟""泊岸""松陰（坞）云庄内殿宇楼座房间数目共房二十七间游廊二十间戲（戏）台一座亭子一座门楼一座""松陰（坞）云庄周围地基南北通长二十一丈一尺东西通宽十七丈""南""大山""大山""大山""大山""西""大山""土山""土山""圆灵应现""北""山沟""山沟""小桥""山石""山沟""山石""山道""宇墙""栢（柏）树""栢（柏）树""山石""双井""水沟""水池""水沟""山石""马尾松""马尾松""栢（柏）树""宇墙""踏跺""栢（柏）树""栢（柏）树""山道""宇墙""龙王庙""龙王庙一座三间内明间各面宽一丈一尺二次间各面宽四尺七寸通进深一丈七尺二寸""栢（柏）树""宇墙""山道""山石""纡青牌楼""纡青牌楼一座面宽九尺六寸进深七尺一寸""十锦花墙""十锦花墙""得象外意""头停渗漏""得象外意殿一座三间内明间面宽一丈二寸二次间各面宽九尺八寸进深一丈二尺外前后廊各深四尺五寸簷（檐）柱高九尺二寸""扒山游廊""坍塌无存""游廊""净房""坍塌木植不齐""耳房""坍塌无存""扒山游廊""丛云亭""丛云亭重簷（檐）四方亭一座见方一丈二尺外周围廊各深四尺下簷（檐）柱高九尺二寸""院当南北五丈东西五丈九尺""欢喜园""坍塌无存""游廊""坍塌无存""欢喜园殿一座三间内明间面宽一丈一尺二寸二次间各面宽一丈二寸进深一丈四尺五寸外前后廊各深四尺簷（檐）柱高九尺六寸""垂花门""头停脱离木植不齐""垂花门一座面宽一丈一尺二寸前挑三尺后进深九尺五寸柱高九尺五寸""十锦花墙""东西院当五丈二尺""栖霞牌楼""栖霞牌楼一座面宽一丈进深四尺""泊岸""南北院当四丈""文殊菩萨殿""欢喜园周围地基南北通宽十一丈四尺东西通长十七丈八尺""欢喜园内殿宇房间数目共房八间游廊三十九间亭子一座垂花门一座牌楼二座"。其中榆树一棵，柏树十四棵，松树九棵，马尾松二棵。

　　该图是绘制现场踏勘情况的测绘图，反映静宜园内欢喜园和松坞云庄组群的建筑遗存情况，应是咸丰十年（1860）静宜园遭兵燹后，内务府进行盘查时的现场测绘勘察图。

　　据建筑残留情况判断，此为光绪年间所绘，绘者是雷廷昌，绘制的时间应是光绪十七年（1891）前，绘制的目的是为了配合当时静宜园重建工程而进行的现场勘测。

图号：339-0237
绘制年代：[清光绪二十年（1894）前]
颜色：彩色
款式：墨线淡彩，黄签
原图尺寸（cm）：93.8×48.5
图档类型：大类：地盘画样
　　　　　　子类：规划图
所涉工程：静宜园重建工程
工程地点：静宜园

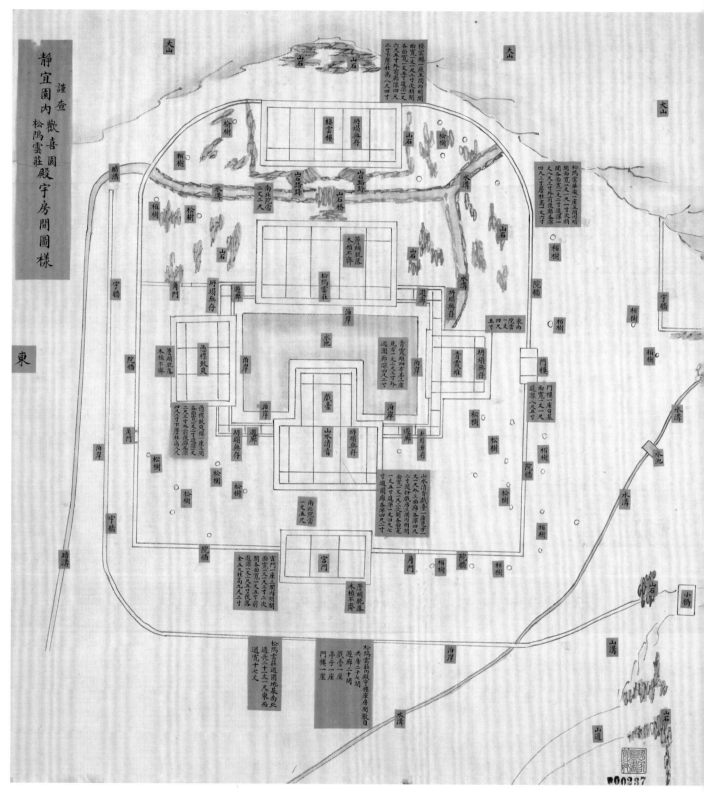

图 2.3-3 谨查静宜园内欢喜园松坞云庄殿宇房间图样（图片来源：国家图书馆藏）

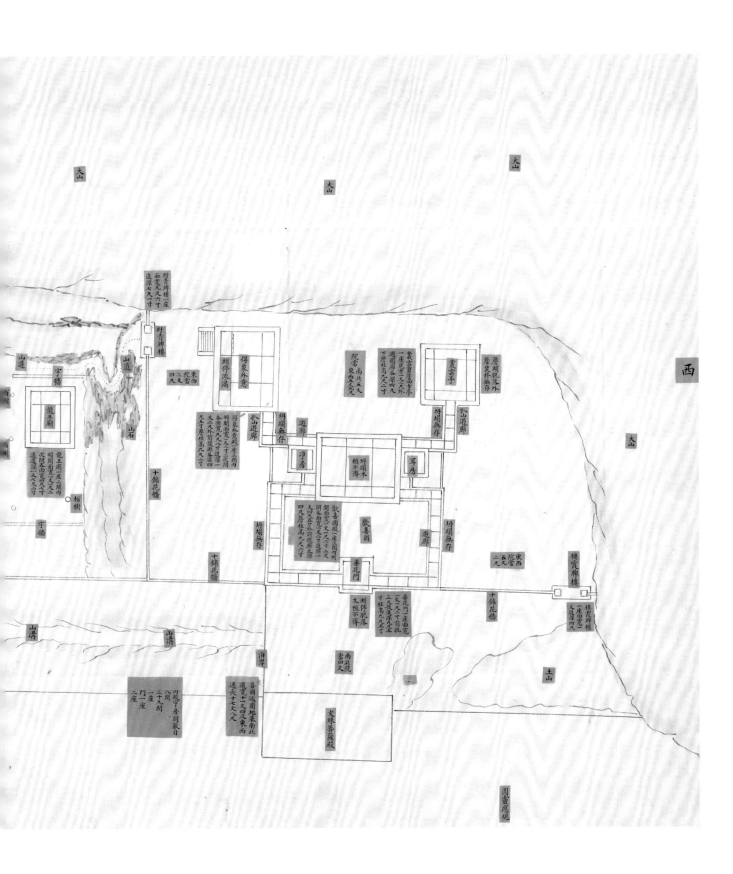

西

大山

大山

大山

大山

大山

土山

圓靈應現

275

## 谨查静宜园内圆灵应现殿宇房间图样

该图档绘制了光绪年间静宜园重修工程时对圆灵应现殿宇遗存的勘测情况的平面图。

图档为彩绘，保存完好，贴黄签标注建筑名称、做法以及各类树木的位置。该工程负责人是雷廷昌。

黄签标注"西""大山""大山""大山""青霞寄逸""青霞寄逸楼一座三间内明间面宽一丈一尺四寸二次间各面宽一丈一寸进深一丈四尺外周围廊深四尺二寸簷（檐）柱高一丈四尺""坍塌木植无存""扒山游廊""扒山游廊""扒山游廊""坍塌木植无存""扒山游廊""坍塌木植无存""扒山游廊""坍塌木植无存""扒山游廊""坍塌木植无存""西殿""西殿一座三间内明间面宽一丈二寸二次间各面宽九尺三寸进深八尺一寸外前廊深四尺二寸下簷（檐）柱高八尺""坍塌木植无存""泊岸高三丈五尺""山石洞""山石洞""山石洞""山石洞""磐道""磐道""磐道""山石""山石""泊岸高三丈""薝卜秀林""坍塌木植无存""薝卜秀林重簷（檐）六方亭一座每面面宽九尺三寸下簷（檐）柱高一丈""月台""月台高一丈五寸""踏跺""泊岸东西进深二丈七尺""宇墙""宇墙""砖踏跺""砖踏跺""院当南北九丈八尺东西四丈五尺""眼界宽""坍塌木植无存""眼界宽一座三间内明间面宽一丈一尺二次间各面（面）宽九尺五寸进深一丈六尺外周围廊各深四尺""游廊""游廊""踏跺""踏跺""踏跺""踏跺""月台""月台进深一丈六尺""洋式门""院墙""宇墙""院墙""洋式门""院墙""院墙""东西院当八尺五寸""圆灵应现""圆灵应现佛殿一座七间内明间面宽一丈七尺四寸二次间各面宽一丈七尺二稍间各面一丈五尺二近间各面宽一丈三尺中进深二丈三尺前后各进深一丈三尺一寸柱高一丈三尺一寸""角门""角门""角门""角门""门罩""门罩""南北门罩二座各台基面宽一丈一尺进深一丈四尺""院墙""月台""月台进深三丈六尺面宽十丈七尺高七尺七寸""影壁""欢喜园""泊岸""文殊菩萨殿""文殊菩萨殿一座三间内明间面宽二丈二次间各面宽一丈一尺进深一丈九尺外前后廊各深六尺簷（檐）柱高一丈三尺三寸""簷（檐）头脱落""松树""宇墙""松树""院当南北十七丈九尺东西四丈二尺""牌楼""香炉""宇墙""松树""听法松""松树""松树""簷（檐）头脱落""普贤菩萨殿""普贤菩萨殿一座三间内明间面宽二丈二次间各面宽一丈一尺进深一丈九尺外前后廊各深六尺簷（檐）柱高一丈三尺三寸""角门""无量殿""泊岸""山门""泊岸""绉眉坡""院墙""松树""钟楼""簷（檐）头脱落""宇墙""宇墙""坍塌木植无存""佛殿""宇墙""南北院当二尺四寸""宇墙""泊岸高一丈""八方碑亭""坍塌木植无存""石幢""永安寺牌楼""永安寺牌楼一座三间明间面宽一丈三尺二寸二次间各面宽六尺三寸进深二尺六寸""泊岸高一丈""八方碑亭""坍塌木植无存""八方碑亭二座每面台基各面宽一丈二尺""南北院当二尺四寸""泊岸高七尺六寸""宇墙""宇墙""院当南北十七丈九尺东西二丈五尺""宇墙""佛殿""坍塌木植无存""宇墙""松树""院墙""宇墙""宇

墙""南""山沟""鼓楼""松树""簷（檐）头脱落""松树""宇墙""宇墙""宇墙""宇墙""宇墙""宇墙""宇墙""泊岸高一丈""东西院当二丈三尺""西佛殿""西佛殿一座三间内明间面宽二丈二次间各面宽一丈三尺九寸前后各进深一丈四尺六寸柱高一丈二尺八寸""坍塌木植无存""东西院当一丈一尺""泊岸高一丈""小桥""东西院当二丈六尺五寸""山门""性因妙果""山沟""水沟""水沟""山石""磬道""宇墙""泊岸""松树""松树""宇墙""接引佛殿""坍塌木植无存""接引佛殿一座三间内明间面宽二丈二次间各面宽一丈三尺七寸前后各进深一丈四尺六寸柱高一丈五尺""看面墙""松树""宇墙""泊岸高七尺八寸""东西院当二丈一尺""看面墙""松树""宇墙""东西院当三丈六尺""宇墙""宇墙""泊岸高七尺八寸""宇墙""宇墙""旗杆""旗杆""旗杆二座各台基见方八尺七寸""院当南北十丈六尺东西十丈八尺""宇墙""宇墙""香云入座牌楼""牌楼一座三间明间面宽一丈二尺八寸二次间各面宽九尺二寸进深八尺三寸""水沟""石券桥""知乐濠""水池""水池""知乐濠水池一座通面宽五丈一尺进深二丈一尺二寸""龙王庙""财神庙""买卖街""香山寺牌楼""东""谨查静宜园内圆灵应现殿宇房间图样"。其中有松树十三棵。

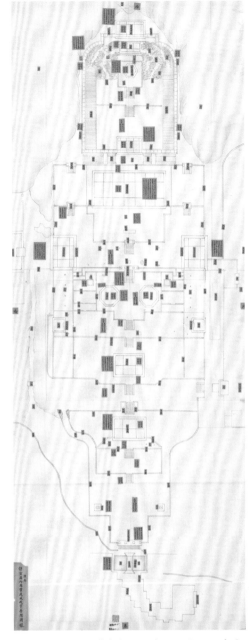

图 2.3-4 谨查静宜园内圆灵应现殿宇房间图样（图片来源：国家图书馆藏）

该图是绘制现场踏勘情况的测绘图，反映静宜园内圆灵应现组群的建筑遗存情况，应是咸丰十年（1860）静宜园遭兵燹后，内务府进行盘查时的现场测绘勘察图。

据建筑残留情况判断，此为光绪年间所绘，绘者是雷廷昌，绘制的时间应是光绪十七年（1891）前，绘制的目的是为了配合当时静宜园重建工程而进行的现场勘测。

青霞齊遠通樓一座三間內
明間面寬一丈八尺四寸次
間各面寬一丈一寸進深四
丈四尺外週圍廊漂四
尺二寸簷柱高一丈二尺四寸

西殿一座三間內明間
面寬一丈二尺次間
各面寬九尺三寸進深
八尺一寸外前廊漂四
尺二寸下簷柱高八尺

松山遊廊

泊岸高
三丈五尺

山石洞

薔葡秀林重簷
六方亭一座每面
面寬九尺三寸下
簷柱高一丈

大山

坍塌木
植無存

山石

山石洞

宇牆

泊岸東西進
深二丈七尺

磚路跡

坍塌木
植無存

松山遊廊

院當一
東西四丈五尺

遊廊

植無存

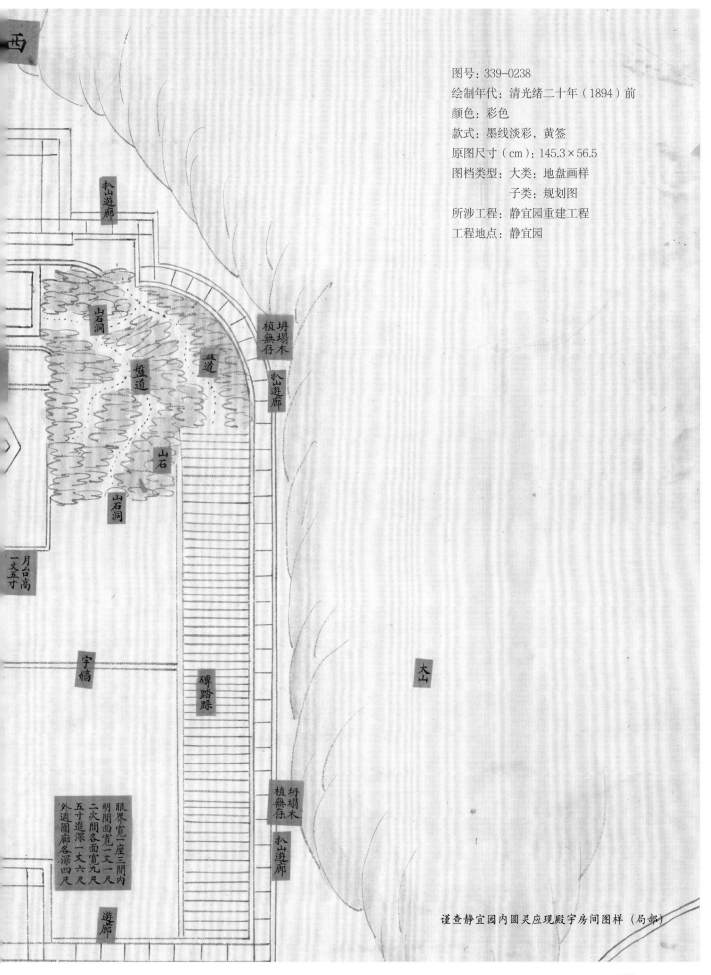

西

扒山遊廊

山石洞

磴道

甬道

山石

山石洞

月台高
一丈五寸

坍塌木
植無存

扒山遊廊

宇牆

磚蹲踩

坍塌木
植無存

扒山遊廊

眼界寬一座三間內
明間面寬一丈一尺
二次間各面寬九尺
五十進深一丈六尺
外週圍廊各深四尺

遊庭廊

大山

图号：339-0238
绘制年代：清光绪二十年（1894）前
颜色：彩色
款式：墨线淡彩，黄签
原图尺寸（cm）：145.3×56.5
图档类型：大类：地盘画样
　　　　　　子类：规划图
所涉工程：静宜园重建工程
工程地点：静宜园

谨查静宜园内圆灵应现殿宇房间图样（局部）

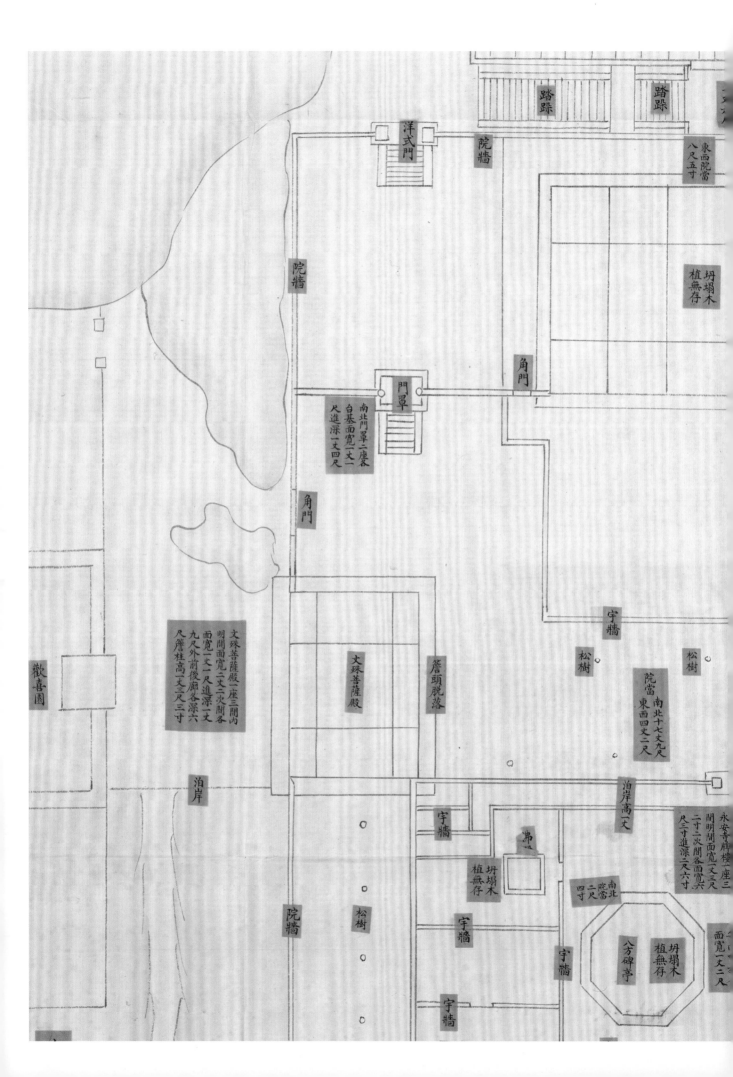

踏跺

踏跺

洋式門

院牆

東西院當
八尺五寸

院牆

院牆

坍塌木
植無存

角門

門罩

南北門罩二座
白基面寬一丈一
尺進深一丈四尺

角門

宇牆

松柚

松樹

文殊菩薩殿一座三間內
明間面寬二丈二次間各
面寬一丈一尺進深一丈
九尺外前後廊各深六
尺簷柱高一丈三尺三寸

文殊菩薩殿

簷頭脫落

院當
南北十七丈九尺
東西四丈二尺

歡喜園

泊岸

泊岸高一丈

永安寺牌樓一座三
間明間面寬一丈三尺
二次間各面寬六
尺二寸進深二尺六寸

宇牆

坍塌木
植無存

南北
院當
二尺
四寸

面寬一丈二尺

院牆

松樹

宇牆

宇牆

八方碑亭

坍塌木
植無存

宇牆

踏跺

踏跺

洋式門

院牆

院牆

圖靈應現佛殿一座七間內明間面寬一丈七尺二尺四寸次閒各面寬一丈七尺二稍閒各面一丈五尺二近閒各面寬一丈三尺中進深一丈三尺前後各進深一丈三尺一寸柱高一丈三尺一寸

月台進深三丈六尺面寬十丈

角門

門罩

角門

院牆

宇牆

普賢菩薩殿一座三間內明間面寬二丈二次閒各面寬一丈一尺進深一丈九尺外前後廊各深六尺寧柱高一丈三尺二十

松樹

無量殿

聽法松

松樹

薝頭脫落

普賢菩薩殿

角門

泊岸

泊岸高一丈

佛殿

宇牆

山門

坍塌木植無存

南北院當二尺四寸

松樹

泊岸

南北四丈尺

坍塌木植無存

八方碑亭

宇牆

宇牆

院牆

絢眉坡

謹查靜宜園內圓靈應現殿宇房間圖樣（局部）

北

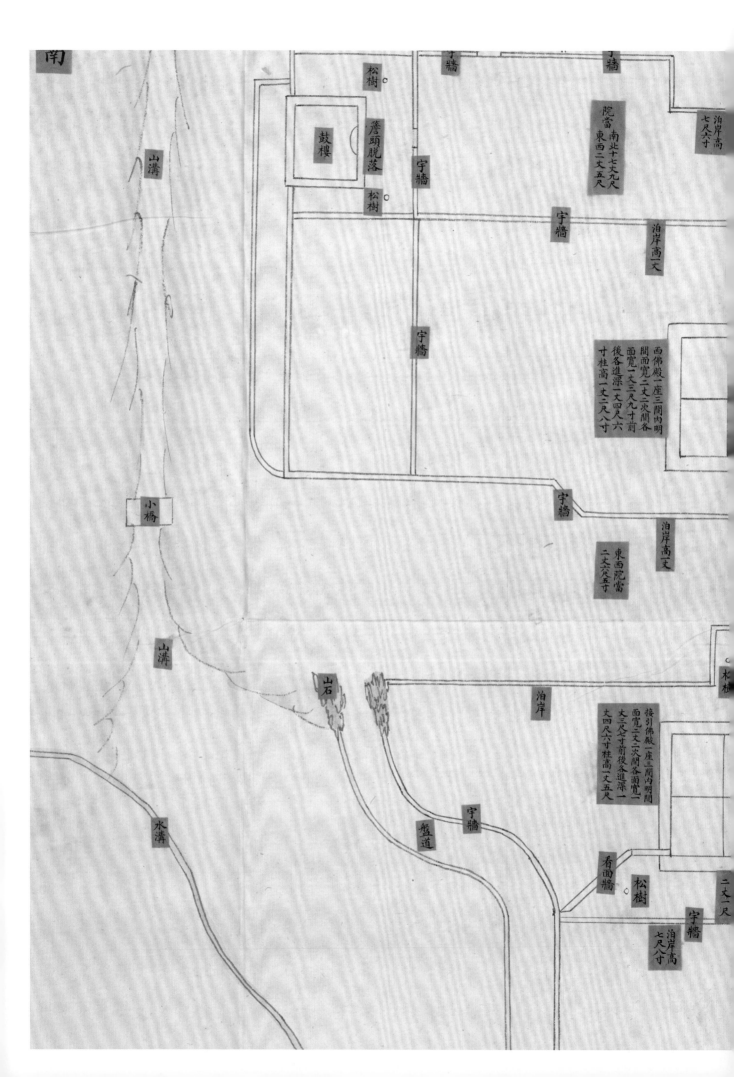

南

山溝

鼓樓

松樹

簷頭脫落

松樹

宇牆

院當 南北十七丈九尺 東西二丈五尺

宇牆

泊岸高 七尺六寸

泊岸高丈

宇牆

西佛殿一座三間內明 間面寬二丈二次間各 面寬一丈三尺九寸前 後各進深一丈四尺六 寸柱高一丈二尺八寸

小橋

宇牆

泊岸高丈

東西院當 二丈六尺五寸

山溝

山石

泊岸

松樹

接引佛殿一座三間內明間 面寬二丈二次間各面寬一 丈三尺八寸前後各進深一 丈四尺六寸柱高一丈五尺

盤道

宇牆

水溝

看面牆

松樹

宇牆

二丈一尺

泊岸高 七尺八寸

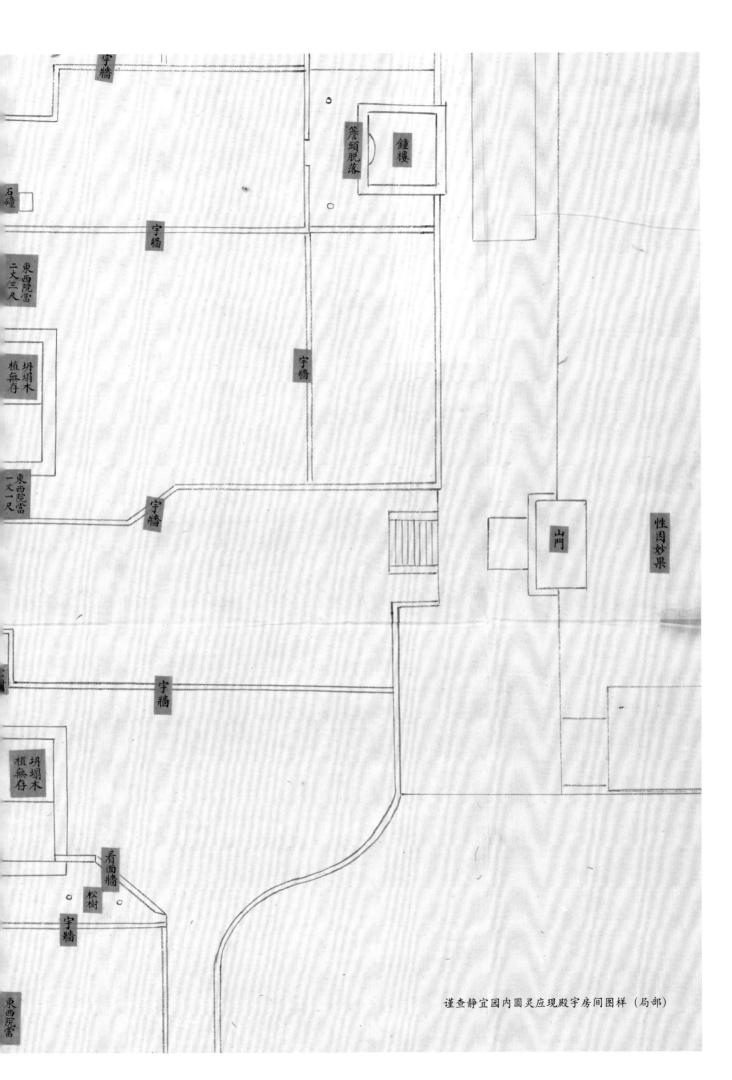

谨查静宜园内圆灵应现殿宇房间图样（局部）

泊岸高
七尺八寸

宇牆

宇牆

旗杆二座各台
基見方八尺七寸

旗杆

宇牆

水溝

知樂濠水池一座
通面寬五丈二尺進
深二丈一尺二寸

水池

謹查
靜宜園內圓靈應現殿宇房間圖樣

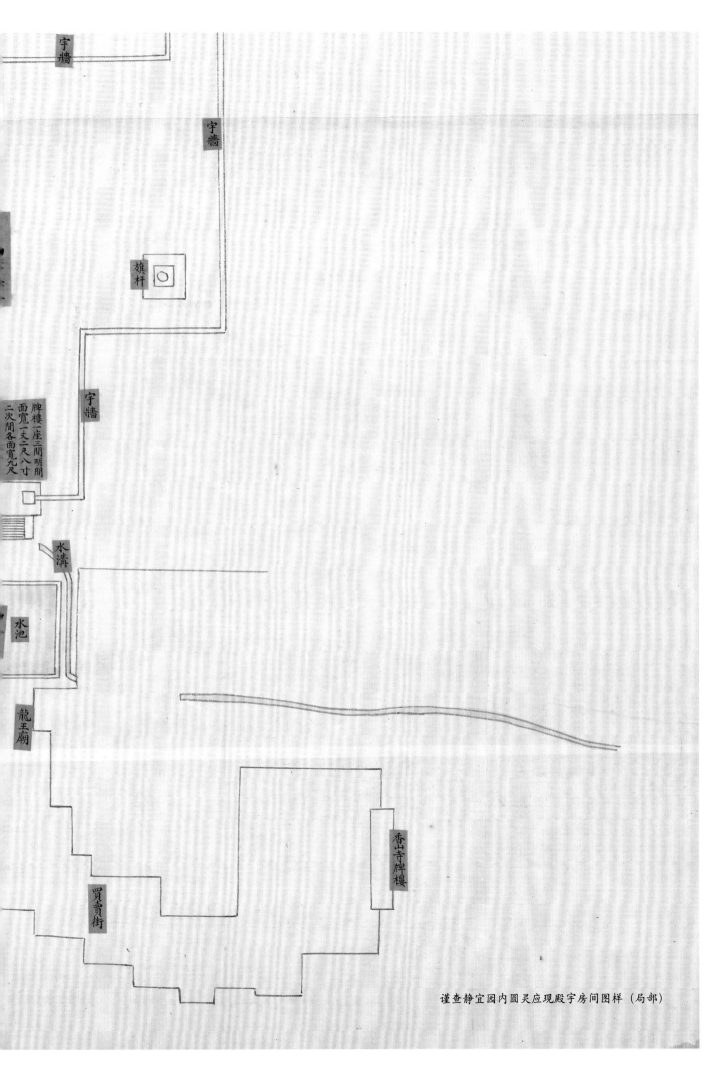

宇牆

宇牆

旗杆

牌樓一座三間明間
面寬一丈二尺八寸
二次間各面寬九尺

宇牆

水溝

水池

龍王廟

香山寺牌樓

買賣街

谨查静宜园内圆灵应现殿宇房间图样（局部）

# 圆明园

[芳碧丛保合太和地盘样]

该图档绘制了嘉庆八年（1803）圆明园芳碧丛保合太和前院中山石、花木的布置状况，是了解圆明园内庭院景观设计的重要资料。

图档的建筑和庭园布局用墨线绘制，山石用红线绘制，黄签标注有建筑、山石、花木、陈设名称，最右侧黄签标注"嘉庆八年二月初四日奏准"。芳碧丛殿北采用云步踏垛，有甬路连接保合太和，保合太和殿有前廊和东西侧廊。保合太和前院用黄签墨线标注，左侧为"鼎炉""梨树""石碣""石盆""铜瓶""凌霄花""松树""玉兰""山树"，右侧为"松树""鼎炉""玉兰""日晷""石盆""梨树""山（杉）树"。芳碧丛殿后陈设了石盆、山石、剑石，黄签墨线标注"拟安山石""拟安剑石"。

该图档与图档002-0014-02同为嘉庆八年（1803）二月改造圆明园保合太和前院花木布置图，绘制于嘉庆八年（1803）二月初四日。对于研究保合太和前院布置变化具有非常重要的参考价值。

图档中的六组山石均采用红线绘制。山石应该是本次"奏准"的改造重点，"奏准"计划于芳碧丛殿北安置山石和剑石。该图档与彩绘绢本四十景图相对比来看，院落小品和植物配置方面有如下调整：四十景图中未见甬路的铺装，山石只有二组，庭院东北角植一株玉兰，西北角植梨树、桃树，南侧植梨树、桃树、紫玉兰等。而嘉庆八年所绘的样式雷图档呈现了甬道，增加了山石和植物，并没有配置桃树。[1]

---

1 郭黛姮、贺艳.深藏记忆遗产中的圆明园——样式房图档研究（二）[M].上海：上海远东出版社，2016:41.

图号：002-0014-03
绘制年代：清嘉庆八年二月（1803年2月）
颜色：彩色
款式：墨线、红线，黄签
原图尺寸（cm）：25.0×22.5
图档类型：大类：地盘画样
　　　　　子类：规划图
所涉工程：保合太和前院花木布置工程
工程地点：保合太和

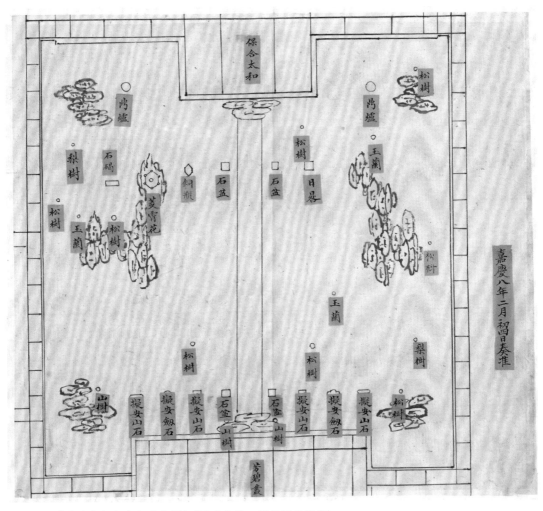

图2.3-5［芳碧丛保合太和地盘样］（图片来源：国家图书馆藏）

## 南路保合太和 [地盘样]

该图档绘制了保合太和建筑平面格局和前院中山石、花木的布置状况，是了解圆明园内庭院景观设计的重要资料。

图档以墨线绘制建筑和庭园布局，左上角墨线记录"保合太和南路"。黄签标注有建筑、山石、花木、陈设名称及方位，庭院中布置有"松树""丁香""玉兰""海棠""榆树""梨树""秋（楸）树""山（杉）树""鼎炉""日晷""石盆""石碣""铜瓶"。芳碧丛殿北采用云步踏垛，有甬路连接保合太和，保合太和有前廊和东西侧廊，甬道两侧有山石和剑石，黄签墨线标注"拟撤山石""拟撤剑石"。

该图档与图档002-0014-03同为嘉庆八年（1803）二月圆明园保合太和前院花木布置图。图档中保合太和前院部分丁香、山树、秋树、榆树用红线标注，应该是本次改造重点，计划撤去甬道两侧的山石和剑石。该图档与图档002-0014-03比较，还包含了保合太和及芳碧丛殿的完整平面，对于保合太和前院花木布置变更以及保合太和、芳碧丛殿的研究具有较高参考价值。

图号：002-0014-02
绘制年代：清嘉庆八年二月（1803年2月）
颜色：彩色
款式：墨线、红线，黄签
原图尺寸（cm）：37.3×25.2
图档类型：大类：地盘画样
　　　　　　子类：规划图
所涉工程：保合太和前院花木布置工程
工程地点：保合太和

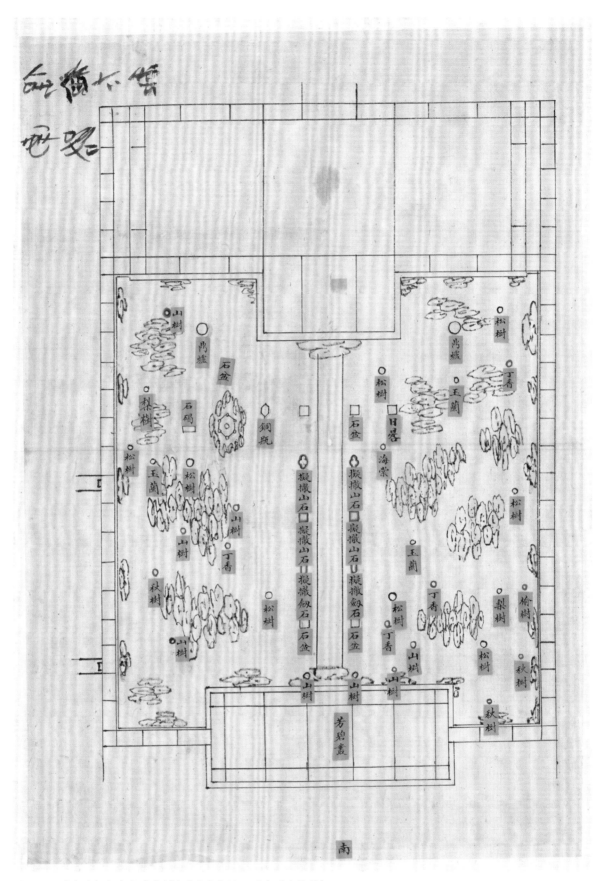

图 2.3-6 [南路保合太和地盘样]（图片来源：国家图书馆藏）

## 四、园路、桥涵

　　园路、桥涵，泛指中国古典园林中与通行相关，且具有实用功能又不失艺术性的道路、桥梁、铺地等，如纵横交错的网络或分隔或连通起整个皇家御苑。无论是山地型园林玉泉山静明园、香山静宜园，还是水域型园林颐和园、圆明园、畅春园，都需要路桥来联系交通，沟通理政与园居，贯通御苑组群的宏构气势。曲径通幽、芳草夹径、桥梁架构、铺地装饰等巧思合理的造园设计，组织路线安排，营造移步景致变幻、景意交融的意境美。开阔或收隐、豁然开朗时的舒放畅怀、前行疑无路时的别有洞天、登高望远时的天下在君怀、临岸赏花拂柳时的超然物外，通过组织有序的园路形成连续的画面，如行文有起承转合，园路、桥涵就是贯穿始终的主线。园林意境也因视觉随空间变化而动静和谐切换，可静观亦可心随景动，于不经意间诠释着"虽由人作，宛自天开"。

# 颐和园

## 宜芸馆［添修游廊门座图样］

该图档绘制了宜芸馆添修游廊、门座等工程，为平面图样。

图档绘制工整清晰，保存完好。其中黄签标注已有地物，红签标注新增地物，并用红线绘制新增地物。图档四边中间墨线记录"东""南""西""北"。图档绘制了宜芸馆正殿五间带后抱厦三间，左右有屏门，前连游廊。后院东边为大戏台院，左侧有廊十四间，廊北端有屏门，北起第三间标注"八尺二"，北起第四间标注"八尺三"。后院东侧为墙，墙偏南贴红签标注"光绪十九年七月二十四日奉懿旨东面进深随墙屏门往南挪加高大"。后院北部新增三间殿宇，面阔一丈，进深一丈四，台明高三尺；东边为北向带花窗的叠落游廊五间，与戏台院相连，左起第一间记录"各九尺二六"表示面宽，左起第二间记录"八尺"表示进深；西边有廊五间北面带花窗，右起第一间记录"进深八尺"，左起第二间墨线"八尺三二"。五间廊做左侧有一间记录"八尺见方"，此间左侧有红签标注"光绪十九年七月二十四日奉懿旨西抱厦撤去不用，改修山墙"。后院西侧添修围廊十三间，东向开花窗，同时与北侧廊相接，北起第三间与南起第三间均为屏门，北起第一间记录"七尺七五"，第二间记录"七尺七五"，第三间记录"九尺"。北屏门下贴红签"光绪十九年七月二十四日奉懿旨西面游廊改修中垂花门一座加高大"。围廊中部右侧贴红签标注"光绪十九年七月二十四日奉懿旨游廊东面后簷（檐）墙改修西面后簷（檐）"。宜芸馆与后院殿宇之间加甬路，东墙屏门与西游廊南屏门有甬路连接中甬路。

图号：392-0465

绘制年代：[清光绪十七年（1891）七月]

颜色：彩色

款式：墨线、红线，红签

原图尺寸（cm）：68.5×59.0

图档类型：大类：地盘画样

子类：规划图

所涉工程：宜芸馆后院添修游廊、门座等工程

工程地点：宜芸馆

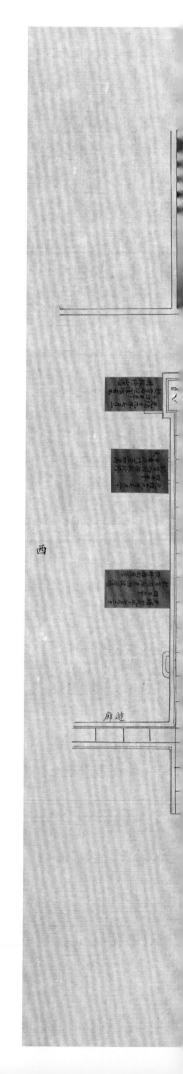

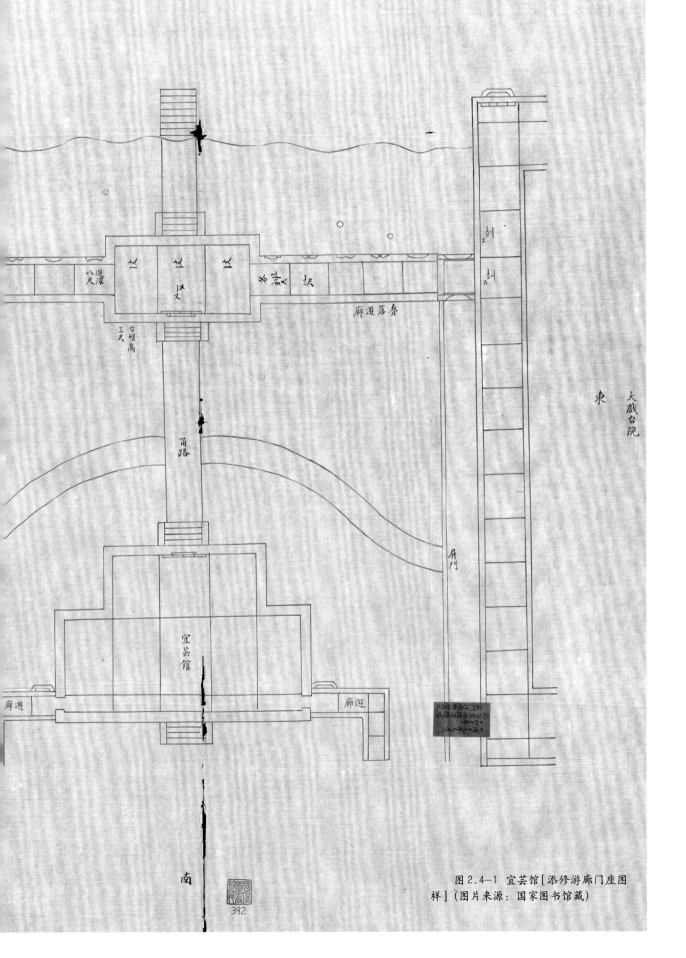

北

八尺　進深

丈　丈二　丈

台明高　三尺

廊遊落叠

甬路

屏門

東　大戲台院

廊遊　廊遊

宜芸館

北

南

图2.4-1　宜芸馆[添修游廊门座图样]（图片来源：国家图书馆藏）

## [ 颐和园内畅观堂添修泊岸宇墙改修山道图样 ]

该图档绘制了畅观堂添修泊岸宇墙改修山道图样。

图档绘制清晰，色彩鲜艳，反映的内容十分丰富，用大量红黄签标注了各处泊岸、宇墙、山道尺寸和做法等。黄签标注"原估正殿后簷（檐）曲折盘道二段凑长十六丈，正殿后簷（檐）两山原估包砌山脚添堆山石二段各长二丈二尺均高一丈厚五尺"。红签标注"三转山道踏跺跴青砂石以上平台方砖成做，三转盘道均凑长十一丈均宽六尺，三面周围包砌山脚添堆点景山石除盘道口分位山下脚凑长四十九丈五尺上山口凑长四十丈五尺山均高二丈五尺"。

畅观堂东西两侧：黄签标注"谨拟原估点景山石撤去"。畅观堂后身西侧：红签标注"台明至泊岸一丈三尺"，后身东侧：红签标注"台明至泊岸一丈五尺"，东侧：红签标注"台明至泊岸三丈九尺""添修花砖宇墙除盘道口分位凑长三十六丈九尺高二尺五寸宇墙内周围院当添修城砖海墁并押面等石"，花砖宇墙东段：红签标注"跨空八尺"，西段：红签标注"跨空九尺"。

黄签标注"东配殿南山后簷（檐）原估叠落盘道一段长六尺，原估包砌山脚添堆山石一段长八丈均高七尺厚五尺，东配殿后簷（檐）原估包砌山石一段长六丈均高一丈一尺厚四尺"。红签标注"曲折盘道长八丈宽六尺，添建净房一座二间各面宽八尺进深八尺柱高七尺五寸，月台一段长七丈五尺宽四丈内除原估房屋地基月台前墙垫，值房后簷（檐）包砌山脚点景山石凑长十四丈五尺山均高二丈，台明至泊岸一丈四尺，添修宇墙除踏跺口分凑长十五丈八尺五寸，面宽泊岸一段长十六丈五寸露明台帮虎皮石埋头押面踏跺仍用青砂石进深墙垫接幔甬路海墁"。

黄签标注"原估西配殿迤（以）北叠落盘道一段长五丈五尺，值房后簷（檐）原估包砌山脚添堆山石一段长四丈五尺均高八尺厚五尺，原估面宽泊岸一段长十三丈七尺二寸露明高五尺宽二尺下埋深二尺安砌青砂石埋头押面踏跺等石虎皮石台帮成做"。红签标注"曲折盘道长六丈五尺宽六尺，台明至泊岸八尺，添修丹陛一座长四尺八寸宽八尺九寸"。

图号：333-0076

绘制年代：[ 清光绪二十一年至二十三年（1895—1897）]

颜色：彩色

款式：墨线淡彩，红签、黄签

原图尺寸（cm）：137.2×76.5

图档类型：大类：地盘画样

　　　　　　子类：规划图

所涉工程：颐和园畅观堂添修泊岸、宇墙，改修山道工程

工程地点：颐和园畅观堂

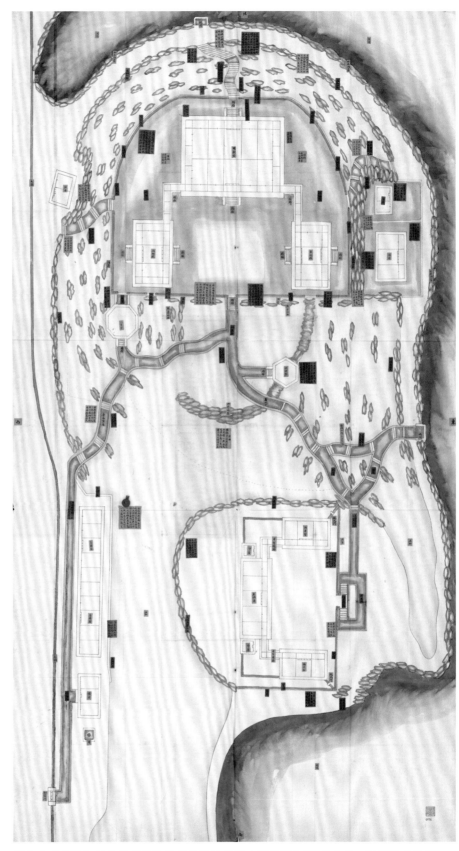

图 2.4-2 [颐和园内畅观堂添修泊岸宇墙改修山道图样]（图片来源：国家图书馆藏）

红签标注"六方亭一座台明高二尺二寸今改与迤（以）北泊岸平亭座除台明高二尺二寸下周围墙垫高二尺八寸筑打灰土摆安山石，甬路凑长十三丈五尺宽六尺"。黄签标注"原估畅观堂前点景山石影壁一座长九丈中峰高一丈均厚一丈下埋深二尺，原估山道长二十一丈""原估叠落山道一段长十四丈中心安砌青砂石每路宽五尺"。红签标注"山道凑长三十一丈宽六尺""山道凑长十八丈宽六尺"。

　　南北资源库：黄签标注"原估泊岸一段长十一丈虎皮石台帮成做"。红签标注"泊岸一段台帮添修福式踏跺一座添安宇墙凑长十四丈，甬路凑长十丈宽六尺""添堆抱角点景山石，泊岸一段长七丈台帮现拟虎皮石添修宇墙凑长七丈""包砌云片石山脚围长二十三丈五尺均高六尺随式起刨山脚均宽八尺高六尺"。

　　膳房：黄签标注"原估刨起山脚长十二丈均宽二丈二尺折高八尺所刨之土往上培堆山峰每高一尺行砣一次包砌虎皮石山脚一段折长十四丈埋深一尺露明均高一丈""添修砖甬路一段长二十八丈宽六尺，现查包砌山脚长十六丈八尺均高一丈三尺"。


　　图档333-0076 颐和园内畅观堂添修泊岸宇墙改修山道图样是畅观堂添修净房泊岸宇墙改修山道方案之一，详细绘制了各处泊岸宇墙的位置和具体尺寸以及添修的净房值房，与图档343-0660颐和园内畅观堂添修泊岸宇墙改修山道图样相似。

[颐和园内畅观堂添修泊岸宇墙改修山道图样]（局部）

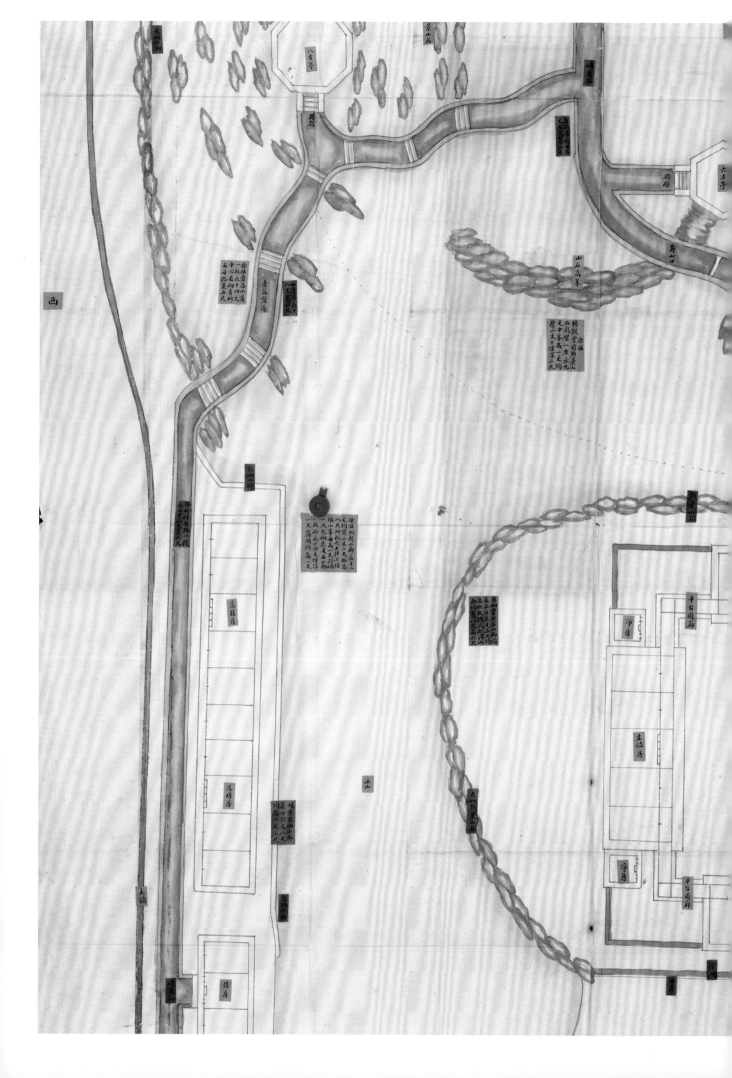

西

八方亭

六方亭

踏跺

踏跺

踏跺

山石高峯

青石蹬道

八方亭

山石高峯

山石高峯

主住房

淨房

淨房

平台遊廊

平台遊廊

馬號房

老號房

番房

大牆

土山

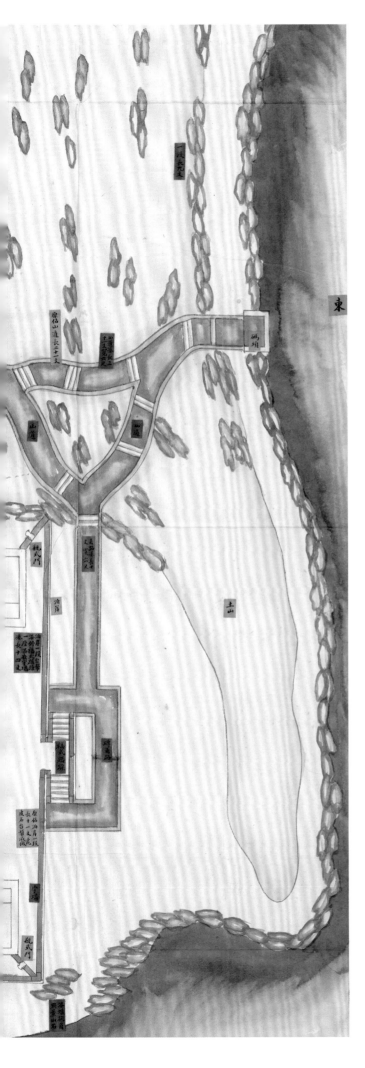

[颐和园内畅观堂添
修泊岸宇墙改修山道图样]
（局部）

[颐和园东宫门外牌楼东至娘娘庙翻修石路样]

该图档绘制了颐和园东宫门外牌楼东至娘娘庙翻修石路图样。

图档绘制基本工整，色彩鲜艳，用墨线绘制了建筑及地形轮廓，黄签标注建筑名称及尺寸。黄签标注"宫门""南北朝房""大影壁""石桥""牌楼""官厅""养花门""车库栅栏门""马厂东西门""娘娘庙""一小堂""药铺"等名称。黄签标注尺寸"由桥往西长九丈五尺""往西至桥长十五丈五尺""南北通长三十七丈四尺""由牌楼往西长二十六丈二尺""由养花门往南至石道长七丈四尺""由栅栏门往南至石道长八丈一尺"。

图档337-0136 颐和园东宫门外牌楼东至娘娘庙翻修石路样包含的内容十分丰富，既反映了东宫门至马厂之间的路桥情形，又展现了东宫门外的建筑形制和布局。图中东宫门罩门两侧是游廊相连的设计，结合实际情况可知该方案未实施。

随着康雍乾三朝对西郊园林的开发，西直门至圆明园、畅春园之间的石路相继铺设，但清漪园与圆明园因马厂之隔而未铺设石路，并一直延续到光绪十九年（1893）。颐和园东宫门至西直门的石路作为万寿庆典太后金辇行经的御路，经样式房的设计和相关承修、督修人员的勘估后，已有石路修补和东宫门至圆明园以西马厂东门石路的接修工程于光绪十九年（1893）六月开工。此工程于光绪二十年（1894）六月告竣。

根据工程进展，结合档案推测该图样的绘制时间为光绪十八年（1892）年底或十九年（1893）年初。

图号：337-0136
绘制年代：[清光绪十八年（1892）年底或光绪十九年（1893）年初]
颜色：彩色
款式：墨线淡彩，黄签
原图尺寸（cm）：62.5×44.2
图档类型：大类：地盘画样
　　　　　　子类：规划图
所涉工程：颐和园东宫门外牌楼东至娘娘庙翻修石路工程
工程地点：颐和园东宫门外

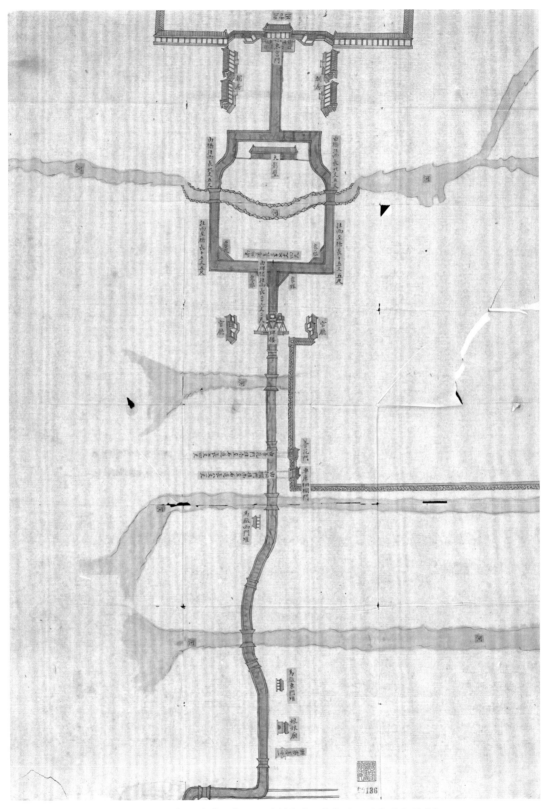

图 2.4-3 [颐和园东宫门外牌楼东至娘娘庙翻修石路样]（图片来源：国家图书馆藏）

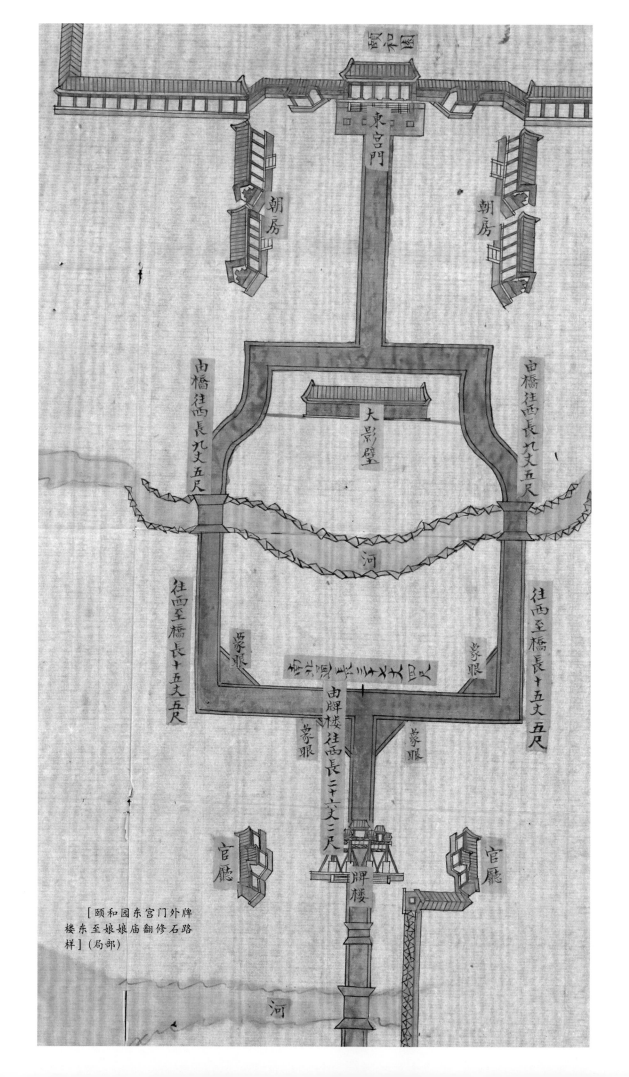

颐和园

东宫门

朝房　　　　　　　　　朝房

由桥往西长九丈五尺　　　　由桥往西长九丈五尺

大影壁

河

往西至桥长十五丈五尺　　　　往西至桥长十五丈五尺

蒙眼　　　　　　　　　蒙眼

由牌楼往西长二十六丈二尺

蒙眼　　　　　　　　　蒙眼

官厅　　　　　　　　　官厅

牌楼

河

［颐和园东宫门外牌
楼东至娘娘庙翻修石路
样］（局部）

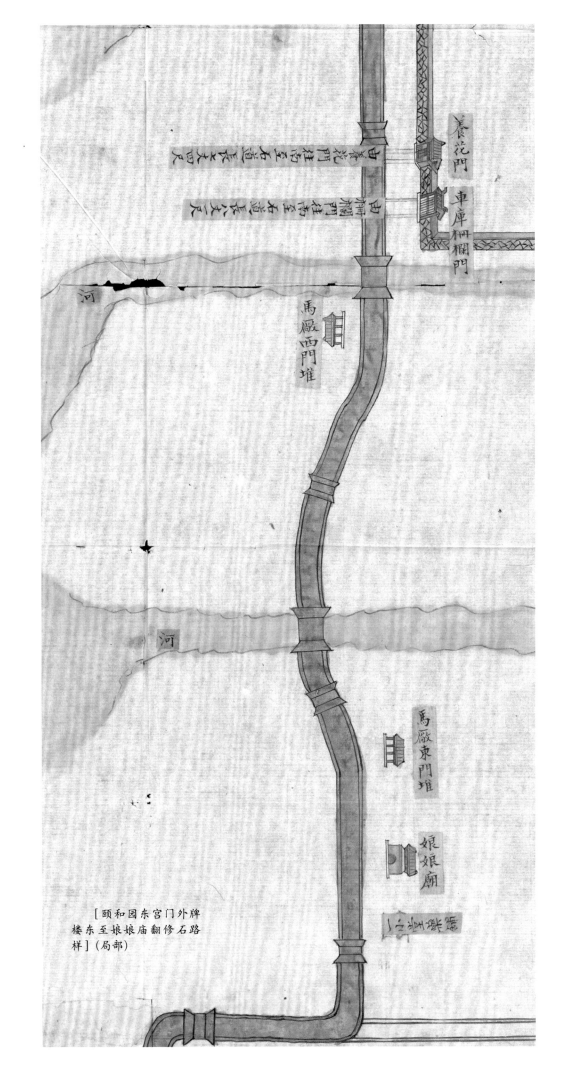

養花門

車庫柵欄門

由養花門往 □ □ □ □ □ □ □

由車庫門往 □ □ □ □ □ □ □

河

馬厩西門堆

河

馬厩東門堆

娘娘廟

[颐和园东宫门外牌
楼东至娘娘庙翻修石路
样] (局部)

# 圆明园

## 绮春园宫门内一孔石券桥 [平样]

该图档绘制了绮春园宫门内一孔石券桥的平面设计。

图档以墨线记录石桥各部分尺寸，分别为"地伏至地伏里口宽一丈三尺""一孔石券桥一座，外口通面宽二丈四尺六寸，如意石至如意石通进深二丈五尺六分"。图档右侧以墨线记录文字"绮春园宫门内一孔石券桥"，与图样名称相符。

咸丰十年（1860），绮春园毁于英法联军的劫火，仅宫门区建筑及其他少量建筑幸存。同治十二年（1873），绮春园改名万春园。

该图档尺寸较为详细，由于咸丰十年绮春园被英法联军所毁，关于绮春园内部建筑如今仅能通过图档了解，因此该图档对于此类研究具有重要意义。

图号：088-0018
绘制年代：[不详]
颜色：黑白
款式：墨线
原图尺寸（cm）：29.7×26.3
图档类型：大类：地盘画样
　　　　　子类：单体建筑设计图
所涉工程：绮春园宫门内一孔石券桥设计
工程地点：绮春园大宫门

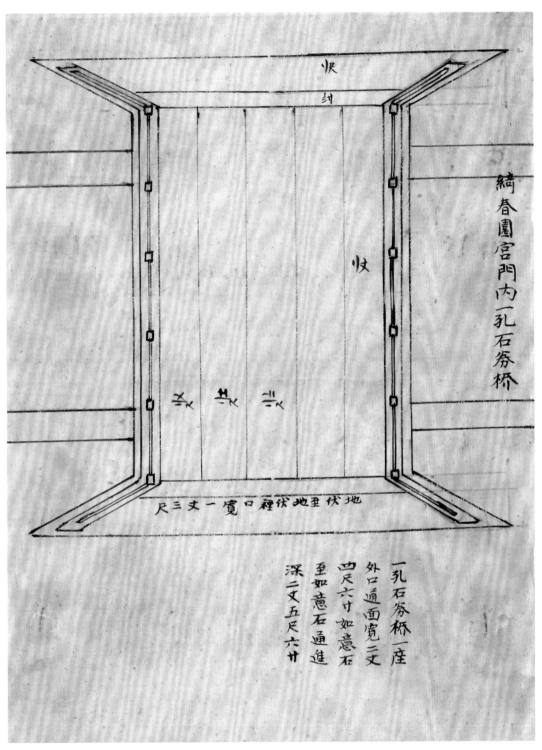

图2.4—4 绮春园宫门内一孔石券桥［平样］（图片来源：国家图书馆藏）

## 四宜书屋券桥画样

该图档绘制了绮春园四宜书屋券桥的设计平面及立面。

图档以墨线绘制，有黄签十四个，立样图上黄签墨线从右至左记录了"高一尺""高四尺""水上皮至泊岸上皮高四尺""三伏三券高二尺六寸""金门面宽一丈中高一丈二尺""椿板""押面石厚四寸""自椿板上皮至桥面上皮通高一丈五尺""大料石三层"。平样图上黄签墨线从右至左记录了"云步石长五尺""桥身长二丈四尺五寸每丈合溜一尺六寸共下溜三尺三寸二分""石桥一座面宽一丈二尺七寸通长八丈一尺""雁翅身长一丈六尺每丈合溜一尺八寸下溜二尺八寸八分"。桥下方三层为大料石，淡蓝色绘制拱圈、侧面桥身和桥头两端的云步石。

该图档详细记录了四宜书屋前券桥的设计，对于相关研究具有非常重要的参考价值。由于绮春园于咸丰十年（1860）被英法联军劫火所毁，四宜书屋仅存遗迹。

图号：044-0002
绘制年代：[不详]
颜色：彩色
款式：墨线淡彩，黄签
原图尺寸（cm）：65.3×26.3
图档类型：大类：地盘画样
　　　　　　子类：建筑设计图
所涉工程：四宜书屋券桥设计
工程地点：四宜书屋券桥

图 2.4-5 四宜书屋券桥画样（图片来源：国家图书馆藏）

## 五、叠石、陈设

　　叠石、陈设是园林小品中的重要组成部分，具体如：以石堆叠成山、成峰，或是以一石独立作为园林景观的叠石，被广泛运用于造园设计中，属于点缀性景观。自汉武帝时期，中国古典园林就已出现园林小品，如石龟、石鱼、石牛、承露盘铜仙人等，其材质以石质、铜质为多，具备实用功能与装饰功能。皇家园林中常见吉祥寓意的瑞兽和祭祖礼佛的铜质小品，如铜龙、铜凤、铜鹿、石狮子、铜香炉等。颐和园点景山石、圆明园宫门口铜狮子、方壶胜境铜龙铜凤，点缀于山水相拥、排列有序的殿宇和组合繁复的亭台楼阁轩榭之中，既可以独立成景，又融糅其他造园要素，与周围环境和谐共生，可谓皇家园林匠心匠艺的点睛之笔。

# 颐和园

[画中游添修点景山石并改修踏跺准底]

该图档绘制了画中游添修点景山石并改修踏跺的准底图。

图档中，红线绘制添加的荷叶沟、山路、山石等的位置。黄签从左至右分别标注"大八方亭""小八方亭""扒山游廊""山石""借秋楼""爱山楼""画中游""值房""树""罩门""垂花门""宇墙""贵寿无极""听鹂馆""共一楼""湖山真意""角门""智慧海""东""南""西""北"等。红签从右往左标注"踏跺十五级每级高五寸，每级进深八寸，通进深一丈二尺，通高七尺五寸，面宽八尺""踏跺十九级每级高五寸，每级进深八寸，通进深一丈五尺二寸，通高九尺五寸面宽八尺""踏跺""宇墙""山石泊岸""如意踏跺""后山甬路"等。北侧红线显示添加山石，红签从右往左，由上至下标注"点景山石宽八尺长一丈高七尺""点景山石宽一丈长二丈高九尺""点景山石宽八尺长一丈高七尺""点景山石宽一丈长一丈八尺高一丈""点景山石宽一丈五尺长三丈高一丈一尺""点景山石宽一丈长一丈八尺高一丈""点景山石宽八尺长一丈高七尺""点景山石宽一丈长二丈高九尺""点景山石宽一丈五尺长三丈高一丈一尺""点景山石宽一丈长二丈高九尺""点景山石宽一丈长一丈三尺高一丈""点景山石宽一丈长二丈高九尺""点景山石宽一丈长一丈八尺高一丈""点景山石宽一丈长一丈三尺高一丈""点景山石宽一丈五尺长三丈高一丈一尺""点景山石宽八尺长一丈高七尺""点景山石宽一丈长一丈八尺高一丈""点景山石宽一丈长二丈高九尺""点景山石宽八尺长一丈高七尺""点景山石宽一丈长二丈高九尺""山路""荷叶沟"等。

画中游位于听鹂馆北面，西向遥对着宝云阁。画中游建筑群共有四座主要建筑物，最南端的二层亭式敞阁名澄辉阁，是整个建筑群的主体，建筑坐北朝南，造型为平面八方阁形式，重檐八脊攒尖顶。澄辉阁东西两面依山建有二座二层的楼阁，东为爱山楼、西为借秋楼，均坐北朝南，两座楼大小、形制皆同，均面阔三间，柱高2.98米，硬山顶，前后有廊。画中游面阔三间，坐北朝南，歇山顶，建筑面积97.7平方米，西接耳房二间，画中游东、西各有十八间爬山廊，东连接爱山楼，西接借秋楼。画中游后院东墙上有一座垂花门。

该图档为画中游建筑群落中需添修点景山石、改修踏跺等的准底，红线表示添加的荷叶沟、山路、山石等的位置，红签标注添加设施的具体尺寸。

图号：342-0525
绘制年代：[清光绪二十年（1894）三月二十四日]
颜色：彩色
款式：墨线、红线淡彩，红签、黄签
原图尺寸（cm）：83.9×68.6
图档类型：大类：地盘画样
　　　　　　子类：装修陈设图
所涉工程：画中游添改修工程
工程地点：画中游

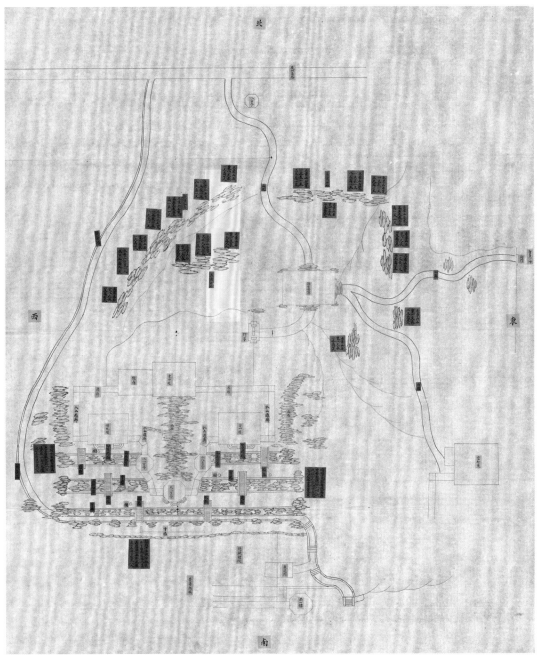

图 2.5-1 [画中游添修点景山石并改修踏跺准底]（图片来源：国家图书馆藏）

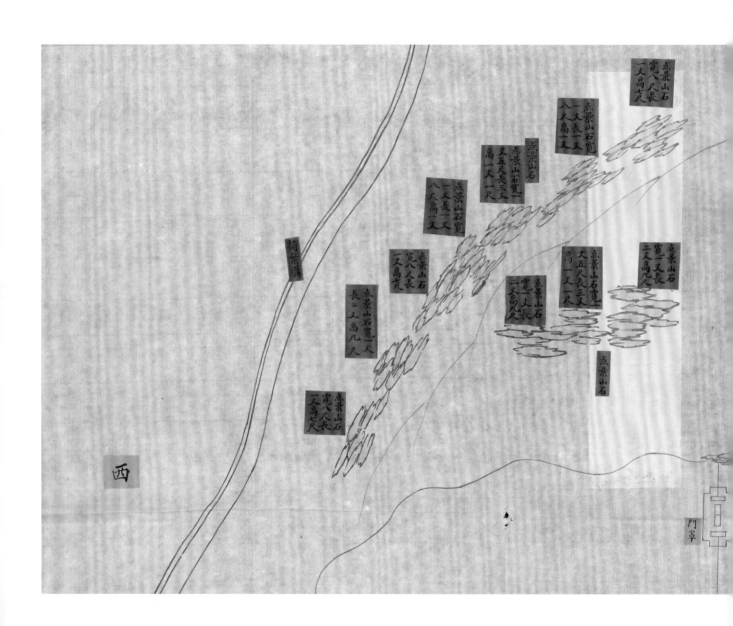

西

点景山石
宽八尺长
一丈高七尺

点景山石宽
一丈长一丈
八尺高一丈

点景山石
宽一丈
长五尺高
一丈一尺

点景山石宽
一丈长一丈
八尺高一丈

点景山石
宽八尺长
一丈高七尺

点景山石宽一丈
长二丈高九尺

点景山石
宽八尺长
一丈高七尺

点景山石宽
一丈长二
丈高九尺

点景山石宽一丈
五尺长二丈
高一丈一尺

点景山石
宽一丈长
二丈高九尺

点景山石宽一丈
长二丈高九尺

点景山石

门亭

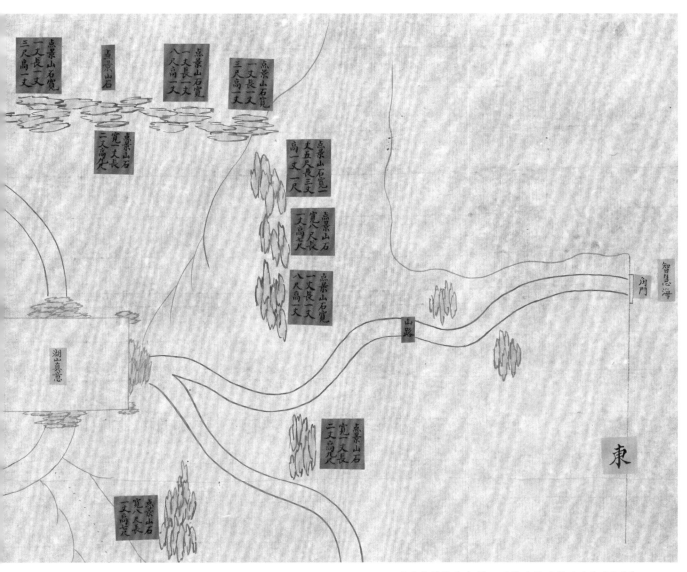

点景山石宽
一丈长一丈
三尺高一丈

点景山石

点景山石宽
一丈长一丈
八尺高一丈

点景山石宽
一丈长一丈
三尺高一丈

点景山石
宽一丈长
二丈高尺

点景山石宽一
丈五尺长三丈
高一丈一尺

点景山石
宽八尺长
二丈高尺

点景山石宽
一丈长一丈
八尺高一丈

山路

智慧海

向门

东

湖山真意

点景山石
宽一丈长
二丈高尺

点景山石
宽八尺长
一丈高尺

[画中游添修点景山石并改修踏跺准底] (局部)

313

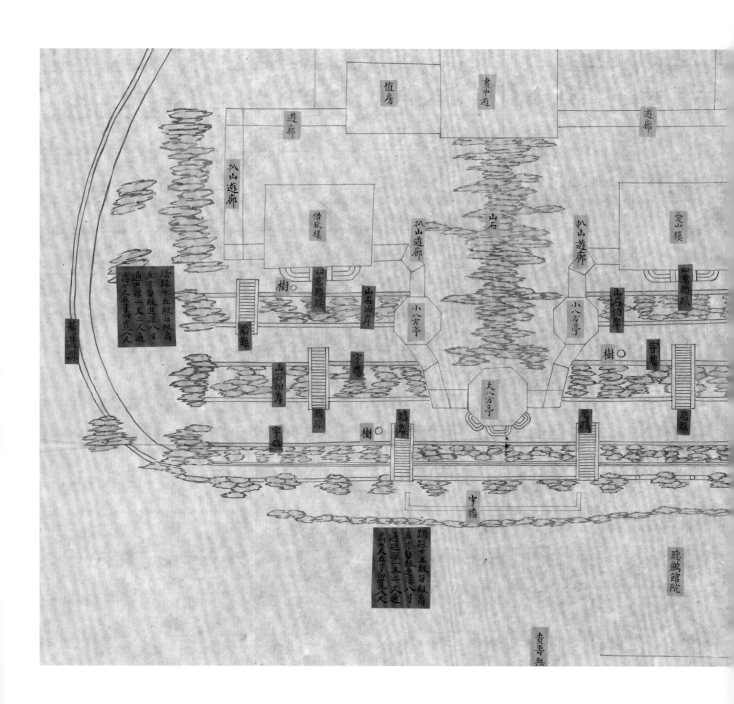

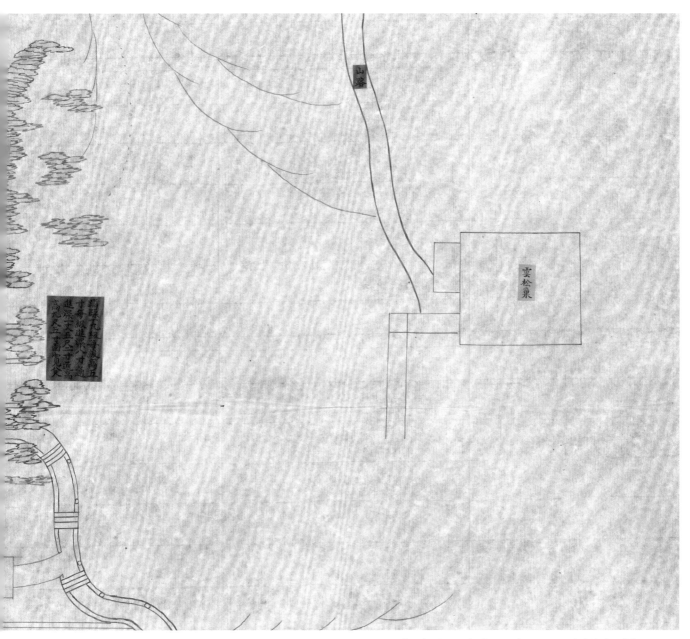

［画中游添修点景山石并改修踏跺准底］（局部）

## [颐和园澹宁堂添修临河房添堆山石等地盘样]

该图档绘制了澹静堂添修临河房添堆山石等地盘样。

图档色彩鲜明，字迹清晰。河池偏绿，原有山石填蓝色，新添堆山石以红色图案标注。图档中，黄签标注了泊岸、山洞和树木的位置，红签标注了建筑名称及添堆的山石。红线绘制了建筑与卡墙，建筑包括临河房三开间前后廊，两侧各有三开间顺山房一座。图档中红签标注"临河房一座三间内明间面（面）宽一丈一尺，二次间各面（面）宽一丈，进深一丈四尺，外前后廊各深四尺，簷（檐）柱高一丈，随顺山房六间各面（面）宽一丈，进深一丈二尺，柱高八尺。"

图号：392-0513

绘制年代：[不详]

颜色：彩色

款式：墨线、红线淡彩，红签、黄签

原图尺寸（cm）：39.3×30.5

图档类型：大类：地盘画样

子类：规划图

所涉工程：颐和园澹宁堂添修临河房、添堆山石工程

工程地点：颐和园澹宁堂

泊岸　　　　　　　　泊岸　　山洞

順山房　　　臨河房　　　順山房　　卡墙

添堆山石

松樹　　　　　　　松樹

臨河房一座三間內明間
面寬一丈一尺二次間各面
寬一丈進深一丈四尺外前
後廊各深四尺簷柱高一
丈隨順山房六間各面寬一
丈進深一丈二尺柱高八尺

松樹

松樹　　　松樹

添堆山石

392

图 2.5-2 [颐和园澹宁堂添修临河房添堆山石等地盘样]（图片来源：国家图书馆藏）

# 圆明园

## 万春园宫门口古铜狮子［立］式样

该图档绘制了万春园宫门口古铜狮子式样，主题为"狮子踩绣球"。

图档中部及四角有不同程度残损，中部断裂，残损较为严重，须弥座及狮身部分有缺失。狮子造型下方为方形须弥座，雕刻云纹、莲瓣纹、如意纹、钱币纹等吉祥纹饰。图档右上方墨字记录"万春园宫门口铜狮子式样"。

在中国传统雕刻艺术中，同一时期的狮子造型可以区分出公、母，一般是公狮子踩绣球，而母狮子抚幼狮，因此该图档所绘铜狮子可以推测为公狮的造型。根据图档右上方文字记载，可知该铜狮子连同底座陈列在万春园宫门口，此举有为万春园添加祥瑞之气的寓意。

因此本图样"万春园宫门口古铜狮子式样"可以印证此图为万春园时期所绘，不应早于同治十二年（1873）。光绪二十六年（1900）八国联军侵华，此地彻底毁于战火，因此该图样不会晚于光绪二十六年（1900）。由此有专家推测本图样绘制年代为清同治十二年至光绪二十六年（1873-1900）。

图档虽有部分残损，但铜狮子头部、颈部配饰、爪部等仍清晰可见，其下须弥座及装饰纹样等也绘制详尽，对于铜狮造型及纹样方面的研究仍具有较高的参考价值。

图号：328-0286
绘制年代：[清同治十二年至光绪二十六年（1873-1900）]
颜色：黑白
款式：墨线
原图尺寸（cm）：26.0×19.0
图档类型：大类：立样
　　　　　　子类：陈设图
所涉工程：万春园宫门口古铜狮子陈设
工程地点：万春园大宫门

图 2.5-3 万春园宫门口古铜狮子［立］式样（图片来源：国家图书馆藏）

[方壶胜境铜龙立样准底]

该图档绘制了方壶胜境景区中铜龙立样准底及其下须弥座立样。

图档以墨线绘制了方壶胜境景区宜春殿至迎薰亭台基下陈设立样，黄色淡彩绘铜龙立样准底。铜龙下须弥座上枋、下枋饰卷草文，上枭、下枭饰火焰纹，束腰饰花卉和绦环纹，通体中部由上至下绘有倒三角形装饰，三角形以雷纹勾边，几何花瓣纹填充，圭角饰如意纹。黄签标注"铜龙高二尺五寸，长四尺五寸""通高四尺八寸""石座宽二尺六寸，高二尺二寸五分，长五尺五分"。

"方壶胜境"是圆明园四十景之一，占地面积约为两万平方米。建成于乾隆三年（1738），位于福海东北岸湾内，四宜书屋之东，涵虚朗鉴之北。此景前部的三座重檐大亭，呈"山"字形伸入湖中，中后部的九座楼阁中供奉着两千多尊佛像、三十余座佛塔，建筑宏伟辉煌，是一处仙山琼阁般著名景观。主题阁楼实为一座寺庙建筑。整个建筑群的平面与立面均采用严格的对称布局，由一个中轴线连着南北两个群组。在方壶胜境以西还有一组充满意境的景区——三潭印月，该景区是圆明园仿建的西湖十景之一。

该图档铜龙绘制精细，龙鳞龙头等栩栩如生，须弥座虽只绘制了一个面，但其雕刻、装饰及纹样绘制详细，对研究具有较高的参考价值。

图号：007-0006-11

绘制年代：[不详]

颜色：彩色

款式：墨线淡彩，黄签

原图尺寸（cm）：20.0×18.6

图档类型：大类：立样

　　　　　　子类：陈设图

所涉工程：方壶胜境景区规划

工程地点：方壶胜境

图2.5-4［方壶胜境铜龙立样准底］（图片来源：国家图书馆藏）

## 采芝径吕祖神龛立样

该图档绘制了采芝径吕祖神龛的立面设计。

图档用墨线绘制了整个神龛的立面，并墨线记录了各部分构件及尺寸，由上至下为"空当高六寸""照壁露明高一尺四寸""毗卢帽高一尺""神龛高六尺八寸宽六尺""童子身坐莲高三尺""吕祖法身高三尺七寸""童子坐莲高三尺""照壁高一丈八寸宽一丈四寸""柳仙身高二尺七寸""木座高八寸""砖高二尺六寸""仙鹤至头高二尺二尺""两边空当各宽一尺四寸"。并附有一张贴样。图档绘制精美纹样丰富，上部为回字纹、云纹祥龙，下部须弥座绘有莲瓣、如意纹饰。

该图档绘制精美，纹样丰富，对陈设研究具有参考意义。

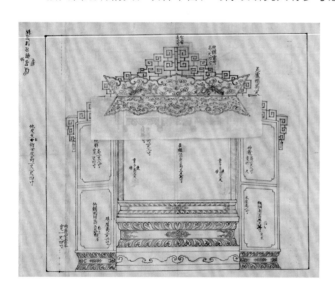

图号：029-0009-02

绘制年代：[不详]

颜色：黑白

款式：墨线

原图尺寸（cm）：41.6×36.0

图档类型：大类：立样

子类：陈设图

所涉工程：采芝径吕祖神龛设计

工程地点：廓然大公

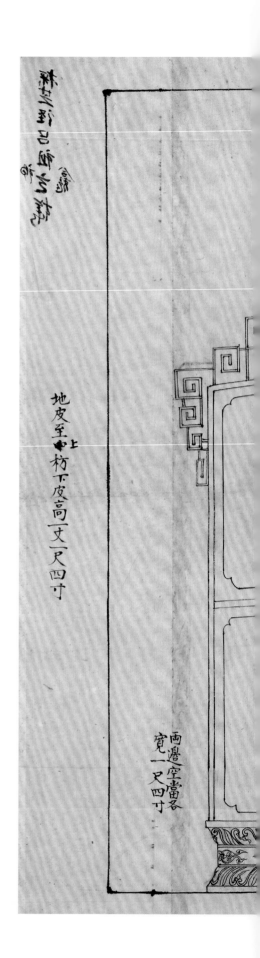

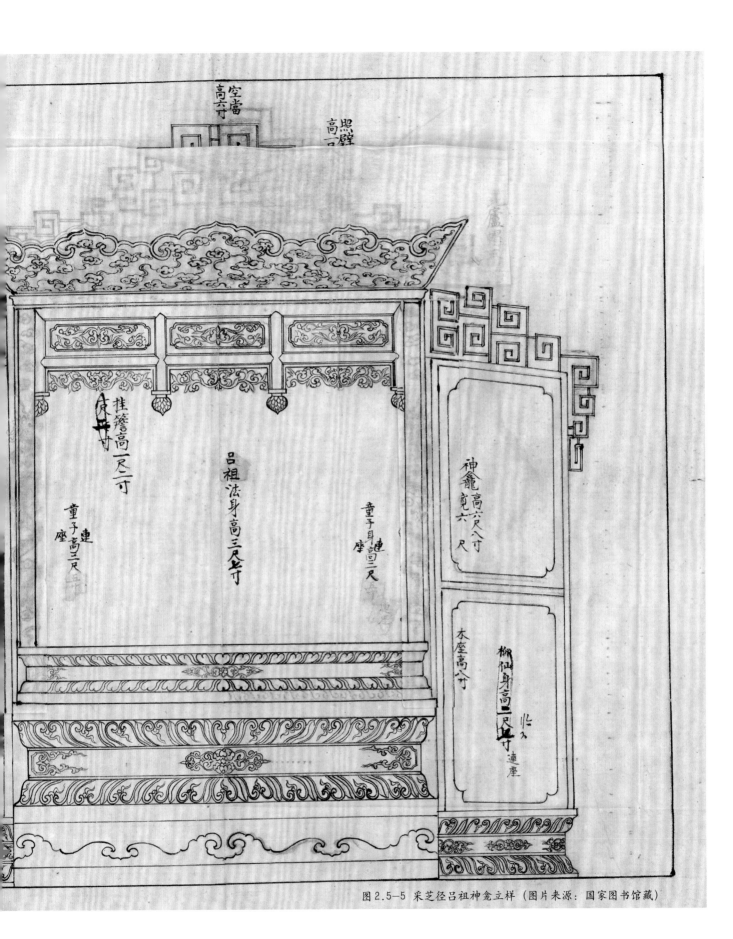

图2.5-5 采芝径吕祖神龛立样（图片来源：国家图书馆藏）

## 安佑宫［地盘］准底

该图档绘制了安佑宫总体布局规划设计。

图档绘制范围从北至南依次为安佑宫、碑亭、燎炉、东西朝房、安佑门、左右井亭、白玉石桥三座、东西朝房、三座单牌坊、环绕建筑群的河道、石桥三座、低坡土山、三开间牌坊一座、牌坊四方华表各一座。

《钦定日下旧闻考》记载了安佑宫匾额所在位置和总体布局："鸿慈永祜，安佑宫前琉璃坊座南面额也，三楹南向，为安佑门。门前白玉石桥三座，左右井亭各一，朝房各五楹。门内崇檐正殿九楹，为安佑宫，碑亭各一，燎亭各一 …… 鸿慈永祜 …… 坊北面额曰燕翼长诒，鸿慈永祜之前三坊，南曰羹墙忾幕、曰云日瞻依，东曰勋华式焕、曰谟烈重光，西曰德配清宁、曰功隆作述。"

图档与上述建筑布局一一对应，除此之外还绘出了安佑宫琉璃牌坊以南的建置，比《钦定日下旧闻考》表述的更加完整，与四十景图所绘完全相同。鸿慈永祜在圆明园发展过程中建筑平面没有变化。

在同治重修《工程做法册》中所记安佑门等建筑信息对了解图中建筑具有参考价值，现摘抄如下：

"安佑宫宫门一座五间补盖；内明次三间各面阔一丈三尺五寸，二尽间隔面阔一丈一尺，进深二丈六尺，檐柱高一丈二尺，径一尺二寸，中柱径一尺五寸，檐端重昂，斗口二寸二分，其檩歇山顶 …… 台基面阔七丈八尺二寸，进深四丈一尺七寸，高四尺。

东西朝房二座，每座五间，内明间面阔一丈二尺，四次、尽间各面阔一丈一尺，进深一丈五尺五寸，外前廊深四尺，檐端一斗二升麻叶，斗口二寸，其檩前落金挑山顶。"

该图档的年代虽未注明，但其对认识这组建筑群的布局状况很有意义。特别是安佑门之前的前导空间，牌坊、华表与河道、土山之间的层次关系更具特色，在重垣以南先是三座单牌坊紧凑地布置在一起，其前为环绕建筑群的河道，再前以低坡土山围合的小空间内再置一座三开间牌坊。此牌坊前后四角立四座华表，从图上看这四座华表所占有的空间宽度、进深与九开间的安佑宫大殿几乎相同，似乎是虚置大殿，给人几分肃穆之感，但与安佑宫围墙以内的氛围不同。这成为从山水环境到庄严的建筑群之间的过渡空间，通过土山、华表、牌坊的安排，使其与周围环境相得益彰。

图号：035-0001
绘制年代：［不详］
款式 / 颜色：黑白
款式：墨线
原图尺寸（cm）：116.0×71.0
图档类型：大类：地盘画样
　　　　　　子类：规划图
所涉工程：安佑宫规划设计
工程地点：安佑宫

图 2.5-6 安佑宫[地盘]准底（图片来源：国家图书馆藏）

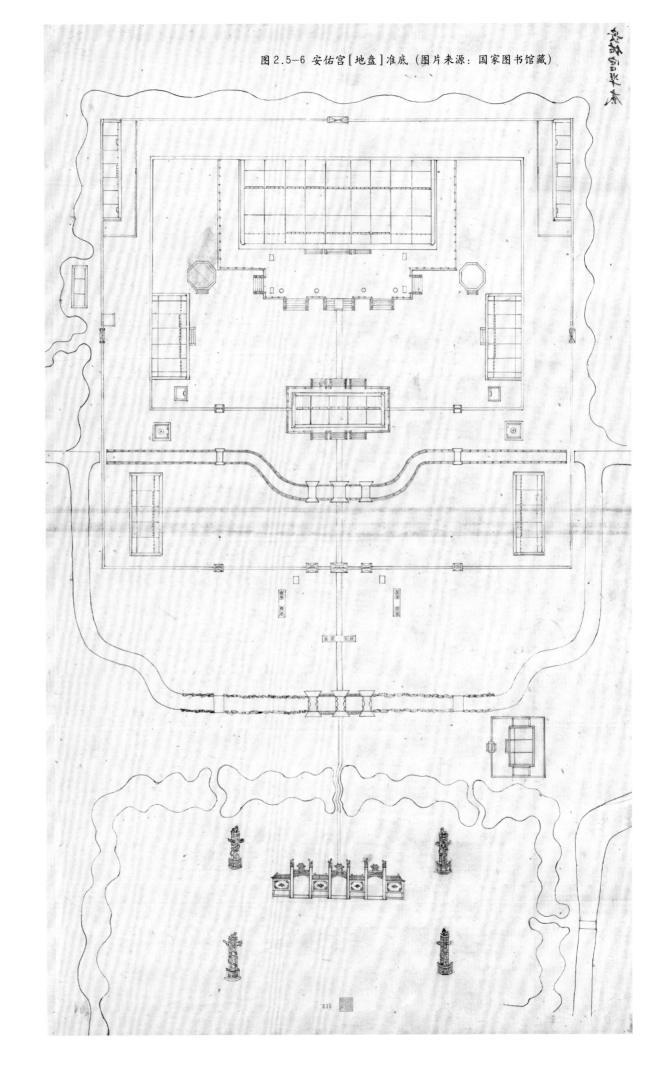

## 六、文字档案

　　图样、文字档案、烫样模型是样式雷图档的三大类型，三者有机联系，互相对照，互为补充。文字档案即样式雷家族收集或亲笔手书的与工程内容相关的文字档案。文档类型繁多，内容全面，包括旨意档、堂司谕档、朱批奏折、各式则例、随工日记、做法说贴、略节、工程禀文、题签、便条、私人书信等，其中旨意档、堂司谕档等官方文书档案记录的是皇帝、内务府对皇家园林工程、帝后陵寝的谕旨、指示和通知。官方档案、成规依据、工程相关资料、私人往来信件及练笔等文字档案，内容客观翔实，是第一手史料，对样式雷图样、烫样进行补充、解释、说明，包含着丰富的匠作、古建、工程体系、工官制度、皇家园林造园匠艺、皇家陵寝等信息，具有极高的文献价值。

# 颐和园

昆明湖续展大墙并添修堆拨桥座添建海军衙门值房及东面大墙外铺垫道路等工丈尺做法细册

该图档记录了昆明湖续展大墙，并添修堆拨、桥座，添建海军衙门值房及东面大墙外铺垫道路等工丈尺做法。

细册记录的文字内容为"昆明湖续展大墙并添修堆拨桥座添建海军衙门值房及东面大墙外补垫道路等工丈尺做法细册"。细册的具体内容为：

"昆明湖东西南三面原拟添修大墙凑长一千七百七十九丈九尺七寸，今拟往西南展宽将治镜阁圈在大墙以内，计添修大墙长一百九十二丈七尺，挪修大墙长三百八丈五尺，共凑长五百一丈二尺，至拔檐下皮高六尺五寸，外下衬脚埋深高一尺五寸，厚二尺五寸，埋深满铺豆渣石一层，见缝下生铁银锭熟铁，拘（抅）抿油灰缝。墙身并堆顶用虎皮石成砌，墙身拘（抅）抿青灰，墙顶抹饰青灰。拔檐尺二方砖一层，散水灰砌新样城砖，地脚内长一百八十三丈，碥（砈）下柏木桩二路，其余碥（砈）下柏木地钉长三百十八丈二尺碥（砈）下柏木地钉，山石掐当散水，地脚筑打灰土二步。墙根下补垫堤岸凑长二百八十五丈，内长六十三丈垫宽二丈长一百二丈，原宽一丈五尺拟垫宽五尺长一百二十丈，原宽四尺，拟垫宽一丈六尺均高五尺，平垫素土每高一尺行夯碥（砈）各一次。随续展大墙添建堆拨三座，每座三间各面阔一丈，进深一丈二尺，柱高八尺，径六寸，五檩二排，硬山头停，满铺横望板内里安木顶槅，成造大木，用松木望板，用杉木装修，前檐明间夹门支摘窗一槽，次间支摘窗二槽，后檐明间支摘窗一槽，两山墙窗桶二个，内里进深隔断板一槽，俱用松木成做。安砌柱顶埋头阶条独踏用青砂石。台基明高八寸，外下埋深一尺五寸，码桑墩掐砌拦土砌砂滚砖。台帮并两山压面灰砌城砖。山檐槛墙外皮墀头续尾山尖俱淌白沙滚砖背馅并山檐槛墙里皮山花糙砌沙滚砖，抹饰白灰。拔檐披水细停滚砖。稍子博缝细尺四方砖头停苦掺灰泥背一层，青灰背二层，调箍头脊瓦二号布筒板瓦，檐口安勾头滴水。内里搭面阔顺山高炕各一铺，地面糙墁尺二方砖，散水糙墁沙滚砖，独踏背底糙砌沙滚砖。地脚墙垫约高五尺柱窝分位碥（砈）下柏木杆，筑打大夯碥（砈）灰土五步，填厢并独踏散水地，脚筑打灰土二步。油饰大木装修使灰五道，满麻一道，糙油垫光，油光硃（朱）红油窗心使灰刷胶光绿油，椽子望板连檐瓦口使灰三道，糙油光硃（朱）红油，椽头彩画烟万字罩油。糊饰内里顶槅糊方栾抄子白本纸各一层，见木墙身糊抄子白本纸各一层，窗心糊高丽纸一层。"

"随续展大墙添修三孔木板桥一座，桥面通长四丈五尺二寸，宽一丈七尺，自装板上皮至桥面上皮高一丈三寸，中孔金门面阔一丈八尺二，次孔金门各面阔四尺五寸，金刚墙各宽三尺一寸四，雁翅各斜长八尺四寸，安桥面地伏、栏杆、柱子、抱古牙子，俱用松木成做，安砌装板金刚墙雁翅并两头海墁如意牙石俱用豆渣石，见缝下生铁银锭熟铁撺，拘（拘）捆油灰缝。两边金刚墙并雁翅背后灰砌新样城砖地脚刨槽砘（砣）下柏木椿（桩）杆，山石掐当背后，筑打大夯砘（砣）灰土二十步。桥面上安装木板墙一道，长四丈五尺二寸，高七尺五寸，安立柱槛框俱用松木成做，油饰板墙栏杆，使灰三道，糙油光硃（朱）红油。雁翅外口抱角山石四段，凑长八丈，连埋头均高一丈宽四尺，用青山石成砌，拘（拘）捆油灰缝。地脚刨槽砘（砣）下柏木地杆，山石掐当背后筑打大夯砘（砣）灰土二十步。随续展大墙添修涵洞四座，内三孔涵洞一座，中孔金门面阔六尺，次孔金门各面阔四尺，进深一丈五尺，连埋头至过梁上皮高六尺，金刚墙各宽二尺。一孔涵洞三座，各长一丈五尺，里口宽二尺，高三尺，俱安杉木闸板，安砌装板金刚墙，过梁用豆渣石，见缝下生铁银锭熟铁撺，拘（拘）捆油灰缝。地脚刨槽砘（砣）下柏木椿（桩）杆，山石掐当两边金刚墙背后，筑打大夯砘（砣）灰土宽五尺。外口抱角山石十六段，各长五尺，内四段连埋头均高六尺，十二段连埋头均高五尺，均宽四尺，用青山石成砌，拘（拘）捆油灰缝，地脚刨槽砘（砣）下柏木地杆，山石掐当背后，筑打大夯砘（砣）灰土宽五尺。昆明湖东面大墙外拟补垫道路凑长六百三十五丈七尺，宽一丈五尺，内北一段长二百九尺七尺，均垫高六尺九寸四分，南一段长四百二十六丈，均垫高四尺七寸，俱外口筑打大夯砘（砣）灰土，宽三尺，中心填筑打大夯砘（砣）素土，宽一丈二尺，上面水勾分位筑打灰土一步，宽三尺，外口排下护牙杆二路。"

"随东堤原有二孔闸一座，今因补垫道路拟在二孔闸外口添修二孔石平桥一座，桥面长三丈四寸，宽一丈五尺，自装板上皮至桥面上皮高一丈五尺五寸，金门各面阔六尺二寸，分水金刚墙宽六尺，四雁翅各斜长八尺四寸，安砌装板金刚墙，雁翅桥面海墁如意牙子、地伏、罗汉栏板、抱鼓等石俱用豆渣石，见缝下生铁银锭熟铁撺，拘（拘）捆油灰缝，两边金刚墙雁翅背后灰砌新样城砖，地脚刨槽砘（砣）下柏木椿（桩）杆，山石掐当背后筑打大夯砘（砣）灰土三十步。随东堤原有一孔涵洞四座，内三座金门各面阔一尺五寸，至过梁上皮高四尺五寸，一座金门面阔二尺五寸，至过梁上皮高五尺，原拟将两头金刚墙雁翅各拆修长一丈，东头接修长五尺，今因补垫道路拟再接修长一丈，共接修长一丈五尺。安砌装板金刚墙雁翅过梁，用豆渣石。地脚刨槽砘（砣）下柏木地杆，山石掐当两边金刚墙背后，筑打大夯砘（砣）灰土宽五尺。"

"南面腿子门外迆（以）南拟添建海军衙门值房三座，每座三间各面阔一丈，进深一丈四尺，外前落金廊深四尺，柱高九尺，柱径七寸六檩，卷棚硬山，头停满铺横望板。内里安木顶槅，成造装修，前金明间五抹槅扇一槽，次间支摘窗二槽，随横披三槽帘架一座，倭风槅一槽，玻璃纱屉二槽，内里进深碧纱橱一槽，落地罩一槽，次间前檐挂面木床一分。"

"东山耳房三座，每座一间，面阔一丈，进深一丈二尺，柱高八尺，径六寸五檩，外卷棚硬山，头停满铺横望板，成造装修，前檐门支摘窗一槽，以上大木装修用松木，望板用杉木。安砌柱顶埋头阶条踏跺等石用青砂石。台基正房明高一尺二寸，耳房明高八寸，俱外下埋深一尺五寸，码磉墩并两山压面灰砌新样城砖，掐砌拦土包砌台帮并山檐墙外皮俱用虎皮石，成砌拘（拘）抿灰梗腰线并山檐墙里皮下肩槛墙。里外皮墀头山尖俱淌白沙滚砖，背馅并山檐墙里皮上身山花糙沙滚砖，抹饰白灰稍子博缝细尺四方砖续尾拔檐披水细停滚砖，头停苫掺灰泥背一层青灰背二层，提浆打拍子调箍头脊宄二号布筒板瓦，檐口勾滴，地面墁尺四方砖散水，糙墁沙滚砖。耳房内里搭炉竃（灶）一座。地脚墙槽柱窝分位碌（砫）下柏木地杠，筑打大夯碌（砫）灰土五步，填厢并踏跺散水地脚筑打灰土二步。油饰大木装修使灰五道满麻一道，糙油垫光油光柿红油，青绿箍头楞（棱）线沥粉贴金，窗心使灰刷胶光柿红油，椽子望板使灰三道，糙油光柿红油，连檐瓦口使灰三道，糙油光硃（朱）红油，柁头彩画花卉博古，椽头彩画金万字红蝠吉庆罩油，槛框线路一搓硃红油。内檐装修刷硬木三色，糊饰内里顶槅糊高丽抄子白本纸各一层，见木墙身糊抄子白本纸各一层，窗心糊高丽纸一层。"

"二面院墙凑长三丈八尺二寸，至拔檐下皮高七尺五寸，外下埋深一尺五寸，厚一尺五寸，随开门口二座，各里口高五尺八寸，宽二尺八寸，安过木枕框基盘门用松木成做，安砌压面独踏用青砂石。埋深下肩用虎皮石成砌，拘（拘）抿灰梗，上身碎砖砌，抹饰白灰腰线，拔檐兀脊顶灰砌沙滚砖，扣脊二号筒瓦。一路散水糙沙滚砖，地脚墙槽筑打大夯碌（砫）灰土三步，独踏散水地脚筑打灰土二步，油饰使灰五道满麻一道，糙油垫光油光柿红油，过木光硃（朱）红油，线路一搓硃（朱）红油。"

"院内海墁甬路二块，各东西长四丈二尺二寸，内一块南北宽二丈七尺四寸，一块南北宽二丈一尺四寸。甬路墁尺四方砖三路，牙子立墁，其余平墁，俱沙滚砖。地脚墙槽筑打灰土二步，应除正房台基分位。添建值房分位，地势挎空，三面包砌护脚砖驳岸一道，凑长二十四丈一尺五寸，连埋头均高六尺，灰砌新样城砖，三进露明，拘（拘）抿青灰，地脚刨槽，筑打大夯碌（砫）灰土三步，背后筑打大夯碌（砫）灰土宽三尺，中心填垫素土南北长十一丈五尺，东西宽五丈五尺，每高一尺，行夯碌（砫）各一次。"

图号：358-0015

绘制年代：[清光绪十七年（1891）]

颜色：黑白

款式：墨线

原图尺寸（cm）：24.0×22.0

图档类型：大类：文档

子类：做法说贴

所涉工程：昆明湖一带添修添建工程

工程地点：昆明湖

图2.6-1 昆明湖续展大墙并添修堆拨桥座添建海军衙门值房及东面大墙外铺垫道路等工丈尺做法细册（图片来源：国家图书馆藏）

331

昆明湖東西南三面原擬添修大牆湊長一千七百

七十九丈九尺七寸今擬往西南展寬將治鏡閣圖

在大牆以内計添修大牆長一百九十二丈七尺擬修

大牆長三百八丈五尺共湊長五百一丈二尺至拔

檐下皮高六尺五寸外下襯脚埋深高一尺五寸厚

二尺五寸埋深滿鋪豆渣石一層見縫下生鐵銀

錠熟鐵攏扣抿油灰縫牆身并堆頂用虎皮

石成砌牆身扣抿青灰牆頂抹飾青灰披檐

尺二方磚一層散水灰砌新樣城磚地脚内長百

隨續 展大牆添建堆撥三座 每座三間 各面

闊一丈進深一丈二尺柱高八尺徑六寸五檁二排

硬山頭停滿鋪橫望板內裏安頂槅成造

大木用松木望板用杉木

裝修前擔明間夾門支摘窗一槽次間支摘窗

二槽後擔明間支摘窗一槽兩山牆窗桶二個

內裏進深槅斷板一槽俱用松木成做

安砌柱頂埋頭皆條獨踏用青砂石

台基明高八寸外下埋深一尺五寸碼礤墩撿砌

八十三丈礄下拍木樁二路其餘礄下拍木地村

長三百十八丈二尺礄下拍木地村山石搪當散水

地腳築打灰土三步

牆根下補墊堤岸湊長二百八十五丈內長六十三

丈墊寬二丈長一百二十丈原寬一丈五尺擬墊寬五

尺長一百二十丈原寬四尺擬墊寬一丈六尺均高

五尺平墊素土每高一尺行夯礄各一次

地脚墩墊均高五尺柱窩分位碾下柏木地打

築打大夯碾灰土五步填廂并獨踏散水地

脚築打灰土二步

油飾大木裝修使灰五道滿麻一道糙油墊

光油光硃紅油窗心使灰刷膠光硃油椽子

望板連檐瓦口使灰三道糙油光硃紅油椽頭

彩畫烟萬字罩油

糊飾內裏頂槅糊方藥抄子白本紙各一層見

木牆身糊抄子白本紙各一層窗心糊高麗紙

攔土灰砌沙滾磚台幫并兩山壓面灰砌

城磚山擔擱牆外皮壓頭續尾山尖俱

搗白沙滾磚背餡并山擔擱牆裏皮山花

糙砌沙滾磚抹飾白灰拔擔披水細停滾

磚稍子博縫細尺四方磚頭停苫攪灰泥

背一層青灰背二層調箍頭脊宽二號布

筒板瓦擔口安勾頭滴水內裏搭面闊順

山高炕各一鋪地面糙墁尺二方磚散水糙墁

沙滾磚獨踏背底糙砌沙滾磚

隨續展大牆添修三孔木板橋一座橋面通長

四丈五尺二寸寬一丈x尺自裝板上皮至橋重

皮高一丈三寸中孔金門面闊一丈八尺二次孔金

門各面闊四尺五寸金剛牆各寬三尺寸四雁

翅各斜長八尺四寸安橋面地伏闌干柱子抱

古牙子俱用松木成做安砌裝板金剛牆雁

翅并兩頭海墁如意牙石俱用豆渣石見縫

下生鐵銀錠熟鐵搂抅扺油灰縫兩邊金

剛牆并雁翅背後灰砌新樣城磚地脚刨

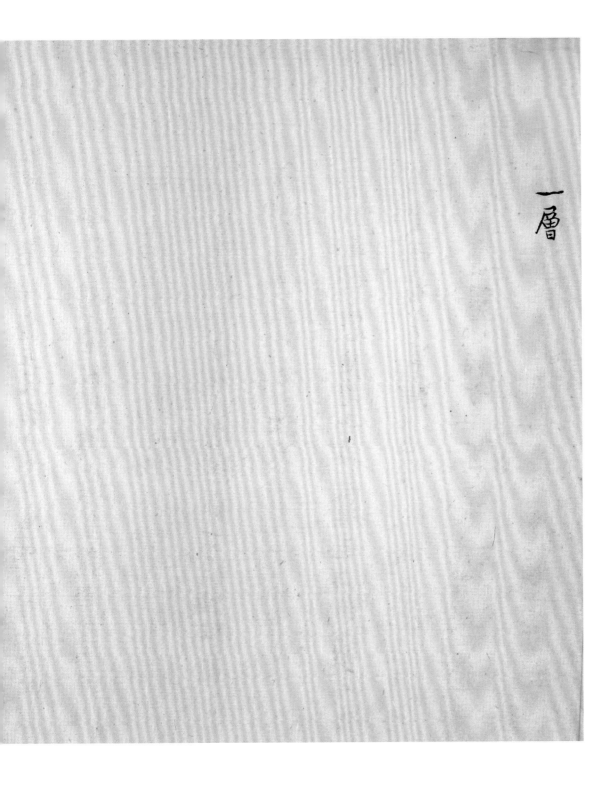

一層

隨續展大牆添修涵洞四座內

三孔涵洞一座中孔金門面闊六尺次孔金門

各面闊四尺進深一丈五尺連埋頭至過梁

上皮高六尺金剛牆各寬

二尺

一孔涵洞三座各長一丈五尺裏口寬二尺高

三尺俱安杉木閘板

安砌裝板　金剛牆過梁用豆渣石

見縫下生鐵銀錠熟鐵攀拘抿油灰縫

塘碣下柏木椿打山石摺當背後築打大夯

碣灰土二十步

橋面上安木板牆一道長四丈五尺二寸高七尺五寸

安立柱框俱用松木成做油飾板牆闌于

使灰三道糙油光碟紅油

雁翅外口抱角山石四段湊長八丈連埋頭均

高一丈寬四尺用青山石成砌抅抵油灰縫

地腳刨塘碣下柏木地釘山石摺當背後築

打大夯碣灰土二十步

昆明湖東面大牆外擬補墊道路湊長六百

三十五丈七尺寬一丈五尺內北一段長二百九

丈七尺均墊高六尺九寸四分南一段長四

百二十六丈均墊高四尺七寸俱外口築打大

夯碾灰土寬三尺中心填築大夯碾素土寬一

丈二尺上面水勾分位築打灰土一步外口 <sub>寬三尺</sub>

排下護牙打二路

地腳刨槽碼下柏木樁打山石搗當兩邊

金剛牆背後築打大夯碼灰土

寬五尺

外口抱角山石十六段各長五尺內四段連埋
頭均高六尺十二段連埋頭均高五尺均寬四
尺用青山石成砌均抿油灰縫地腳刨槽
碼下柏木地釘山石搗當背後築打大
夯碼灰土寬五尺

随东堤原有二孔闸一座今因补垫道路

拟在二孔闸外口添修二孔石平桥一座桥

面长三丈四寸宽一丈五尺自装板上皮至桥

面上皮高一丈五尺五寸金门各面阔六尺二

寸分水金刚墙宽六尺四雁翅各斜长八尺

四寸安砌装板金刚墙雁翅桥面海墁如意

牙子地伏罗汉拦板抱鼓等石俱用豆渣

石见缝下生铁银锭熟铁撅拘抿油灰

缝两边金刚墙雁翅背后灰砌新样城砖

山石掐當兩邊金剛牆背後築打大夯碣灰
土寬五尺

地脚刨槽碙下柏木樁打山石掐當背後築
打大夯碙灰土三十一步
隨東隄原有一孔涵洞四座内三座金門各面
闊一尺五寸至過梁上皮高四尺五寸一座金門
面闊二尺五寸至過梁上皮高五尺原擬將
兩頭金剛牆雁翅各拆修長一丈東頭接修
長五尺今因補墊道路擬再接修長一丈
共接修長一丈五尺安砌裝板金剛牆雁
翅過梁用豆渣石地脚刨槽碙下柏木地村

南面腿子門外迤南擬添建海軍衙門值房

三座每座三間各面闊一丈進深一丈四尺外

前落金廊深四尺柱高九尺柱徑七寸六檁

捲棚硬山頭停滿鋪橫望板內裏安木

頂槅成造裝修前金明間五抹槅扇一槽

次間支摘窗二槽隨橫披三槽簾架一座

倭風槅一槽玻璃紗屜二槽內裏進深碧

紗櫥一槽落地罩一槽次間前檐掛面

木牀一分

檐牆裏皮下肩檻牆裏外皮墀頭山尖俱

挡白沙滚磚背餡并山檐牆裏皮上身山

花糙沙滚磚抹飾白灰稍子博縫細尺四

方磚續尾拔檐披水細停滚磚頭停苫

攬灰泥背一層青灰背二層提漿打拍子調箍

頭脊宛二號布筒板瓦檐口勾滴地面墁尺

四方磚散水糙墁沙滚磚耳房内裏搭

爐竈一座

地脚墻墻柱窩分位碼下相木地打篓打大参碼矣至五块填廂并踏

東山耳房三座每座一間面闊一丈進深一丈

二尺柱高八尺徑六寸五檁外捲棚硬山

頭停滿鋪橫望板成造裝修前檐門支

摘窗一槽以上大木用松木望板用杉木　裝修

安砌挂頂埋頭墁條踏跺等石用青砂石

台基正房明高一尺二寸耳房明高八寸俱外

下埋深一尺五寸碼碌墩并兩山押面灰砌

新樣城磚摳砌攔土色砌台帮并山檐牆

外皮俱用虎皮石成砌抅抿灰梗腰線并山

351

見木牆身糊抄子白本紙各一層窗心糊高

麗紙一層

跺散水地腳築打灰土二步

油飾大木裝修使灰五道滿麻一道糙油墊

光油光柿紅油青磲搕頭楞線瀝粉貼

金窗心使灰刷膠光柿紅油椽子望板

使灰三道糙油光柿紅油連檐瓦口使灰

三道糙油光磲紅油柁頭彩畫花卉博古

椽頭彩畫金萬字紅蝙吉慶罩油檻框線

路一搓磲紅油內檐裝修刷硬木三色

糊飾內裏頂槅糊高麗抄子白本紙各一層

353

二面院牆湊長三丈八尺二寸至拔檐下皮高七
尺五寸外下埋深一尺五寸厚一尺五寸隨開門
口二座各裏口高五尺八寸寬二尺八寸安過
木枚框基盤門用松木成做安砌壓面
獨踏用青砂石埋深下肩用虎皮石成砌
抅抿灰梗上身碎磚砌抹飾白灰腰線拔
檐元脊頂灰砌沙滾磚扣脊二號筒瓦一
路散水糙沙滾磚地脚墻槽築打大夯
碣灰土三步獨踏散水地脚築打灰土二步

院內海墁甬路二塊各東西長四丈二尺二寸內

一塊南北寬二丈又尺四寸一塊南北寬二丈一尺

四寸甬路墁尺四方磚三路牙子二墁其餘

平墁俱沙滾磚地腳墻墻築打灰三

步應除正房台基分位

添建值房分位地勢拤空三面色砌護腳

磚泊岸一道湊長二十四丈一尺五寸連埋頭

均高六尺灰砌新樣城磚三進露明拘

抿青灰地腳刨墻築打大夯碼灰土三步

油飾使灰五道滿麻一道糙油墊光油

光柿紅油過木光硃紅油線跴搓硃紅油

背後築打大夯碢灰土寬三尺中心填墊素

土南北長十一丈五尺東西寬五丈五尺每高

一尺行夯碢各一次

[清漪园宜芸馆日晷镀金铜龟尺寸略节]

该图档记录了宜芸馆日晷镀金铜龟尺寸。

图档右侧首列"略节"二字，左侧文字内容为"现查清漪园宜芸馆石日晷一座，见圆一尺，盘上间有不齐，随石座上盘见方一尺，底座见方一尺一寸，高三尺五寸五分，均有伤损不齐。日晷上皮至底座下皮通高四尺四寸。镀金铜龟一个，随石座尺寸同前。上盘底座均有伤损不齐，中间石瓶伤折，铜龟上皮至底座下皮通高四尺三寸五分"。

图号：007-0007-03
绘制年代：[清光绪十二年（1886）之后]
颜色：黑白
款式：墨线
原图尺寸（cm）：16.7×49.0
图档类型：大类：文档
　　　　　子类：尺寸略节
所涉工程：清漪园宜芸馆日晷镀金铜龟陈设
工程地点：清漪园宜芸馆

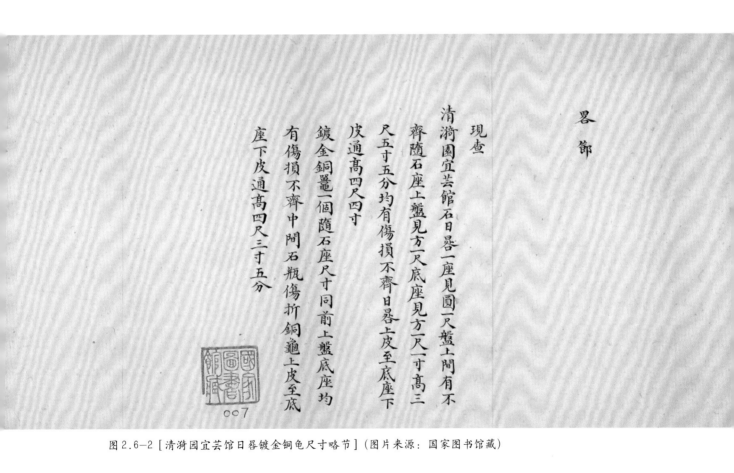

图 2.6-2 [清漪园宜芸馆日晷镀金铜龟尺寸略节]（图片来源：国家图书馆藏）

# 圆明园

[样式房雷思起禀万方安和等处烫样并用料文底稿]

该图档记录了样式房雷思起禀万方安和、清夏堂、蔚藻堂、恒春堂、勤政殿等地关于烫样与制作用料的金额。

图档上文字内容为"具禀呈样式房雷思起为禀以事，堂夸兰达总司帮办总司台前，敬禀者，前经奉谕，所烫大样均由堂上放给木料人工鱼胶颜料银两，至万春园烫样上注又续烫，清夏堂大烫样三箱计六分，工料定银二万八十两，同乐园烫样一箱计一分，工料定银六十两，恒春、金壁堂烫样新四式二箱计二分、工料定银七十两，万方安和烫样一箱计一分，工料定银廿两，勤政殿、飞云轩内檐装修烫样一箱计一分，工料定银十六两，蔚藻堂、两卷殿、两卷抱厦内檐装修烫样一箱计三分，工料定银十五两，共定银四万六十五两，并未□□□□银两为此禀清。总司堂夸兰达、帮办总司夸兰达台前恩施代为转禀，堂台打人施恩赏给烫样工料银两以免垫累、再禀，六月初十日蒙堂台大人恩谕派恭办。清夏堂、天地一家春、圆明园所有各座内檐装修前经奏准，调广东来文内称楠柏木植本省并有出产为此奉堂谕命其垫补采买前经具呈禀明，堂台大人办买得楠木柏木板片零料五千余斤，又批买柏木九十根重两万余斤，共定银四千余两。现垫付各处定银一千一百余两，现经道首即行停工，为此具禀呈明。总司堂夸兰达台前，此采办批定木植应以何退存之处请示。道，谕办理，顾"。

图号：304-0028

绘制年代：[清同治四年至光绪二年(1865-1876)]

颜色：黑白

款式：墨线

原图尺寸（cm）：22.8×46.2

图档类型：大类：文档

　　　　　　子类：估料册

所涉工程：万方安和等处内檐装修工程

工程地点：万方安和等处

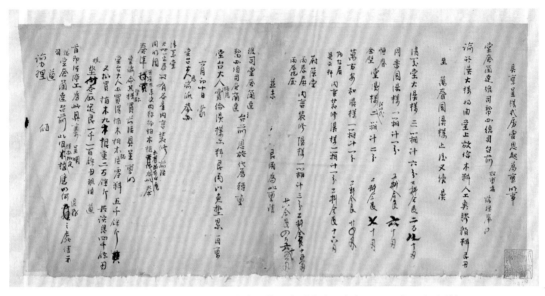

图2.6-3 [样式房雷思起禀万方安和等处烫样并用料文底稿]（图片来源：国家图书馆藏）

雷思起，字永荣，号禹门，生于清道光六年（1826），卒于光绪二年（1876），是雷景修的三子，样式雷建筑世家的第六代传人。雷思起继承祖业，担任样式房掌案一职。当时样式房有五人是雷氏家族成员，雷式家族的样式房事业又一次达到兴旺的高峰。他主持咸丰帝陵寝定陵的设计建造工程，圆明园重修时（同治十三年，1874），与其子雷廷昌因园廷设计的进呈图样而蒙受皇帝、皇太后的五次召见。虽然同年七月，重修圆明园工程被迫停工，但雷氏父子所制的数千张画样和烫样被保存下来，为后世研究圆明园和清代建筑技术留了大量珍贵的文献和实物资料。

同治五年（1866），雷景修去世，样式雷第六代传人雷思起继承祖业，执掌样式房。编目者根据图档304-0028的万方安 [样式房雷思起禀和等处烫样并用料文底稿]藏品名称推论，此时雷思起已经执掌样式房，因此该文档写作时间不应早于同治五年（1866）。另外，根据雷思起于光绪二年（1876）逝世推论，该文档写作年代不会晚于光绪二年（1876）。

该图档属于文字类图档，以文字形式记录了样式雷家族从事皇家设计工程的相关史实，对于研究清代皇家设计工程年代、负责人以及相关事宜具有重要的参考价值。

總司堂奏蘭達

幫辦總司奎蘭達　台前　恩施代為轉事

堂台大人賞偷澳槎子料是丙以色墊累一用真　施恩

二月二十日蒙

堂台支恩派流派奉示

奏准遵實

堂流令其揀買前屋具呈堂內　墊跡

又擬買栢木拍木片零料五千餘片共诤是四千餘田

栢木九木根重二万餘斤共诤是四千餘田

墊栳分辰定良一千一百條田項徑道

又擬買摘木拍木片零料五千餘片真

同仍圖

調后東秉文内私栢柏木植奉內為此奉

本肖並有出產

清玉堂

天地一宫春而有各產内言葺修一前屋

奉准遵實

首卯行厚工房此具真 呈明 揀扒似定

從堂奏蘭遠呈前此員林栢廛四何運三處诸示

諭理道

伱

具禀呈樣式房雷思起為禀明事

敬禀者 前經奉旨

堂奉萬達總司帮加總司台前

论所溪大樣均由堂上放给木料人工與膠顏料是卅

至 萬春園溪樣上法又續溪

清夏堂大溪樣 三箱計六分 工料食良 二石四十刀

同乐園溪樣 一箱計一分 天料食良 六十刀

恒春 新武

金壁 堂溪樣 二箱計二分 工料食良 廿刀

萬吉安和溪樣 一箱計一分 工料食良 廿刀

勃々居

飛云軒 内言廿花修溪樣 二箱計一分 工料食良 十六刀

蔚藻堂

雨卷屋 内言裝修陽樣 一四箱計十三分 工料食良 十六...

[旨意档圆明园每年粘修工程底册]

该图档记录了圆明园每年粘修工程的重要内容，是旨意档。因原图档案张数过多，本书只选取其中的一部分展示并抄录。

图档封面页红签标注"咸丰九年新正月十六日吉立旨意档"字样。文字内容如下：

"咸丰九年新正月初六日传旨：长春仙馆随安室槅扇门安中间，明明一暗间撤陈设揭贴落慎德堂西面踏勘寝宫。钦此。"

"正月初八日王总管传旨：随安室改中间槅扇门口，殿内撤去槅断，三间满糊，什东院添盖灰棚活计俱照式样成做。于十一日进匠。再山高水长殿内中间添金□添安木壁槅断一槽。床安槅断，前床钉铁叶，安大柱壁衣，月台下铺席八十一领见方，画双钩如意。钦此。"

"慎德堂内簷（檐）装修烫样并西寝宫烫样留中。"

"正月二十日王总管传旨：慎德堂寝宫前小床撤去，将罩腿钉眼补好。于二十日进匠。钦此。"

"二十一日刘代班交下。硃（朱）笔慎德堂东寝宫里外间顶格落矮八方门槅断一槽，改外间西向嵌扇安大玻璃一块。着进内踏勘烫画样呈览。"

"二十三日王总管传旨：慎德堂寝宫里外间顶格俱落矮。外间南面假仙楼玻璃槅扇撤去，仍用旧玻璃成做枕窗一分。西面槅扇撤去成做柏木鼓尔板，上面分中竖安假（反）芋斋大玻璃一块，迎门曲尺那（挪）安南边楗竖八方罩一槽，将罩扇门口撤去，安抱角花牙二块，外间现安。藤榻床一张那（挪）在奉三无私浮安。里间窄床撤去，改做按寝宫东窗中扇齐，南至罩腿齐，南边罩腿分中，东西安扶手栏杆，进深二尺八寸。其撤下八方罩一分，假仙楼槅扇六扇，西边槅扇六扇，俱着外库保存。以上所传活计俱按烫样尺寸成做。二十八日进匠。钦此。"

"正月二十五日总营太监王春庆传旨：慎德堂寝宫顶格落矮罩口，落矮一尺五寸，横皮落矮三寸，提装一尺八寸，靠东窗窄床从北楗竖南安起，安置罩腿齐，进深二尺八寸，俱按烫样尺寸成做。钦此。为此知会。"

图号：366-0225
绘制年代：清咸丰九年（1859）正月
颜色：彩色
款式：墨线，红签
原图尺寸（cm）：28.2×22.0
图档类型：大类：文档
　　　　　子类：旨意档
所涉工程：圆明园景区规划
工程地点：圆明园

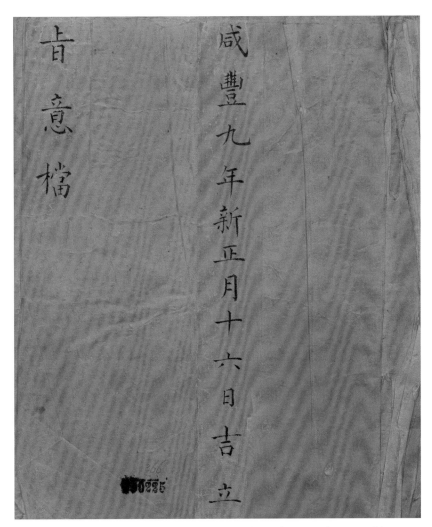

图2.6-4［旨意档圆明园每年粘修工程底册］（图片来源：国家图书馆藏）

"二月初二日传旨：慎德堂寝宫两边罩扇玻璃两块撤下棂条花牙，补好。钦此。"

"二月初九日王总管传旨：毓庆宫东次间有慎德堂房样着圆明园该路取来。钦此。"

"二月初九日王总管传旨：该路于今日进匠贞度玻璃方窗（窗）连厢口北面向南安好。假仙楼栏杆撤下交外库好好保存。如修理寄旷怀明，题奏使用。钦此。"

"二月十二日王总管传旨：慎德堂东平台游廊中间南北坐凳横楣撤去，按东游廊屏门外式样即刻进匠。钦此。"

"二月拾八日王总管传旨：九州清晏西寝宫后簷（檐）墙下不必拆撤北面厢假支摘窗（窗）。钦此。"

"同日又传旨：九州清晏后添盖平台游廊各殿油饰，本日进匠。着传于外边夫匠，今日退出，听旨意再进匠。钦此。"

"二月十九日王总管口传旨：今日踏看，九州清晏西边活计均着，毋庸议。明日再行踏看。"

"九州清晏东边添盖房间为此知会。"

"二月二十二日王总管呈：迎月波舻船添接后卷画样。"

"二十三日由奏事处主管陈交下，奉硃（朱）笔用添接后卷样并踏勘在后卷之后能否再添盖抱厦。派瑞中堂、文大人进内踏勘。钦此。"

"二十四日瑞、文进内踏勘。"

"二十五日瑞、文呈进：月波舻船添接后卷后抱厦画地盘立样两张御览。当日又奉硃（朱）笔即照此赶紧成做后卷中间照前卷抱厦中间花牙式样不必安槅断。钦此。"

"二月二十五日谨奏为本月二十三日，奉硃（朱）笔着瑞、文带同圆明园造办处两处司员踏勘棹船活计。钦此。"

"奴才等遵即于二十四日带同两处司员进内详细踏勘，遵照硃（朱）笔，添接后卷之后再添接抱厦，均可添做。惟查船舱内横梁二道均须拆去，方能通至后舱。其船底船帮板片全靠横梁二道支撑，若将横梁二道拆去，恐不甚坚固，拟将船内脚梁木加大，船底换加厚板亦可妥协。其前面原有漆饰抱厦卷棚二间可以不动。刻下后面再接二间，若仍漆饰恐耽延时日。今拟后二间顶棚用竹席二层内夹油纸一层，糊布二层改为罩油三道。卷棚接连之处上压引条一根，亦可保重。至毡围一切软片均拟换新。所有活计赶紧成做，约于三月十五日已可完竣。再舱内四间进深较深可否中间添安槅断装修一槽，以分内外。请旨遵行勤谨将添接后卷并抱厦画样二张一并恭呈御览。伏候。训示遵辨为此，谨奏。"

咸豐玖年 新正月初六日傳

旨長春仙館隨安室楠扇門安中間明明一暗間撤陳設揭貼落慎
德堂西面踏勘寢宮欽此

正月初八日王聰晉傳

旨臨方室改中間橋柵門口殿內撤去橋断三間滿柵什東院添堂亞次棚
活計俱照式樣成做於初七日進匠再山小長屋內中間添金柱添
方束笠福断一檁床亏橋前原釘鑲業万大柱壁衣月壹下
鋪席八一衒見方曲雙釘水意欽此

慎德堂內着裝修漆樣其西寢宮漆樣由中

正月二十日王總管傳

旨慎德堂寢宮前小席撤去將罩腿釘明補好於二十日傳匠
鈝此

二十一日劉代班交下
碟草慎德堂未寢宮裡外前頂格落矮八方汀橋断
一槽改外間西面嵌扇安大玻璃一塊著匠內踏勘
奧畫樣呈覽

二十三日王德愛傳

旨慎德堂寢宮裏外間頂格棋落矮外間南面做仙樓玻
瑞橋扇撤去仍用舊玻璃改成做積玻窗一分西面橋扇撤去
成做柏木鼓兒板上面分中整安玻璃窗一塊
做草齋大玻璃窗一塊迎門

旨慎德堂寢宮頂橋落矮罩口落矮二尺五寸橫皮落矮三寸提
裝一尺八寸靠東窗窗床從北捷監南安起宴至寫腿齊進深

正月二十五日總管太監王春慶傳

旨那安南邊捷暨八方罩一檁將罩扇門口撤去安抱角
庀牙二塊外間現安籐榻床一張那在奉三無私浮安裡
間管床撤去改做按寢宮東窗中扇亐南至罩腿齋
南進罩聽分中東西安挨手欄杆進深二尺八寸其撤下八
方罩一分假仙樓橋扇六扇西邊橋扇六扇俱着從庫
取存以上所傳汪計料俱做尺寸成做二十八日進匠

領此

"二月二十八日总管王传旨：套殿一间北面添平台，正殿三间南面窓（窗）户槅扇那（挪）外言（檐）窓（窗）户。三曹（槽）北面外言（檐）窓（窗）户挪安金柱中间安槅扇。台明往北那（挪）与西边平台台明齐，西钻山门往南挪或斜门或直门，前明西卡啬（墙）开门口。东西砌卡啬（墙）一段，南北从东两卷房西房山往北至大啬（墙）砌卡墙一段，大啬（墙）西头开门口。"

"三月初一日小太监金环交下：珠（朱）笔长春仙馆林虚桂静西里间暖阁床往后挪至廊子，分位安木床开关罩，西两间满糊饰白本纸。韶景轩西院静嘉轩明间安夹门窓（窗），风门油饰碌（绿）色。踏勘后窗户或是背板或是砌后言（檐）墙抑或在房后添砌后院。"

"静嘉轩院内西厢房明间安夹门窓（窗），风门油饰楠木色，此院内甬路有不平处找补。"

"初二日堂档房知会：林虚桂静西里间暖阁床那（挪）至后廊，分位东头门口棚平床进深四尺五寸，添安开关罩，西边夹拉库安挂面一堂。静通斋明间添安夹门窓（窗），风门油饰碌（绿）色，西间后言（檐）添砌后言（檐）墙。北面窓（窗）户不必撤，明间东间窓（窗）户将背板撤去，里面下扇各安橵（挡）板，西厢房明间添安夹门窓（窗），风门油饰楠木色。院内甬路找补收什。为此知会。"

"初五日王总管传旨：九州清晏东山添盖平台殿宇，着照烫样式样尺寸添盖，随同道堂平台进匠添盖其基。福堂油饰再听旨意。再，新添盖套殿三间东西间各安坐凳，俱于本月初六日进匠。钦此。"

"三月初八日王总管传旨：圆明园殿照旧油饰花样成做，奉三无私油饰照画样成做。九州清晏前后油饰绿色斑竹画博古。所有新添盖平台殿宇俱油饰绿色画斑竹博古。钦此。"

"又传旨：林虚桂静西间南窓（窗）东扇添安玻璃一块，后檐罩内可堂添安床一张，铺红白毡，北窗添安玻璃二块，东间南窗西扇添安玻璃一块，东进间靠南窓（窗）添安床一张，进深三尺。东西可堂添铺红白毡玻璃。传造办处。钦此。"

"三月初十日王总管传旨：同道堂后簷（檐）油饰改绿色画斑竹博古，前簷（檐）油饰不必修理。钦此。"

"三月初十日王总管传旨：林虚桂静西进间暖阁东边罩扇撤去，床桂（柱）簷（檐）往东接长。钦此。"

二尺八寸俱按燙樣尺寸成做欽此為此知會

二月初二日傳
旨慎德堂寢宮兩邊單扇玻璃二塊撤下檻窗花牙
補好欽此

二月初九日王總管傳
旨鑾慶宮東次間有慎德堂居樣著圓明園詥路取來欽此

二月初九日王總管傳
旨詥路於今日進近負度玻璃方憲更前口北面向南安好假
仙要欄杆撤下交外庫好好收存如修理寄口懷明題
奏便用欽此

上慎德堂東平壹遊二廊中間南北坐橫楣撤去按東遊廊罩門外
或樣即刻進匠飭此

二月十二日王總管傳
旨慎德堂東寢宮西寢宮後詹墻不必拆撤北面箱假
支摘窗欽此　同日又傳

旨九洲清晏後添蓋平台遊廊各殿油飾本日
進匠著傳于外遇夾匠今日退出聽旨意
再進匠欽此

二月十八日王總管傳
旨今日踏看
九洲清晏西邊活計均著母庸議明日再行踏看

二月十九日王總管傳

九洲清晏東邊添蓋房間為此知會

二月二十二日王總管呈
迤月波艦船添搭後捲畫樣
奉硃筆用添搭後捲樣並踏勘在後捲之後能否再
添搭捲廈　汕瑞中堂　支大人　進內踏勘欽此

二十三日由奏事處總管陳交下
御覽
月波艦船添搭後捲後捲廈畫地艦立樣二張

二十四日瑞文　進內踏勘

二十五日文　呈進
當日又

奉硃筆即照此趕緊成做後捲中間照前捲抱廈中
間花牙式樣不必安楣斷欽此

二月二十五日謹
奏為本通二十三奉
硃筆著瑞文帶同圓明園造辦處司員踏勘道照
等遵即於二十四日帶同兩處司員踏勘棹船活計欽此

硃筆添搭後捲之後再添搭後捲抱廈均
須拆去方能道至後艙其船底帮板弄全靠橫楣二道支撐著
將梯樑二道拆去恐不甚堅固擬將掊船內廊神木加大船底撤加厚
板亦可安協其前面原有漆飾抱賀捲棚二間可以不動刻

"三月十一日王总管传旨：同道堂殿内撤去玻璃窗，着该路急（即）刻成做糙屉糊好安上。钦此。"

"三月十三日王总管传旨：九州清晏东山新添盖殿三间顶格按长高一丈二尺尺寸成做，糊饰画天花，画楠柏木色。钦此。"

"三月十四日王总管交下：硃（朱）笔如园芝兰室东间南北窗户六扇，俱满糊饰。坦坦湯湯（荡荡）澹怀堂西两间中间南窗户六扇安玻璃六块，做通屉，屉子楞成做水纹式。韶景轩、静通斋前后窗安玻璃八块。钦此。"

"三月十五日王总管传旨：坦坦荡荡澹怀堂中间西次间西进间前檐成做玻璃屉，俱着按画样尺寸成做，其楞条改糊蓝连四纸，静通斋前后言（檐）玻璃八块俱要"。长二尺，高一尺六寸，成做屉窗八扇，俱安广玻璃。钦此。"

"又传旨：静通斋东间前后言（檐）两间前言（檐）屉子二扇，各宽四尺四分通高五尺九寸。明间后言（檐）屉子二扇各宽三尺八寸六分，通高五尺九寸，玻璃八块，大边外口各宽二尺高一尺六寸。钦此。"

"三月十六日王总管传旨：九州清晏西进间添搭地炕一铺，照画样添搭。钦此。"

"三月十九日王总管传旨：坦坦荡荡澹怀堂东两间柏木嵌扇二槽挪安西两间照旧安牐，西进间东扇改为往北开，东次间原安嵌扇分位添安木壁槅断大方窓（窗）一筒，东进间原安嵌扇分位安木壁槅断糊纸。楼梯门口安拨浪门，往南开东次间、西次间、西进间北窓（窗）六扇，传造办处做水纹式屉子画样呈览。钦此。"

"三月十九日王总管传旨：坦坦荡荡澹怀堂挪安活计俱按硃（朱）笔成做，柏木嵌扇二槽大方窓（窗）一筒，俱糊月白稀纱，方窓（窗）楞条按嵌扇楞条式样，下口不动，上口与明间飞罩齐，西进间插屏门口撤去，西次间夹拉库壁子门撤去。西次间、西进间北窓（窗），新成做水纹式屉子，添安玻璃四块。其玻璃上口与屉子腰栏齐，上扇糊白露纸，换纱屉时糊纱。东次间北窓（窗）新成做水纹式屉子二扇糊纱，楞条俱糊蓝连四。钦此。"

"三月十九日王总管传画样呈览：硃（朱）笔左一右一现安屉子挪安左四右四，月波舻右二现安屉子挪安右三。右二左三成做扇面式玻璃屉子，将现安屉子撤下，左一右一成做上元（圆）下方玻璃屉子，左四右四现安屉子撤下。以上俱传造办处撤下屉子俱呈览。中间柱中添安水纹式屏式门一槽。"

下後面再接二間若仍漆飾恐就延時日今擬後二間頂棚用
竹帝二層內夾油紙二層敝布二層敝為罩油二道搭棚接連之處
上壁引條一根亦可保重至鉛圖一切軟均擬換新所有活計赶緊
成做約於三月十五日以可完竣再捨西四間進深軟深可否中添安稿
斷裝修二種以分為外請
御覽伏候
旨遵行數將添接後搭並抱厦畫樣二張一併恭呈
訓示遵辦為此謹
奏

二月二十八日總管王傳

旨套展一闗北面添平台正屋三間南西窗戶搐扇那外言窗戶當北面外
言窗戶那安金柱中間安稿扇台明往北那與酉平台明齊西鑲
山門往南那或斜門一或直明前明西卡四期門口東西硪卡畫一段
南北從東兩捲房西面徃北五天書硪卡畫一段大盥曾西頭向門口

三月初一日小太藍金環交下
珠筆長春仙舘林虚桂靜西裡間暖閣床後挪至
麻子分位安木床開閣單西間滿糊飾白本紙
韶景軒丙院靜嘉軒明間安夾門窓風門油飾碌
色踏勘後窓戶或是背板或是砌後言墻抑或在

房後添砌後院
靜嘉軒院內西廂房明間安夾門窓風門油
飾楠木色
初二日堂偹房知會
此院內甬路有不平處找補
林虚徵靜西東間暖閣床那至後都分位東頭門口棚平床進
深四尺五寸添安閣罩罩西邊夾位摩安桂面一座
靜通齋明間添安夾門寬風門油飾碌色西間後言添
砌後言墻北面窓戶不必撤明間東間添安夾門窓風門
去東面下扇各安桂板西廂房明間添安桂板
油飾楠木色院內甬路找補牧什為此知會

旨圖明園殿脏凉福油飾花樣成做差二無私油飾照畫樣成做九州
清景後油飾綠色斑竹畫博古所有新添蓋平台內可當堂添安飾
綠色畫點竹博古欽此
旨意再新添蓋套殿三間東西間各安堂棤俱於本月初二日進宮欽此
亮州清景蒹葭山添蓋平台殿字着照澄樣式樣尺寸添蓋
隨同一道堂平台進區添蓋其基福堂油飾再听

三月初八日王總管傳
初五日王總管傳

旨林虚桂靜西間南窗東扇添安玻璃現後橋罩內可當添安玻璃現一張
舖舒日鑽北醬眉添安玻璃二扇東間南面西扇添安玻璃現東監

373

"三月二十四日王总管传旨：同道堂九州清晏北面新添盖平台游廊着照烫样成做，并缝石新添盖殿三间。底盘着去松树一棵、槐树一棵、楸树一棵，移栽小秋（楸）树二棵。钦此。"

"三月二十四日王总管传旨：月波舻船上扇面式玻璃圆光式玻璃成做夹堂，屉子用方玻璃。钦此。"

"三月二十七日王总管传旨：如园含碧楼下西廊内安楼梯，往南上西面南面棚板于明日踏勘。钦此。"

"三月二十八日王总管传旨：为君难宝座床进深去一尺二寸改做床毡席。钦此。"

"又传旨：澹怀堂前后窗户满糊饰新纸，新安玻璃窗十扇，着成做布色，毡挡十块随钩头钉。钦此。"

"三月三十日王总管传旨：含碧楼西廊新添安楼梯俱成做本色木，不必油饰外檐板墙门俱按样式油饰尺寸成做。钦此。"

"四月初一日王总管传硃（朱）笔一件。澹怀堂中间北格扇安风门一槽三堂（樘），中堂上圆下方两边万字式素心。堂后层三面窻（窗）户二十四扇满糊什，后格扇亦满糊什。钦此。"

"四月初一日又王总管传旨：坦坦荡荡后抱厦现安条案那（挪）在澹怀堂东次间方窻（窗）南面。着传造办处将明殿天官赐福匾摘下，后殿坦坦荡荡匾对摘下，插在天官赐福分位。澹怀堂西山墙现安炕屏一个，长高与装修交圈齐，下面安板，糊香色纸。钦此。"

"四月初二日王总管传旨：澹怀堂添做夹门，窻（窗）圆光安广片玻璃，圆光外糊纸，风门糊银条纱，下截两鱼鳃上横披俱糊纱，油饰柏木色。再，坦坦荡荡北明提装风窗满糊饰，绿荫轩明间东槅断门口那（挪）安东进间门口方窗分位中安，西次间落地罩那（挪）安明间东槅断门口分位，西次间暖阁那（挪）安西进间后簷（檐），后夹道槅断那（挪）安西次间后簷（檐），西进间大床改安前簷（檐），其撤去落地罩分位，添做壁子槅断，分中安路八方门口。钦此。"

"四月初二日王总管传旨：碧桐书院前穿堂佛堂二间南窗四扇成做两截，纱屉八扇上扇糊纱，下扇糊纸，前殿五间西两间南北窗八扇，成做两截，暖屉十六扇下扇各安玻璃一块，宽二尺七寸，高二尺二寸，东次间南北窗四扇成做两截。暖屉八扇下扇各安玻璃一

間舊南窗添安東床一張進深三尺東西可堂添鑲紅白毡玻璃俱造
辦處欽此
旨同道堂後簷油飾改綠色畫班竹博古前簷油飾不必修理欽
此　三月初十日王總管傳
旨林虛桂靜西進間暖格東邊四扇撤去床桂簷作東接
長此　三月十日王總管傳
旨同道堂殿內撤去玻璃窗普該路急刻成做糊屜糊好安上欽此
三月十三日王總管傳

節畫天花畫楠柏木色欽此
旨九洲清晏東山新添盖黃殿三間頂格按長高一丈二尺二寸成做糊
三月十四日王總管文下
硃筆如圍芝蘭室東間南北窗六扇俱滿糊節坦坦湯二簷
懷堂西兩間中間南窗六扇安玻璃一塊做圓屜屜子
拐成做冰紋式韶景軒靜通齋蒲後窗安玻璃八塊欽此
三月十八日王總管傳
琉璃庭俱簷按畫樣尺寸成做其樘條改糊
旨坦坦湯瀟灑懷堂中向西次向兩進間前言成做
藍連四紙靜通齋前後言玻璃八塊俱要

長一尺高一尺二寸成做屜窗八扇俱安廣玻璃鎖此二傳
旨靜通齋西南間前後言屜子六扇各寬
四尺四分通高五尺九寸明間後言屜子二扇各寬
三尺八分通高五尺九寸玻璃八塊大四外已各
寬二尺高一尺三寸欽此　三月十六日王總管傳
戈九洲清晏西進兩間搭地坑一鋪照通樣條搭欽此
三月十六日王總管傳
旨坦坦湯瀟灑懷臺東兩間柏木嵌扇一樘挪安
西兩間照舊安惆西進間東扇改為佳北用東次間
三月十九日王總管傳

原安嵌扇俱係漆安木壁稿稿斷大方忠西進間
原安嵌扇分位安木壁稿斷糊紙樓梯門口安撥
須向往南用東次向西次向北京六扇傳造
靜處做冰紋式屜子畫樣呈監見欽此
三月十九日王總管傳
硃筆成做楠木嵌扇二樘大方窗一簷俱搭
旨坦坦湯瀟灑懷堂挪安活計俱搭
紗方憑樣修按較扇樘修式稿下口不動言與明
間飛罩畢齋西進間撢屜門口撤去西次間夾搭屜
屜子內撤去西次間再進間北窗新盖做冰紋式屜

块，宽二尺七寸，高二尺二寸。东进间南窗二扇，成做两截，暖屉四扇下扇各安玻璃一块，宽二尺七寸，高二尺二寸。后殿五间中间北窗二扇成做两截，暖屉四扇。西次间南窗二扇成做两截，暖屉四扇下扇各安玻璃一块，宽二尺七寸，高二尺二寸，北窗二扇成做两截，暖屉四扇。西进间南窗二扇成做两截，暖屉四扇下扇各安玻璃一块，宽二尺七寸，高二尺二寸。东次间南窗二扇成做两截，暖屉四扇下扇各安玻璃一块，宽二尺七寸，高二尺二寸，北窗二扇成做两截，暖屉四扇。东进间南窗二扇成做两截，暖屉四扇下扇各安玻璃一块，宽二尺七寸，高二尺二寸。以上屉子俱成做……

该图档详细记录了咸丰九年正月至四月圆明园内各处修缮、裁添各类装饰、家具等，对于圆明园内陈设变化以及装饰用材、规格、尺寸等研究具有较高的参考价值。

西面棚板於明日臘勘欽此

三月二十八日王總管傳

旨為晉寶座床進深二尺二寸改做躺拓席欽此又傳

旨懷堂前後窗戶滿糊新紙新安玻璃窗十二扇者成做布

粘挑十塊臘釘頭欽釘

三月三十日王總管傳

旨令 碧後西廊新添安棚槅俱成做本色不必油飾外棚板墻

門俱按樣式油飾尺寸成做欽此

四月初一日王總管傳

碴筆件澄懷堂中間北槅扇安用門一槽三堂中堂

---

上圖下方兩邊窗式 素心堂後層三面寬尺三十四扇滿

糊件後槅扇亦滿糊件欽此

四月初二日又王總管傳

旨坦坦陽萬後拖厦說安條案 在澄懷堂東次間方窗

南南篆傳造辦處將界廠戶官賜圖摘下後廠

蒨三屬对摘下揺在天官語 住澄懷堂東山墻現

安帳屏下荼高 装修安閣齊下面安板糊香

色依欽此

四月初二日王總管傳

旨澄懷堂添做夾門窗圓光安廣片玻璃圓光外糊紙風門糊

---

銀條紗下截兩魚思上橫披倶糊油飾的本色再垣蕩、

北明提裝風窗滿糊飾綠簷軒明間東槅斷門口那安東進

一門二方窗分位中安西次間落地罩那安明間東槅斷門口

分位西次間暖閣那西進一間後澄簷夾道槅斷那安西次

間後簷西進一間大床胶安落地罩盆添做壁子

槅斷分中間八方門口欽此

四月初一日王總管傳

旨碧桐書院前窰堂備堂二間南北四扇成做兩截暖屏

八扇上扇糊紙下扇各安玻璃琥寬尺東次間南北窗

做兩截暖屏大扇下扇各安玻璃琥寬二尺東次間南北窗

---

四扇成做兩截暖屏下扇各安玻璃琥寬壹尺七寸高二

尺寸東進間南窗二扇後殷五間中間北窗二扇成做兩

塊寬二尺七寸高二尺後殷五間中間北窗二扇成做兩

琥寬二尺七寸高二尺七寸北窗二扇成做兩截暖屏四

兩進間南窗三扇成做兩截暖屏四扇下扇各安玻璃一

塊寬二尺七寸高二尺東次間南窗二扇成做兩截暖屏四

扇下扇各安玻璃一琥寬二尺七寸高二尺七寸以上暖屏四

做兩截暖屏四扇東進間南窗三扇成做兩截暖屏四

下扇各安玻璃一琥寬二尺七寸高二尺二寸以上屏子俱成做

# 南苑

## 团河船坞油什做法糙底

南苑，又名南海子，位于京城以南约十里，其历史悠久，可以上溯到辽金时期，是元明清三朝的皇家禁苑。南苑是清入关后"清帝园居"的第一个大型皇家苑囿，是皇家狩猎、阅兵之所，也承担着部分政治功能，举行过许多政治外交活动。康熙五十二年（1713），在此修建南红门行宫，简称南宫。团河行宫位于南苑西南角，黄村门内六里许，乾隆四十二年（1777）建成，是清王朝在南苑修建的四座行宫中最大一处行宫。团河行宫之名源于团河，团河为南苑内两大水源之一，团河之水流入凤河。乾隆皇帝认为凤河是治理永定河的关键，因此乾隆三十七年（1772）对永定河进行大规模治理时，由内务府出资挑浚凤河及其上游团河。在疏浚团河的基础上，因地制宜修建了团河行宫。与其他行宫相比，团河行宫除了宫廷区外，还借团河之便开辟了苑林区，行宫内"泉源畅达，清流溶漾，水汇而为湖，土积而为山，利用既宜，登览尤胜"。

该文档记录了团河船坞油什做法，文字内容为"团河船坞油什做法糙底。油什下架柱木装修止花墙缝板，使灰七道满麻二道布一道，糙油垫光，油望板当连言，风口引板，使灰三道糙油俱光，朱（硃）红油。引板光白粉油窗心使灰糙油刷胶光录（绿）油。上架枋梁大木使灰六道满麻二道糙油彩画苏做。二青米色香色藕荷地主（柱）粉贴金汉文武青录（绿）奎龙五彩宝祥（相）花找头异锦花，绘红洋海水义事去房箍头哨青录（绿）楞（棱）线贴金。椽子使灰三道糙油衬二录（绿）刷大录（绿）。柁椽头使灰彩，望内柁头苏式博古，椽头金万寿字红蝠吉庆龙头罩，油内里。上下架赤脊头使灰五道满麻一道。椽望使灰三道糙油俱光堃（坤）油，糊什窗心高力（丽）纸。五月廿八天昌来信抄此一房存照"。

图号：359-0080
绘制年代：[不详]
颜色：黑白
款式：墨笔
原图尺寸（cm）：19.3×28.5
图档类型：大类：文档
　　　　　　子类：做法说贴
所涉工程：团河船坞油什工程
工程地点：团河行宫

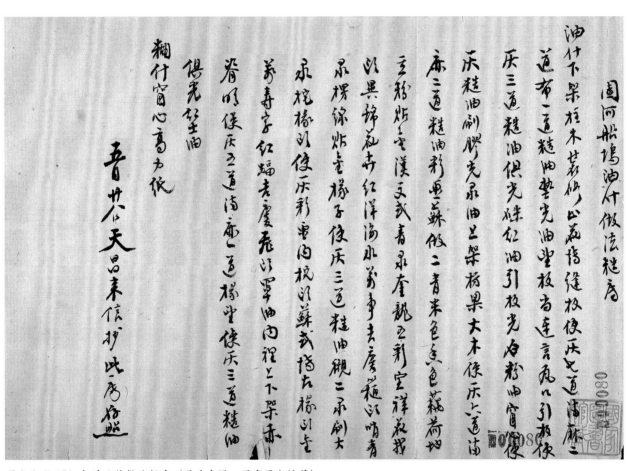

图2.6-5 团河船坞油什做法糙底（图片来源：国家图书馆藏）

## 恭逢皇上临幸南苑路程 [略节]

该文档记录了皇上临幸南苑路程的相关内容，反映了南苑内建筑之间的距离，文字内容为"恭逢 皇上临幸南苑路程，进大红门至新宫八里、新宫至团河宫十六里、团河至南宫十六里、南宫至安佑庙九里半、安佑庙至旧宫八里、旧宫至大红门十里、共六十三里半 □ 进小红门至元灵宫半里、元灵宫至永慕寺五里、永慕寺至旧宫半里、旧宫至关帝庙一里半、关帝庙至安佑庙八里半、安佑庙至团河宫十四里、团河至新宫十六里、新宫至镇国寺门六里、安佑庙至晾鹰台八里、晾鹰台至新宫"。

图号：110-0011

绘制年代：[不详]

颜色：黑白

款式：墨笔

原图尺寸（cm）：24.0×18.9

图档类型：大类：文档

　　　　　　　子类：略节

所涉工程：南苑路程设计

工程地点：南苑团河行宫

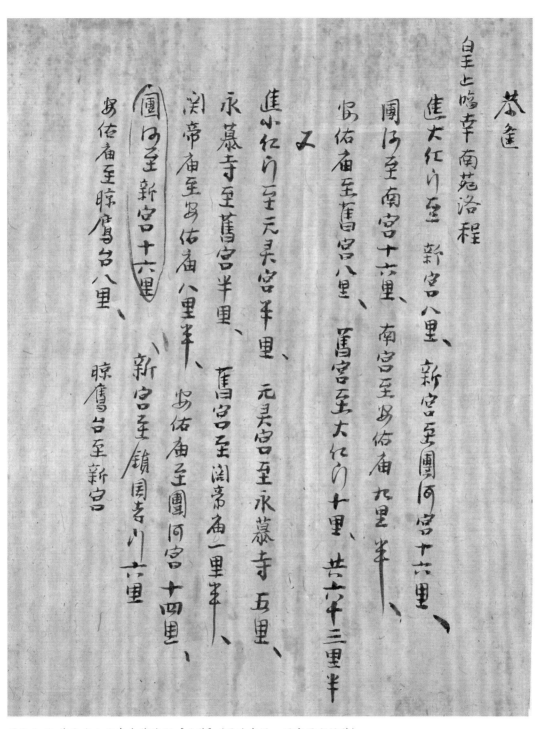

图 2.6-6 恭逢皇上临幸南苑路程 [略节]（图片来源：国家图书馆藏）

# 第三章 中国园林博物馆馆藏《[中海海晏堂地盘图样]》探析

清末，在北京西苑三海内曾有一组园林建筑景观——中海海晏堂，该组建筑将洋式装修风格与皇家园林营造结合。在中国园林博物馆的馆藏藏品中，有这样一幅《洋式建筑图样——样式雷绘寝宫建筑图》，该图档所绘建筑地盘图样与长春园西洋楼建筑群中的海晏堂建筑风格十分相似，通过图样上粘贴的红签"洋式门口玻璃窗""洋式花罩""寝宫洋式落地罩床"等文字可初步辨认出建筑呈现的西洋装修风格。但是，这幅图档所绘建筑明间处的"围屏""宝座"以及相对应的红签并未明确具体风格，通过查阅关于清代海晏堂建筑的历史资料以及与相关"样式雷"图档进行对比研究，中国园林博物馆馆藏所绘"洋式寝宫"的建筑地点并不在长春园西洋楼建筑群之中，而是西苑三海皇家园林里的"中海仪鸾殿"旧址之上重新营建的"中海海晏堂"。

## 一、中国园林博物馆馆藏《［中海海晏堂地盘图样］》介绍

中国园林博物馆馆藏清代《[中海海晏堂地盘图样]》为清内务府样式房所绘呈样的修改稿，图中未发现与建筑名称相关的文字记录。图样以"南""东""下层"共3张黄签指明建筑方位，彩绘，是不规则的9间洋式寝宫建筑的地盘设计图，绘制时间在清光绪二十八年至光绪三十年（1902年—1904年）之间。建筑中路为3开间带前后廊洋式建筑，东、西方向均为前后各3开间带前廊的洋式建筑。三路建筑之间由"洋式门"连接进

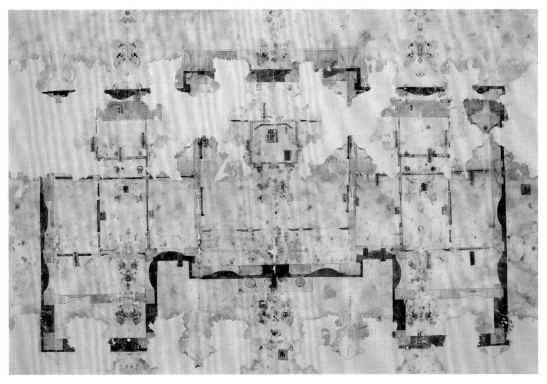

图3-1 中国园林博物馆馆藏《［中海海晏堂地盘图样］》

出。此外，图样内还粘贴有"楼梯""洋式落地罩""洋式落地罩""洋式玻璃罩""洋式飞罩""洋式门口玻璃窗""洋式花罩""洋式门""洋式碧纱橱""围屏""宝座""寝宫洋式落地罩床""洋式几腿罩"等29张涉及内檐装修风格与家具的红签，其中，西洋式内檐装修风格的红签共25张，传统家具的红签4张。

## 二、两座海晏堂的历史出处

从海晏堂的称谓来看，"海"为百川汇聚处，比喻事物多而广，"晏"为晴朗、安静之意，海晏堂的名称既体现了中国古代皇家君临天下、至高无上的皇权权威，又含有天下太平、长乐未央的治国理政思想。

### （一）长春园中的海晏堂

以海晏堂为代表的长春园西洋楼建筑群最早见于清代乾隆时期，由传教士郎世宁、蒋友仁、王致诚等设计监修，其中《地盘样稿》于乾隆二十一年（1756）四月奉旨照准，蒋友仁设计的水法仪器则于次年七月奉旨照样准做，前后历时三载，至乾隆二十四年（1759）工程基本告竣。长春园海晏堂东西向，占地140米×50米，是西洋楼景区中规模最大的一组建筑。不过，海晏堂与长春园中的其他西洋楼一起，毁于咸丰十年（1860）英法联军的大火。[1]

图3-2《长春园海晏堂》铜版画

---

1 张威. 同治光绪朝西苑与颐和园工程设计研究 [D]. 天津大学,2005:85.

### （二）中海仪鸾殿旧址上仿建的海晏堂

在国家图书馆馆藏的《谨拟集灵囿内添修洋式点景楼座亭台房间等图样》中，建筑群中路最北端有一座浮签标注为"谨拟仿照海晏堂正面式样"的建筑，南部为"十二属相水法池"，东西两侧各有一个八边形的"水法池"，北部为"水池"和转向"踏跺"。显然，这一设计仿照的就是长春园海晏堂，只是水车房、锡海等被简化。[1] 根据题图名可以推测：除长春园中的海晏堂以外，另有一座与"长春园海晏堂"建筑正面相似的建筑正处在"样式雷"建筑图档的酝酿之中。

光绪二十七年（1901），经历八国联军战乱的慈禧决定重建海晏堂，但并未在长春园内重建，而是在被联军烧毁的中海仪鸾殿的旧址上，参仿长春园海晏堂，将海晏堂建成二层洋式楼房。其实，在清同治十三年（1874）至清光绪三十年（1904）期间，曾有三次关于西苑的大修工程。其中最后一次大修与海晏堂有关。第一次大修工程在同治十三年（1874）八至十二月间，虽因穆宗驾崩半途而废，但从所遗图档文献分析，当时确曾有计划进行大规模的兴建。第二次大修，始于光绪十一年（1885）四月，约至十八年（1892）告一段落，是为德宗亲政后，慈禧太后与光绪帝驻跸西苑之需。其重点工程为瀛台与仪鸾

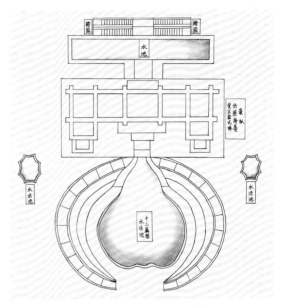

图3-3 改绘自《集灵囿海晏堂地盘样》

图3-4 "中海仪鸾殿"老照片

图3-5 "中海海晏堂"老照片

---

1 张威.海晏堂四题 [C].圆明园学刊第二十三期.2018:41-42.

殿，还赎买了临近西苑的北堂，命名为集灵囿。第三次大修，始自光绪二十七年末（时已1902年），到三十年（1904）基本完成，主要对西苑所受破坏进行修复，在中海仪鸾殿基址新建的中海海晏堂可谓此次修复的重点。[1]这组建筑费时3年，耗银500多万两。但慈禧只在这里举行过5次外事活动。[2]

### 三、园博馆藏海晏堂图样所绘建筑地点推测

中国园林博物馆自这件西洋建筑风格的样式雷图档入藏以来，从未间断过对于图样所绘的建筑位置进行推测，登编之初其藏品名称为《洋式建筑图样——样式雷绘寝宫建筑图》，关于其工程建筑地点的推测均没有确切依据，因此编研工作曾被暂时搁置，直到馆藏另一件《样式雷绘福昌殿地盘图样》的发现，才将《样式雷绘寝宫建筑图》所绘建筑地点的研究向前推进一步。

#### （一）通过对"福昌殿"建筑的研究推测"海晏堂"的建筑位置

中国园林博物馆馆藏《样式雷绘福昌殿地盘图样》，彩绘有五开间带前后廊的福昌殿，为样式雷呈样的修改稿。图样左侧粘贴"东房"黄签1张；两稍间粘贴3张红签"床"，明间内粘贴"福昌殿地盘图样"红签1张表示图档的名称。

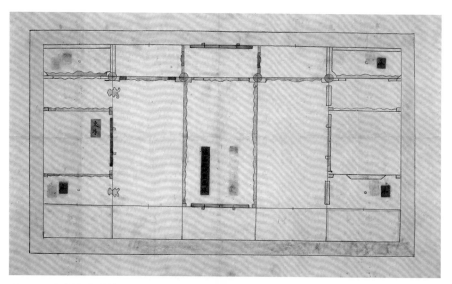

图3-6 园博馆藏《样式雷绘福昌殿地盘图样》与红签

---

1 张威.同治光绪朝西苑与颐和园工程设计研究[D].天津：天津大学，2005:20.
2 左图.中海海晏堂[J].紫禁城，2005(06):136.

中国第一历史档案馆有两份有关西苑大修的工程经费的历史档案：《奏为恭修仪鸾殿福昌殿以及海晏堂仿俄馆等项目工程应需钱粮数目折》[1]《中海修建海晏堂仿俄馆核估工料银两数目单》[2]。两份档案的题名中，同时出现了"福昌殿"与"海晏堂"字样，且"海晏堂"与中海的修缮事件似乎有所关联。再据中国第一历史档案馆《中海修建仪鸾殿两卷殿各座殿宇楼房游廊门座墙垣海堤甬路等工丈尺做法清册》[3]《仪鸾殿各处添修值房并添改墙垣海堤甬路泄水沟等公丈尺做法清册》[4]的档案，这两份档案对仪鸾殿这组建筑群的规模、样式及做法等都有具体详细的规定。这是一组以仪鸾两卷殿为中心，前后三进，坐北朝南的传统宫殿式建筑群，仪鸾两卷殿是正殿，规模最大，共五间，殿顶建成两卷形式，两卷殿即由此而得名。仪鸾两卷殿的前后各有东西配殿一座，共四间，每座五间；它们的后面有福昌殿，也是五间，规模略小于仪鸾两卷殿。[5]据此可知：福昌殿的建筑规模为一座五间，规模略小于仪鸾殿，且仪鸾殿、东配殿、西配殿、福昌殿、海晏堂等建筑的位置均在中海。另外，《样式雷绘福昌殿地盘图样》《样式雷绘寝宫建筑图》两份图档为中国园林博物馆同一批次与来源的馆藏，这也为两座建筑的位置关系提供了佐证。

## （二）从圆明园安装"玻璃窗"的时间推断"中海海晏堂"的建筑位置

张凤梧《样式雷圆明园图档综合研究》一文对于乾隆年间长春园工程项目有所表述，文中提到《奏销档》记载乾隆二十四年（1759）新建成"方外观""海晏堂""大水法"等东侧各景。而《钦定总管内务府现行则例——圆明园卷一》记载了乾隆五十二年（1787）"谐趣园""黄花灯""海晏堂"落成。在园博馆藏《样式雷绘寝宫建筑图》中，多次出现"洋式玻璃罩""洋式门口玻璃窗""洋式门口玻璃窗"等含有玻璃二字的红签。[6]而在童立群《论以"玻璃窗"来确定庚辰本定稿于乾隆三十五年以后》的文章中，对于圆明园安装玻璃一事也有提及："乾隆三十五年（1770）四月，圆明园的淳化轩新建宫殿的后殿窗户安装玻璃。此为中国最早安装玻璃窗之事。"[7]因此，若用乾隆三十五年（1770）四月为圆明园最早安装玻璃窗的时间来推断，馆藏《样式雷绘寝宫建筑图》的绘制年代不应早于乾隆三十五年（1770）。因此，"洋式玻璃罩""洋式门口玻璃窗""洋式门口玻璃窗"等装饰材料在乾隆二十四年（1759）就出现在海晏堂内檐装修上的推论不能成立，也间接证明该幅馆藏图样所绘"海晏堂"的建筑位置并不位于圆明园三园之中。

1 中国第一历史档案馆编.清代中南海档案文献选编（修建篇·下）[M].北京西苑出版社，2004:238-243.
2 中国第一历史档案馆编.清代中南海档案文献选编（修建篇·下）[M].北京西苑出版社，2004:244-248.
3 原注：藏中国第一历史档案馆，财务类 9859 项，做 147 号.
4 原注：藏中国第一历史档案馆，财务类 9855 项，做 143 号.
5 林克光 王道成 孔祥吉.近代京华史迹 [M].北京：中国人民大学出版社，1985:34-47.
6 张凤梧.样式雷圆明园图档综合研究 [D].天津大学，2010:46-47.
7 童力群.论以"玻璃窗"来确定庚辰本定稿于乾隆三十五年以后 [J].鄂州大学学报，2010，17(1):49-52.

### （三）从内檐装修及陈设推测建筑地点

根据上述推论，中国园林博物馆馆藏《洋式建筑图样——样式雷绘寝宫建筑图》建筑地点并不在圆明园之中，不是长春园西洋建筑群中的海晏堂。因此，对建筑地点的猜测再次回到西苑三海之中。

一位清末侍女德龄在《清宫二年记》中的一段回忆引起笔者的注意。文中提到"有一次到西苑去玩，太后指着一大块荒场说：从前这里本来有一所大殿，不幸在庚子年烧毁了，她又说这倒不是外国兵来烧掉了，是因为自己失慎。她又说她先前本来嫌这殿的样子不好看，现在正计划在原地重新建造一所大殿，因为现在的大殿，在新年里外国人来贺年的时候，还是觉得太小，容纳不下。因此她就命工部照她的意思，打起图样来。以前宫中的房屋，都完全是中国式的，这一次也稍稍参照西式，而且不论是什么时候开工。于是一切图样就照着太后的意志，开始了设计，这是一幢木头的模型，各物齐备，即窗格、天花板和嵌板上的雕刻也无不完备。然而我知道太后永远不会对一件事完全满意的，这次当然也没有例外，她各方面打量了一番，便说这间屋子要大些，那间要小些，这个窗移到那里去等等，于是模型不得不带回去重做。做好了再拿来时，人人都称赞比上次做的好多了，太后也觉得很满意，接着要做的就是定名，商酌了好久才定'海晏堂'。建筑工程就立刻开始，太后对于工作的进展也很关切，殿内的一切设备早已决定完全采用西式，当然只有宝座，仍旧是满洲的风格"[1]。

德龄的此段回忆虽然在"不是外国兵来烧掉了"的细节上有些不合史实，不过所提及的海晏堂是建在西苑被焚毁的仪鸾殿旧址上，以及殿内宝座仍为满洲风格是经得起推敲的。特别是殿内宝座仍为满洲风格与园博馆馆藏《洋式建筑图样——样式雷绘寝宫建筑图》中所绘宝座上粘贴红签的家具称谓是一致的。在图样中共粘贴29张红签，除"洋式门口玻璃窗""洋式花罩""洋式飞罩"等涉及"洋式"二字的红签25张外，剩余"围屏""宝座""楼梯""楼梯"未标有"洋式"二字的红签共4张。一般在样式雷图档粘贴红签，代表此处的装修或家具尚未确定，还需调整。结合《清宫二年记》中德龄的回忆具体分析：此一时期的海晏堂所绘宝座始终未出现"洋式"字迹，资料记载的满洲风格宝座与"样式雷"图档绘制中未出现"洋式"二字的宝座的历史史实一致。"屏风"与"楼梯"最终采用满洲风格还是洋式风格尚不得而知，至少从《样式雷绘寝宫建筑图》呈样修改稿所绘的特定

图 3-7　园博馆藏《中海海晏堂地盘图样》局部与"宝座"红签

---

1 德龄.清宫二年记：清宫中的生活写照[M].顾秋心译.昆明：云南人民出版社，1994：193-194.

历史时期来看，"宝座""屏风""楼梯""楼梯"四张红签所代表的风格并不为"洋式"。

此外，在《清宫二年记》中"太后的意志""工部""图样""木头的模型"等文字已将"西苑海晏堂"与"样式雷"图档产生了关联。清朝晚期，慈禧太后独揽大权，从慈禧的想法到海晏堂建筑的建成是经过样式雷图样与烫样的反复修改，最后由太后阅览定夺。

综上：在德龄的回忆中，慈禧太后想要修建的"西苑海晏堂"是经过如下过程：在西苑内的荒场中原有一所被焚毁的中式大殿"仪鸾殿"，太后命令工部在大殿原址上重新营造出一座西洋风格的建筑，隶属工部的"样式雷"在经过图样绘制、烫样的制作与修改后，呈现给太后阅览，建筑内部只有一处满洲风格的"宝座"，其他的家具及陈设风格均为洋式装修。最终，这座西洋风格建筑被太后冠以"海晏堂"之称。而在西苑三海内被称为"海晏堂"的建筑只此一座，即"仪鸾殿"基址所在位置——西苑"中海"。

至此，中国园林博物馆馆藏《[中海海晏堂地盘图样]》找到了"归属"，即为：太后在西苑修建"中海海晏堂"期间，由隶属工部的"样式雷"绘制的屏风、宝座以及两处楼梯，共四处呈现满洲风格，其余均为洋式内檐装修的"样式雷"图样过程稿，其建筑地点也确认在北京西苑三海皇家园林内，在曾经的中海仪鸾殿旧址上仿建的海晏堂。

## 四、《圆明园海晏堂［地盘平格底］》图档建筑地点初探

国家图书馆藏有《圆明园海晏堂［地盘平格底］》，编号392-0404，清光绪三十年

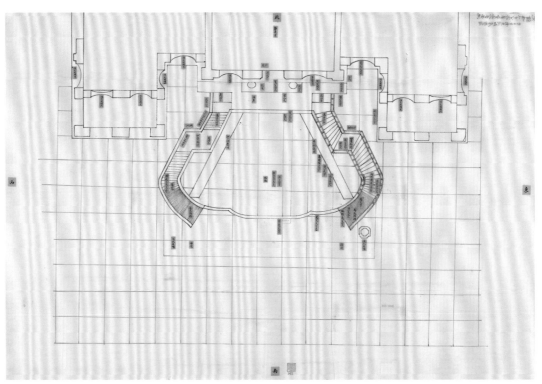

图3-8 国家图书馆馆藏《圆明园海晏堂［地盘平格底］》

（1904）所绘。观察图档所绘建筑外部轮廓与黄签可知，位于建筑外轮廓正中的1张"洋式门"黄签以及2张"洋式玻璃门"黄签与9张"洋式玻璃窗"黄签恰好描绘了海晏堂建筑采用了西洋式外檐装修设计的营造手法。另外，图样还用墨线绘制出海晏堂建筑前的水池，水池两侧各为一路带"礓磜"与"踏跺"的台阶，台阶的内侧各自布置"十二铜属相"，两组台阶与"十二铜属相"相互对称通向"泊岸"，其中"水池""礓磜""踏跺""十二铜属相""泊岸"等文字一并粘贴出黄签以供审阅。

### （一）两幅海晏堂图样对比研究

结合中国园林博物馆馆藏《[中海海晏堂地盘图样]》进行对比分析，两幅图样中建筑以南所绘建筑外轮廓完全一致，均为非传统形式的不规则建筑，且国家图书馆馆藏《海晏堂》图样更加清晰、直白地在图样中粘贴出表明建筑身份"海晏堂"黄签、"洋式门""洋式玻璃窗""洋式玻璃门"等外檐装修黄签。另外，两座海晏堂建筑从外檐装修处观测具有较为明显的洋式建筑风格，图4-10、4-11、4-12中所示三组内、外檐装修的红、黄签位置近似，即建筑外轮廓西南的"洋式花罩"与"洋式玻璃窗"、外轮廓正南的"洋式花罩"与"洋式门"、外轮廓东南的"洋式花罩"与"洋式玻璃窗"的建筑格局位置近乎一

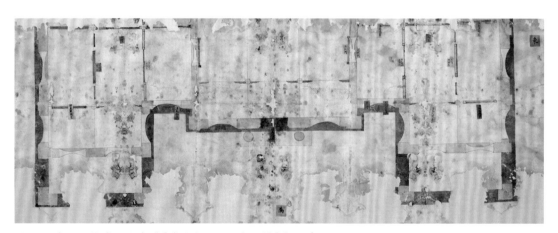

图3-9 中国园林博物馆馆藏《[中海海晏堂地盘图样]》局部

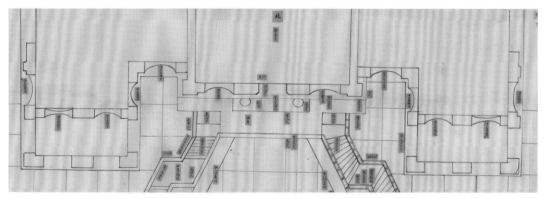

图3-10 国家图书馆馆藏《海晏堂[地盘平格底]》局部

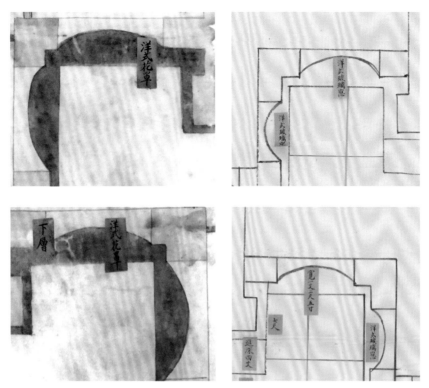

图 3-11 "洋式花罩" 与 "洋式玻璃窗" 内、外檐装修对比图

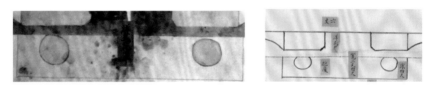

图 3-12 "洋式花罩" 与 "洋式门" 内、外檐装修对比图

致。综上表明：国家图书馆藏《圆明园海晏堂 [ 地盘平格底 ]》图档所绘建筑同中国园林博物馆藏《[ 中海海晏堂地盘图样 ]》所绘建筑为同一座海晏堂。

### （二）《圆明园海晏堂 [ 地盘平格底 ]》建筑地点

《圆明园海晏堂 [ 地盘平格底 ]》曾在《国家图书馆藏样式雷图档·圆明园卷续编》中出版，该图档建筑地点被推测为长春园的海晏堂。对于这张编号为 392-0404 图档中的"海晏堂"建筑位置所在，笔者持有不同观念，认为其建筑位置在西苑"中海"，并且从该图背面的"样式雷"文字档中发现端倪。

该图右上方背面写有一组文字，题写"光绪三十年六月二十六日海晏堂添四季花池，当日午刻至同和居面商"。尽管该段文字并未直接写明海晏堂的建筑地点，但另一处建筑"同和居"引起了笔者的注意。据查证，同和居始于清道光二年（1822），坐落在西四南大街北口（西四十字路口西南角），1984年搬至三里河月坛南街，是北京经营鲁菜的饭庄。[1] 相较于长春园的海晏堂来说，位于中海的海晏堂建筑位置距西四附近的同和居饭庄更为贴近，当日正午前往此处解决海晏堂四季花池之事更加合乎常理。再根据光绪三十年（1904）六月二十六日出现的具体日期进行推论，长春园的海晏堂在咸丰十年（1860）毁于大火，在历史文献中未出现过光绪三十年（1904）重修长春园西洋楼建筑群之事，反倒是与西苑第三次大修建造中海海晏堂的完工日期相同。通过对编号为392-0404图档进行研究，笔者认为《[中海海晏堂地盘平格底]》作为这张图档的题图名较为准确。此项勘误工作更加明确了在皇家园林图档中营造"海晏堂"建筑的历史细节，更是使中国园林博物馆藏《[中海海晏堂地盘图样]》的研究结论得到了印证。

图3-13 国家图书馆馆藏《圆明园海晏堂[地盘平格底]》背面文字

## 五、结论

首先，根据园博馆藏《[中海海晏堂地盘图样]》的本体研究可知，该图样为彩绘不规则9间洋式风格建筑，通过粘贴在图样上的3张黄签以及29张红签可以确认图样类型为内部装修平样，可以确定《[中海海晏堂地盘图样]》属于清宫样式雷图档研究范畴。

其次，通过参照园博馆藏同一批次的另一幅《样式雷绘福昌殿地盘图样》进行推论：园博馆馆藏《[中海海晏堂地盘图样]》所绘建筑地点在北京西苑三海皇家园林之中，并极有可能与福昌殿的建筑地点相近，位在北京西苑三海的"中海"之列。

再次，回到文物本体，研究中发现图样所绘"洋式门口玻璃窗""洋式花罩"等记录洋式装修风格红签与"宝座"等中式传统家具红签在《清宫二年记》中"殿内的一切设备早已决定完全采用西式，当然只有宝座，仍旧是满洲的风格"的记载一致。再结合"太后的意志""工部""图样""木头的模型"等文字表述与"样式雷"图样与烫样的制作与修改过程进行推测，还原了从慈禧的一个想法到"海晏堂"图档形成的设计过程，明确了图档建筑位置是于西苑三海皇家园林内中海仪鸾殿旧址上仿建的海晏堂。

最后，通过辨析国家图书馆馆藏编号为392-0404的清光绪三十年（1904）所绘《圆明园海晏堂[地盘平格底]》正、背面图档及文字，再结合园博馆藏《[中海海晏堂地盘图样]》的相关研究，我们认为编号392-0404的图档为《[中海海晏堂地盘平格底]》。

---

1 王振宇.同和居饭庄[J].商业文化，1997:49-51.

第四章　皇家园林样式雷图档资源库

中国园林博物馆依托于北京市公园管理中心（以下简称"中心"）各单位有关样式雷的图档、文物及数字资源建立了《皇家园林样式雷图档资源库》（以下简称《资源库》），以规范有序的方式对样式雷图档资源、相关文献资源以及研究资料等进行统一存储管理，面向业内相关单位和研究人员，提供一站式专题资料查阅服务，在实现图档文献数字化存档管理的同时，提高图档文献的利用率，充分发挥其文献价值。资源库的建立实现了"样式雷"皇家园林资源的数字化管理，为园林、建筑及相关交叉学科的研究提供了丰富的基础数据和检索功能。

## 一、资源库建设背景

中国园林博物馆（以下简称"园博馆"）自开馆以来陆续收集北京地区皇家园林及历史名园的样式雷图档资料，为园林系列的藏品研究提供重要支撑。2020-2021年中心所属的园博馆、颐和园、北海、香山四家单位联合开展了《北京皇家园林"样式雷"图档研究》，以涉及北京皇家园林的图档资料为搜集和研究对象，在各单位现有样式雷图档、文物及数字资源基础上，进一步搜集整理国内外与北京皇家园林相关的样式雷图档资源、文献资料与其他研究资料。

现存样式雷图档散落收藏于世界各地，国内及国外均有收藏单位保存样式雷图档、烫样。据统计，涉及颐和园、北海、香山、圆明园等北京皇家园林样式雷图档、烫样的国内外收藏单位共15家（见表4-1）。

### 表4-1 样式雷园林图档分布情况简表

| 序号 | 收藏单位 | 图档数量 | 图档说明 | 图档涉及现今所属单位 |
|---|---|---|---|---|
| 国内 | | | | |
| 1 | 国家图书馆 | 4000余件 | 圆明园：1359件。<br>颐和园：686件。<br>香山、玉泉山96件。<br>畅春园：31件。<br>南苑：200余件。<br>王公府第：700余件。<br>西苑三海：近900件（西苑北海80余件）。<br>香山静宜园：59件。<br>乐善园、天坛、紫竹院行宫、卧佛寺行宫、社稷坛、景山等园林60余件。图档资源最为丰富，包括全图、建筑图、内外檐装修等多种类型。 | 颐和园、北海公园、香山公园、北京动物园、北京植物园、天坛公园、中山公园、景山公园、紫竹院公园、圆明园遗址公园等 |

| 序号 | 收藏单位 | 图档数量 | 图档说明 | 图档涉及现今所属单位 |
|---|---|---|---|---|
| 2 | 中国第一历史档案馆 | 200余件 | 颐和园（清漪园）：70余件，包括地盘图、平面图、立样图、糙底等。<br>西苑北海：1件，《北海至中海辅修铁路地盘样》。<br>香山静宜园：样式雷画样目录12件。<br>圆明园：119件。 | 颐和园、北海公园、圆明园遗址公园、香山公园 |
| 3 | 故宫博物院 | 398件 | 圆明园：312件，包括地盘图、河道图、建筑图、内外檐装修图等。<br>颐和园（清漪园）：图档63件，烫样2具，包括全图、建筑图、内外檐装修、园内航道、万寿庆典搭彩等。<br>香山静宜园：样式雷画样目录2件，《致远斋寿药房寿膳房等地盘尺寸图》《丽瞩楼配殿等地盘尺寸糙图》。<br>西苑北海：19件，其中包含烫样7具，包括画舫斋、漪澜堂等处全图、内外檐装修图等。 | 颐和园、北海公园、香山公园、圆明园遗址公园 |
| 4 | 清华大学 | 204件 | 皇家园林相关图档、烫样、内檐装修板片204件：包括圆明园11件、内外檐彩色3件、石拱桥3件、颐和园《清漪园殿宇名单》《万寿山准底册》，其余为其他皇家园林、行宫、围场、公所、学堂以及值房、船坞；文档4件。 | 圆明园遗址公园、颐和园等 |
| 5 | 中国文化遗产研究院 | 7册 | 《西苑仪鸾殿福昌殿后罩楼海晏堂仿俄馆样式楼装修立样》。 | 中南海 |
| 6 | 中国科学院情报文献中心 | 65件 | 颐和园（清漪园）：63件，游船画样1册15件、露天陈设图样61件、石座图样1册。<br>西苑北海：2件，《工程做法不分卷》，包括北海工程。 | 颐和园 |
| 7 | 中国人民大学古籍特藏阅览室 | 23件 | 颐和园（清漪园）：22件，涉及东宫门外马厂值房、文昌阁、重翠亭、西堤诸桥、对鸥舫、龙王庙、听鹂馆等建筑，包括建筑设计、内檐装修、佛像等。<br>香山静宜园：样式雷图1件，《静宜园内太后宫旧准底》。 | 颐和园、香山公园 |

| 序号 | 收藏单位 | 图档数量 | 图档说明 | 图档涉及现今所属单位 |
|---|---|---|---|---|
| 8 | 中国国家博物馆 | 少量 | 圆明园：包括地盘样、内檐装修立样。 | 圆明园遗址公园等皇家园林 |
| 9 | 首都博物馆 | 4件 | 颐和园（清漪园）：其中两件题为《颐和园文物学堂图》，一件题为《颐和园建筑图》，一件题为《颐和园方位全图》。 | 颐和园 |
| 10 | 台北故宫博物院 | 1件 | 香山静宜园：《静宜园已修各工缮单》。 | 香山公园 |
| 11 | 台湾大学图书馆 | 10件 | 颐和园（清漪园）：10件，包括《仁寿殿内围屏宝座地平床图样》《仁寿殿福寿同仙围屏顶帽》《仁寿殿风扇一对》《排云殿宝座图样》《排云殿风扇一对》《万寿山颐和园内玉澜堂后抱厦内改安阑干罩图样》等。 | 颐和园 |
| 12 | 中国园林博物馆 | 少量 | 西苑中海海晏堂、福昌殿内檐装修图样等。 | 中南海 |
| 13 | 北京市颐和园管理处 | 10件 | 颐和园（清漪园）：包括建筑图、内外檐装修图和区域地盘图。 | 颐和园 |
| 国外 | | | | |
| 1 | 日本东京大学东洋文化研究所 | 18件 | 颐和园（清漪园）：12件，《万寿山离宫之全图》《万寿山后山点景值房图样》《万寿山颐和园前堤泊岸等处添修码头图样》等。<br>香山静宜园：样式雷图1件，《北京静宜园内致远斋等图样》。<br>西苑北海：1件，《西苑周围海墙各门座朝房全图地盘样进呈样》。<br>圆明园：4件，整修大墙、船只做法清册等。 | 颐和园、北海公园、香山公园、圆明园遗址公园 |
| 2 | 法国巴黎吉美博物馆 | 1册 | 圆明园：1册，《圆明园地盘全图》。 | 圆明园遗址公园 |

说明：上述数据为编者目前掌握的图档情况，随着研究的进一步深入将更加明晰，仅作参考。

为实现对"样式雷"各类数字化资源的统一存储管理，并使其服务于中心各单位，以便互通有无、高效利用，借助信息化技术手段，规划建设出"皇家园林样式雷图档资源库"，可以从根本上解决样式雷图档相关数字化资源无法统一集中收藏、查阅、共享使用的问题，避免频繁调阅文物图档造成的损坏，从而使样式雷图档这一珍贵的文化遗产得到科学保护，使其发挥多方面效益，并且能够得到更便捷、更充分的应用。

样式雷资源库搭建后，可随着专题研究的进展，乃至后续样式雷研究和利用领域的持续发展，将陆续产生的各类数字化资源及时吸纳到资源库中，逐渐形成一个内容持续积累与更新的《皇家园林样式雷图档资源库》。这样，可以样式雷图档资源为切入点，为园林、建筑及相关交叉学科的研究提供丰富与充足的基础数据。

## 二、资源库数据管理对象

结合《北京皇家园林"样式雷"图档研究》的整体规划和要求，输出的数字化资源分为图档资源、文献资料、其他研究资料三大类，这构成资源库的数据管理对象。

### （一）图档资源

以样式雷图档文物本体为核心，按照统一的图档编目采集标准及样例材料，对图档文物描述信息、图片信息进行采集加工。为此，园博馆专门制定了《样式雷图档信息采集表》《样式雷图档信息分类统计表》《样式雷图档编目说明》《样式房图档研究凡例参考》等标准规范文件，并按照统一标准对中国园林博物园、北京市颐和园管理处、北京市北海公园管理处、北京香山公园管理处 4 家课题单位收集的样式雷图档文物及数字资源开展了相关图档资源的采集与加工。截至 2021 年 3 月，各课题单位完成样式雷图档 2300 余幅的收集，并对这批图档资料开展图文识别、信息采集、分类标引、内容分析、资料延展、图片信息等工作，形成了大量数字化资源，完成信息采集表 2504 件，完成《样式雷分类统

表 4-2 2020-2021 年样式雷图档资源采集情况 （单位：件）

|  | 图档收集 | 完成信息采集表 | 完成分类统计表 |
|---|---|---|---|
| 园博馆 | 1335 | 1529 | 1448 |
| 颐和园 | 839 | 839 | 839 |
| 北海 | 61 | 86 | 86 |
| 香山 | 59 | 42 | 42 |
| 其他 | 8 | 8 | 8 |
| 合计 | 2302 | 2504 | 2423 |

计表》2423 条。

2021 年，在中心统筹下，课题组进一步拓展北京皇家园林样式雷图档资源的收集工作范围，将涉及北京市动物园（乐善园和继园）、紫竹院公园（紫竹院行宫）、北京植物园（卧佛寺行宫）、天坛公园（祈年殿）、景山公园（寿皇殿）、中山公园（社稷坛）等地的20 余幅样式雷图档收集入库，共覆盖中心所属 10 家单位，收集整理研究工作凝聚了各单位的研究力量，资源库成果进一步丰富。

中国园林博物馆

颐和园

北海公园

香山公园

天坛公园

中山公园

北京动物园

北京植物园

紫竹院公园

景山公园

图 4-1 样式雷图档涉及单位

## (二) 文献资料

文献资料主要指近现代资料（图书、期刊论文、会议论文、报纸、年鉴、学位论文等），以及历史性文献（古籍等）。相关文献资料是开展样式雷图档专题研究的重要参考，考虑到版权问题，仅供中心及所属各单位开展样式雷图档文物相关分类登记、研究与应用工作时参考使用。文献资料的来源方式主要有两种：一是对购买的文献资料进行数字化加工；二是通过网络收集下载。

### （三）其他研究资料

中心及所属各单位在历年实际工作中对样式雷图档有不少结合实际的应用研究，由此积累下来诸多一手研究资料、宣传应用资料等，这些均具有共享使用的价值。除此之外，业内其他单位对样式雷图档的相关研究资料同样具有重要参考价值，将持续列为资料收录范围。

以上三大类数据管理对象，在进入资源库时，统一采用"标引信息，数字文件"（即"结构化数据，非结构化数据"）的方式。标引信息用于统一检索和浏览查看，以便快速了解各类资料的基本情况。数字文件包括图片、PDF、WORD、EXCEL、CAJ、KPH、音视频等各类文件；其中图片分为缩略图、高清大图两类，缩略图为压缩后的图片，用来粗略辨识图片中的主体内容，一般与标引信息共同发布使用，而高清大图涉及版权问题，一般仅用于内部存档。不同类别资料根据专题研究实际要求和资料本身特点，分别制定各自的标引信息规范、数字文件采集规范，比如前述针对图档资料制定专门的信息采集表、分类统计表等标引信息规范，从而确保进入资源库的数据均为有序、规范的。

## 三、资源库功能及服务对象

"皇家园林样式雷图档资源库"以《北京皇家园林"样式雷"图档研究》输出的各类数字化资源为数据管理对象（形成样式雷资源库），提供面向中心及所属各单位的在线查询服务，解决各单位样式雷图档相关数字化资源的集中收藏、查阅和共享使用的问题。资源库包括后台管理功能、前端服务网站、光盘镜像系统三部分。

### （一）后台管理功能

后台管理功能的服务对象主要是园博馆负责样式雷图档研究课题的工作人员以及资源库运维工作人员。

#### 1. 数据管理功能

（1）仓储式数据库创建和设置功能。仓储式数据库是用来容纳样式雷图档相关的各类数字化资源标引信息、数字文件的载体。不同类别数字化资源的标引信息的字段构成不同，在进行网页发布时字段参与检索的方式不同，因此，资源库需支持根据实际应用需求，自由创建数据库，允许自由设置各个数据库的字段及字段属性，将数字文件作为标引信息记录的关联对象直接存储于数据库中。

（2）数据录入功能。创建完仓储式数据库后，需要将各类数字化资源的标引信息、数字文件分别录入至对应类别的数据库中。资源库提供单条人工录入和批量导入两种方式。批量导入分为标引信息、数字文件两个方面。将标引信息规范化录入至 EXCEL 模板文件，通过 EXCEL 文件批量导入至资源库中；对数字文件进行规范化命名，与标引信息的某个字段内容（该字段内容须为不重复的唯一标识）完全一致，通过资源库工具自动将数字文件根据文件名称匹配至标引信息记录，并将该数字文件作为该记录的关联对象自动存储于数据库中。

（3）数据修改/删除功能。各类数字化资源入库后，后续如果需要对数据记录的内容进行单条修改或批量修改，资源库提供相应的记录内容查看、编辑功能，以及批量覆盖功能。对无效数据记录，提供相关删除功能。

（4）数据发布设置功能。数据库内容最终要发布到网页上，面向用户提供浏览查看、统一检索等功能，资源库提供对数据库的是否发布、发布后的访问范围控制、发布样式等的管理功能。

## 2. 数据存储功能

资源库支持仓储式数据库，该类型数据库支持将数字文件作为标引信息记录关联对象的存储功能，也就是支持"结构化，非结构化"的混合存储方式。该存储功能一是提高数据安全性，具有保密性质和授权访问控制的数字文件不是以服务器硬盘上的文件夹的方式存放，而是直接存储于数据库中，受到数据库访问机制本身的保护，外界用户不通过资源库无法拿到数据库中的数字文件；二是确保数据关联的有效性，标引信息与对应的数字文件直接关联存储，不会出现由于数字文件存放的文件夹名称或位置发生变化而造成关联失效的情形；三是充分满足数据库的整体迁移、部分内容（标引信息，数字文件）快速打包抽取等需求。

## 3. 数据索引、搜索引擎功能

数据索引是预先组织数据的过程，是支撑搜索引擎功能发挥的基础。针对样式雷相关数字化资源标引信息的特点，资源库支持的数据索引方式包括：

（1）分词索引。基于词表的分词方式，在业内常见词表的基础上，通过收集整理"样式雷"相关领域的特定词汇、专用词汇等，一并纳入常见词表中，提高索引后的搜索效果。

（2）精确匹配。对标引信息中的特定字段，如果需要进行精确的匹配检索，则将该字段设置为精确匹配模式。

（3）分类法交叉索引。用于标引信息中的分类字段，在搜索页面中提供分类导航，从而辅助缩小分词索引的检索范围。

（4）特征聚类索引。将标引信息中字段具有一定特征的内容进行单独聚类，辅助快速缩小检索范围，比如针对样式雷图档资料的工程或建筑地点、工程类别、图档颜色、图档性质、藏品类别等字段内容。

搜索引擎依赖于数据索引进行工作，负责将前端网页用户的检索请求转化为具体的结果集和引导信息返回给用户，并且按照时间/相关度等对结果集进行排序显示。搜索引擎功能涉及语义分析技术、数据智能挖掘和展现技术等，支持语义和个性化搜索，提供搜索推荐和搜索词关联服务，提供文献计量可视化分析功能等，从而满足对样式雷资源库内容的统一检索需求。

### 4.数据发布功能

资源库最终需要将样式雷资源库内容面向中心及所属各单位提供在线查询服务，即将数据库内容发布至前端服务网站。传统定制开发模式下，服务网站一旦建成后，后续进行页面栏目设置更改、位置变动、页面风格变动等，均需要通过改动代码、更新部署系统的方式。为实现服务网站页面的动态维护管理，资源库采用所见即所得的模块拼装式网页可视化建设技术，可自由、灵活、快捷地构建个性化网页布局、添加模块、配置模块属性、模块风格，模块与后端的仓储式数据库无缝连接，能够快捷方便地将仓储式数据库中的数据按需快速发布。

除将数据库内容发布至前端网站外，资源库还提供光盘镜像制作功能，可以将前端服务网站及部分数据库内容打包制作成光盘镜像系统。

### 5.其他功能

除以上四大类核心功能外，资源库还需要具备基础支撑功能以及其他辅助功能。比如基础的用户管理、授权访问控制、用户访问监控与统计分析等功能。考虑到样式雷图档资源的保密性要求，资源库在授权访问控制方面，要求必须具有按IP地址范围的访问控制功能，从入网访问用户登录地点的角度直接控制数据库的显隐问题，辅以远程VPN访问机制以及用户访问实时监控和追踪功能，严格控制资源库服务网站的访问和使用留痕。

### （二）前端服务网站

前端服务网站是资源库面向中心及所属各单位工作人员提供的基于网络的样式雷资源库内容在线服务窗口。其中，园博馆作为样式雷资源库建设的承担单位，其负责样式雷图档专题研究课题的工作人员具有权限通过前端服务网站查看所有数字化资源的标引信息及数字文件。中心及园博馆以外其他单位工作人员通过网页，按照各自的访问权限，可以浏览查看、统一检索资源库中的各类数字化资源的标引信息（含图档编目用缩略图），以及下载部分类别资源的数字文件。

前端服务网站由首页、检索页、详情页三类页面构成。首页是提供对样式雷资源库各种类别数字化资源的分类导航功能。

检索页是提供图档资源、学术资源及一站式搜索框，用户在搜索框中输入单个关键词，或者多个以空格分隔的关键词，点击搜索按钮提交后，该页面显示检索结果集。通过鼠标点击界面中的数据库，可切换查看不同数据库中的检索结果集；点击检索点面板中的检索点选项，可切换查看不同检索点下的检索结果集；点击分类法面板、聚类特征面板中

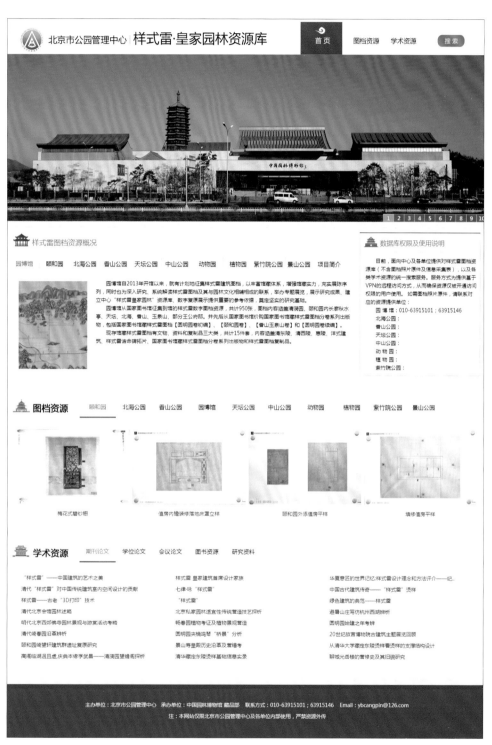

图4-2 前端服务网站首页

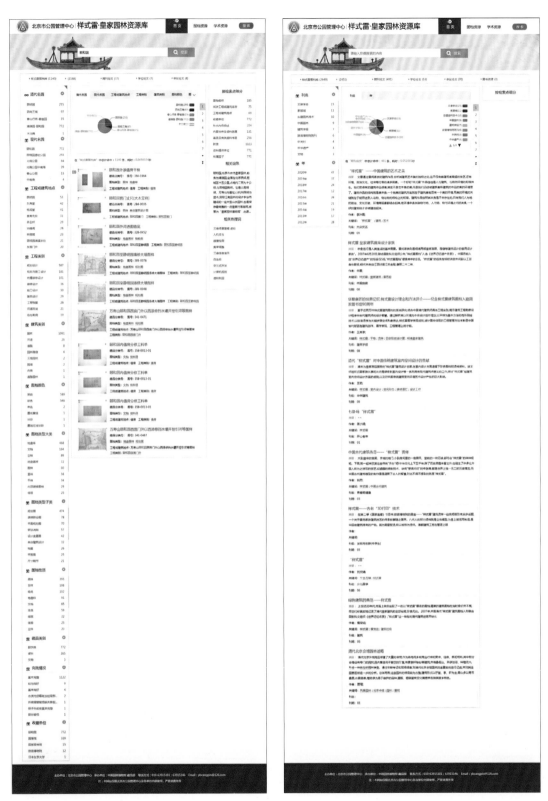

图4-3 前端服务网站检索页

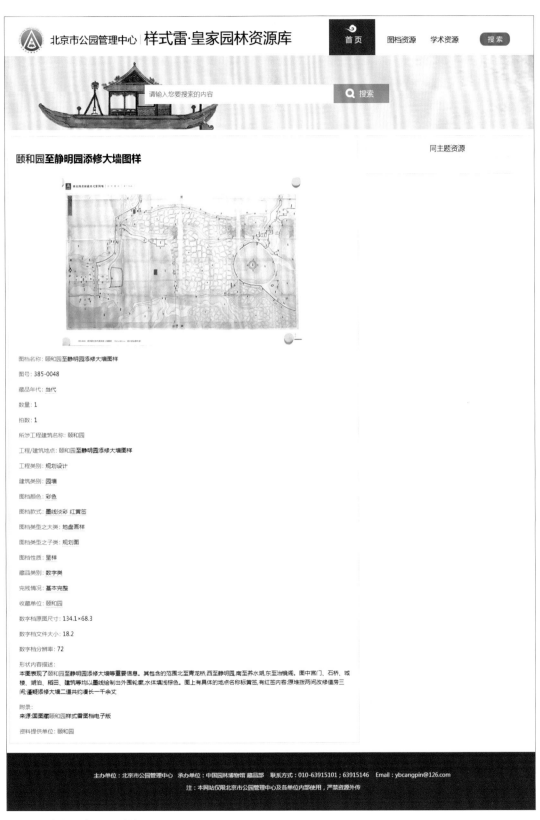

请输入您要搜索的内容　　🔍 搜索

同主题资源

**颐和园至静明园添修大墙图样**

图档名称：颐和园至静明园添修大墙图样

图号：385-0048

藏品年代：当代

数量：1

拍数：1

所涉工程建筑名称：颐和园

工程/建筑地点：颐和园至静明园添修大墙图样

工程类别：规划设计

建筑类别：园墙

图档颜色：彩色

图档款式：墨线淡彩 红黄签

图档类型之大类：地盘画样

图档类型之子类：规划图

图档性质：呈样

藏品类别：数字类

完残情况：基本完整

收藏单位：颐和园

数字档原图尺寸：134.1×68.3

数字档文件大小：18.2

数字档分辨率：72

形状内容描述：

本图表现了颐和园至静明园添修大墙等重要信息。其包含的范围北至青龙桥，西至静明园，南至养水湖，东至治镜阁。图中宫门、石桥、城楼、湖泊、稻田、建筑等均以墨线绘制出外围轮廓，水体填浅棕色。图上有具体的地点名称标黄签，有红签内容：原堆拔两间改修值房三间;谨拟添修大墙二道共约凑长一千余丈

附录：

来源:国图藏颐和园样式雷图档电子版

资料提供单位：颐和园

图4-4 前端服务网站详情页

的选项，以检索条件组合的方式不断缩小检索结果集。同时在搜索界面中提供了相关词条、聚类统计面板等服务内容，其中，聚类统计面板能够实现对当前检索结果集下的各类指标项的数量统计与图形化展现。

详情页是提供各类数字化资源标引信息的详情以及数字文件下载入口。比如图档资源的详情页中，可查阅每件藏品的标引信息，包括基本信息、延展资料信息、缩略图等。

### （三）光盘镜像系统

光盘镜像系统是将资源库的前端服务网站以及部分数据库内容，按需打包成为可离线单机使用的应用系统，进一步便于中心及所属各单位相关工作人员/研究人员离线使用样式雷资源库。资源库打包制作的光盘镜像系统为绿色免安装，拷贝至个人电脑中，点击镜像系统文件夹中的可执行文件，运行后自行调用默认浏览器打开网页，提供与前端服务网站类似的查询、浏览功能。

## 四、资源库技术选型及部署应用方式

### 1.资源库技术选型

"皇家园林样式雷图档资源库"以样式雷图档相关各类数字化资源的导入、存储、管理、发布应用为核心，功能需求的核心在于数字化资源的批量导入、仓储式存储管理（"结构化，非结构化"的混合存储）、网页可视化搭建与动态管理维护，基于搜索引擎技术的灵活、丰富的快速检索功能。如果全盘采用定制开发的方式，则资金需求量大、开发周期长。在资源库数据管理对象、功能需求、应用场景均明确的前提下，采用"业内成熟技术性产品，定制化应用"的方式来解决资源库的快速建设与上线；在产品选型时，首先应确保所选用产品能够满足资源库的核心功能需求，其次综合考虑产品的成熟度、安全性、是否具有广泛的应用案例、安装部署的便易性、前后台功能的操作性与易用性、后续运维的难度、是否具备后续升级能力等诸多因素。

### 2.资源库部署基础环境

根据资源库的服务对象、服务方式、存储数据量预计、网络需求等，结合园博馆现有机房、服务器、网络环境等实际情况，决定将资源库部署至园博馆机房虚拟机 ESXI 系统内。该虚拟系统配置为：CPU 为 4 线程，内存为 24G，硬盘为系统分区 100G 与应用分区 2T 共两个分区，操作系统是 server 2019 Standard。通过以下三种方式确保资源库安全平稳运行：

（1）虚拟机系统内安装瑞星杀毒软件，定期进行全盘杀毒；

（2）通过 VMware 软件，对虚拟系统定期进行"生成快照"，快照就相当于对系统做个备份，当系统出问题并无法解决时可以恢复至快照生成时间。

（3）通过外部硬件设备进行防护，通过防火墙进行有效的拦截，通过IDS进行内部安全扫描。

### 3．资源库访问方式

资源库后台管理功能仅由园博馆相关工作人员、资源库运维人员使用；前端服务网站则区分为园博馆相关工作人员内部使用、中心及所属各单位工作人员普遍使用两大类。

结合资源库按IP地址范围对数据库进行访问控制（显隐控制）的功能，实际应用资源库时，直接将数据库区分为内部使用（可存有涉及版权不便于共享使用的数字文件，比如图档资源高清图）、外部使用（仅存有供指定范围内共享使用的标引信息及数字文件）两种。

（1）对内部数据库提供按IP地址范围的访问控制。内部数据库设置其允许访问的IP地址范围为园博馆相关工作人员工作电脑IP地址，只有使用这些工作电脑才能通过前端服务网站看到内部数据库。

（2）对外部数据库提供两种访问方式。一是通过IP地址范围的访问控制，外部数据库设置其允许访问的IP地址范围为中心及所属各单位指定工作人员工作电脑的固定IP地址，通过其他电脑打开前端服务网站页面均看不到任何数据库。资源库自带的用户访问监控和追踪功能，可以对外部数据库的访问情况进行留痕。二是外部数据库设置其允许访问的IP地址范围为园博馆内部IP地址，为工作人员开通VPN账号，通过VPN账号远程访问前端服务网站，实现严格的使用留痕。

此外，还可以使用资源库按需制作光盘镜像系统，以光盘/U盘分发的方式，进行资源库内容的共享使用。

## 五、应用场景

在信息化和博物馆智慧化的时代背景下，对《北京皇家园林"样式雷"图档研究》输出物的存储、管理与合理利用是"皇家园林样式雷图档资源库"资源库建设的目标。借助于先进的信息化技术手段，将随着专题研究工作的推进，形成一套样式雷图档收集数据量大、文献资源丰富的样式雷图档专题资源资源库，也是形成具备一站式交叉检索、基础指标项分类统计等功能的资源库。该资源库资源库的建设覆盖了以下三大应用场景：

一是为中心及所属各单位样式雷图档的持续研究提供一站式资料收集、检索资源库，实现了相关单位内部样式雷相关文物藏品及资料的资源整合与互联互通，改变了样式雷图档资料信息零散孤立、互不相通的信息孤岛局面，通过资源库资源库的建立实现资源集中、统一管理与高效共享。

二是以样式雷图档编目资源为核心，以相关文献资源、研究资料为补充，建成的样式雷资源库，将形成具有园林主题特色的资源库，有别于以往研究机构及院校多注重于布局规划、建筑设计等学科研究，填补了样式雷图档园林文化研究数据支撑方面的空白。该资源库内容将服务于后续皇家园林建筑修缮以及相关研究，并助力展览、科普宣传、文创开发等工作，引导公众了解"样式雷"文化遗产，感受中华传统文化和园林文化深厚的文化内涵、永恒的艺术魅力，增进全面保护文化遗产的意识，提高文化自信，传承与弘扬园林文化与中华传统文化。

三是资源库及内容的建设对博物馆藏品科学管理、有效保护、合理利用等方面同样具有重要意义，将极大提高样式雷图档及资料的查阅效率，减少对文物图档本体翻阅造成的损坏几率，确保样式雷资源收藏单位文物资产的长久安全和永久数字化存档。

# 索 引

# 参考文献

著作

（宋）李诫.营造法式[M].北京：商务印书馆，1954.

刘敦桢.同治重修圆明园史料[M].北京：中国建筑工业出版社，1981.

中国第一历史档案馆编.清代档案史料——圆明园（上、下）[M].上海：上海古籍出版社，1991.

（清）弘历著.清高宗御制诗文全集[M].北京：中国人民大学出版社，1993.

[法]白晋.康熙帝传[M].珠海：珠海出版社，1995.

王志民、王则远校注.康熙诗词集注[M].呼和浩特：内蒙古人民出版社，1994.

北海景山公园管理处.北海景山公园志[M].北京：中国林业出版社，2000.

刘畅.慎修思永：从圆明园内檐装修研究到北京公馆室内设计[M].北京：清华大学出版社，2004.

中国第一历史档案馆编.清代中南海档案文献选编（修建篇·下）[M].北京：西苑出版社，2004.

梁思成.清工部《工程做法则例》图解[M].北京：清华大学出版社，2006.

梁思成.清式营造则例[M].北京：清华大学出版社，2006.

徐启宪主编.故宫博物院藏文物珍品大系·清宫武备[M].上海：上海科学技术出版社：2008.

（清）于敏中等.日下旧闻考[M].北京：中国书店出版社，2014.

易晴，崔勇.清代建筑世家样式雷族谱校释[M].北京：中国建筑工业出版社，2015.

王其钧.中国园林图解词典[M].北京：机械工业出版社，2015.

国家图书馆.国家图书馆藏样式雷图档·圆明园卷初编（全十函）[M].北京：国家图书馆出版社，2016.

郭黛姮、贺艳.深藏记忆遗产中的圆明园——样式房图档研究[M].上海.上海远东出版社:2016.

国家图书馆.国家图书馆藏样式雷图档·颐和园卷[M].北京：国家图书馆出版社，2018.

国家图书馆.国家图书馆藏样式雷图档·香山玉泉山卷[M].北京：国家图书馆出版社，2019.

国家图书馆.国家图书馆藏样式雷图档·圆明园卷续编[M].北京：国家图书馆出版社，2019.

国家图书馆.国家图书馆藏样式雷图档·畅春园卷[M].北京：国家图书馆出版社，2020.

国家图书馆.国家图书馆藏样式雷图档·南苑卷[M].北京：国家图书馆出版社，2020.

**期刊论文**

苏品红.样式雷及样式雷图[J].文献，1993（2）.

吴空.清代西苑的造园特色[J].紫禁城，1998（6）.

王道成.圆明园的艺术特色[J].清史研究，1999（2）.

刘畅.圆明园九洲清晏早期内檐装修格局特点讨论[J].古建园林技术，2002（2）.

王宪明.关于西花园[J].红楼梦学刊，2003（1）.

郭黛姮.《圆明园内工则例》评述[J].建筑史，2003（2）.

张威，陈秀.朱启钤《样式雷考》疏证[J].文物，2003（12）.

张宝章.清代建筑世家 样式雷[J].中关村，2004（5）.

端木泓.圆明园新证——长春园蒨园考[J].故宫博物院院刊，2005（5）.

左图.中海海晏堂[J].紫禁城，2005（6）.

张龙，王其亨.样式雷图档的整理与清漪园治镜阁的复原研究[J].华中建筑，2007（8）.

端木泓.圆明园新证——万方安和考[J].故宫博物院院刊，2008（2）.

张龙，高大伟，缪祥流.颐和园治镜阁复原设计研究[J].中国园林，2008（2）.

刘彤彤，何蓓洁.样式雷与清代皇家园林[J].中国园林，2008（6）.

王其亨，张龙.光绪朝颐和园重修与样式雷图档[J].中国园林，2008（6）.

端木泓.圆明园新证——乾隆朝圆明园全图的发现与研究[J].故宫博物院院刊，2009（1）.

端木泓.圆明园新证——麹院风荷考[J].故宫博物院院刊，2009（6）.

王其亨，张凤梧.一幅样式雷圆明园全图的年代推断[J].中国园林，2009（6）.

王其亨，张凤梧.法国巴黎《圆明园地盘全图》考辨[J].中国园林，2009（12）.

刘卫东.读懂圆明园石雕[J].收藏，2010（11）.

童力群.论以"玻璃窗"来确定庚辰本定稿于乾隆三十五年以后[J].鄂州大学学报，2010（1）.

何蓓洁，王其亨.样式雷与《雷氏族谱》[J].紫禁城，2011（3）.

史箴，何蓓洁.雷发达新识[J].故宫博物院院刊，2011（4）.

郭黛姮.圆明园与样式雷[J].紫禁城，2011（4）.

狄雅静，王其亨.虚斋兹默对，内圣外王见——清漪园中斋的创作意象分析[J].建筑师，2011（6）.

贺艳.再现·圆明园——正大光明[J].紫禁城，2011（6）.

贺艳.再现·圆明园——勤政亲贤[J].紫禁城，2011（8）.

贺艳.再现·圆明园——九洲清晏（上）[J].紫禁城，2011（10）.

贺艳.再现·圆明园——九洲清晏（中）[J].紫禁城，2011（11）.

吴琛，张龙，王其亨.光绪朝颐和园重修经费探析[J].建筑学报，2012（S1）.

贺艳.再现·圆明园——九州清晏（下）[J].紫禁城，2012（1）.

王其亨，何蓓洁.中国传统硬木装修设计制作的不朽哲匠——样式雷与楠木作[J].建筑师，2012（5）.

贺艳.再现·圆明园——杏花春馆[J].紫禁城，2012（6）.

贺艳.再现·圆明园——坦坦荡荡[J].紫禁城，2012（10）.

杨菁，王其亨.解读光绪重修静明园工程——基于样式雷图档和历史照片的研究[J].中国园林，2012（11）.

贺艳，刘川.再现·圆明园九茹古涵今（上）[J].紫禁城，2013（2）.

王其亨，王方捷.样式雷"已做现做活计图"研究[J].古建园林技术，2013（2）.

张龙，翟小菊.颐和园"界湖桥"和"柳桥"之辩[J].天津大学学报（社会科学版），2013（2）.

何蓓洁，史箴.样式雷世家族谱考略[J].文物，2013(04).

王其亨，王方捷.样式雷"已做现做活计图"研究（续）[J].古建园林技术，2014（3）.

张凤梧，王其亨.三幅样式雷圆明园河道全图辨析[J].中国园林，2014（4）.

史箴，何蓓洁.雷金玉新识[J].故宫博物院院刊，2014（5）.

贺晶晶.样式雷家族与清代皇家园林的修建研究[J].兰台世界，2014（25）.

贾珺.关于康熙年间圆明园始建问题的考辨[J].建筑史，2015（2）.

周祎.试论"样式雷"的建筑成就及设计特点[J].辽宁工业大学学报（社会科学版），

2015（10）.

　　王其亨，liYingChun.清代样式雷建筑图档中的平格研究 —— 中国传统建筑设计理念与方法的经典范例[J].建筑遗产，2016（1）.

　　刘仁皓，刘畅，赵波.万方安和九咏空间再探 —— 为《圆明园新证 —— 万方安和考》补遗并商榷[J].故宫博物院院刊，2016（2）.

　　郗志群，王志伟.圆明园写仿"西湖十景"简论[J].北京科技大学学报（社会科学版），2016（2）.

　　李粮企，张龙.颐和园山水格局形成过程探析[J].古建园林技术，2016（3）.

　　张宝章.清代样式雷的经典传承 —— 建筑大师雷廷昌生平[J].遗产与保护研究，2016（3）.

　　王其亨，徐丹，张凤梧.清代样式雷北海图档整理述略[J].天津大学学报（社会科学版），2016（6）.

　　白鸿叶.国家图书馆藏圆明园样式雷图档述略[J].北京科技大学学报（社会科学版），2016（11）.

　　吴琛，张龙，张凤梧.圆明园四十景景观要素探析 —— 桥（上）[J].古建园林技术，2017（4）.

　　吴琛，张龙，张凤梧.圆明园四十景景观要素探析 —— 桥（下）[J].古建园林技术，2018（1）.

　　郭奥林，张凤梧.圆明园之廓然大公新识[J].建筑与文化，2018（3）.

　　张利芳.清代圆明园内事务性工作述略[J].北京文博文丛，2018（4）.

　　段伟，周祎.雷景修与样式雷图档[J].辽宁工业大学学报（社会科学版），2018（6）.

　　杨菁，高原.从样式雷图档看北京"三山五园"的水利工程[J].紫禁城，2019（2）.

　　张淑娴.样式雷的"天地一家春"细看清代宫廷建筑内檐装修的种种设计媒介[J].紫禁城，2019（2）.

　　张龙，张凤梧，吴晗冰.雷廷昌的巧思 从样式雷图档看颐和园德和园的设计[J].紫禁城，2019（2）.

　　吴祥艳.乾隆时期圆明园的植物景象[J].文史知识，2019（12）.

　　张凤梧.样式雷图档里的圆明园[J].文史知识，2019（12）.

　　李江，杨菁.样式雷图纸上的修建计划 —— 解读晚清香山静宜园重修方案[J].景观设计，2020（2）.

　　何瑜.清代绮春园沿革辨析[J].清史研究，2020（3）.

　　刘婉琳，张龙，吴琛.从宗教空间到庆典空间 —— 基于样式雷图档的颐和园排云殿建筑群重修设计过程研究[J].故宫博物院院刊，2020（10）.

王青. 清末政府组建神机营始末 [J]. 档案文化：2020（6）.

王钰，朱强，李雄. 畅春园匾额楹联及造园意境探析 [J]. 中国园林，2020（6）.

论文集、会议录

王璞子. 从同治重修工程看圆明园建筑的地盘布局和间架结构 [C]. 圆明园学刊第二期，北京：中国建筑工业出版社，1983.

张仲葛. 圆明园匾额 [C]. 圆明园学刊第二期，北京：中国建筑工业出版社，1983.

王其亨，张龙，张凤梧. 从颐和园大他坦说起 —— 浅论圆明园和颐和园历史功能的转换 [C].《圆明园》学刊第八期 —— 纪念圆明园建园 300 周年特刊，2008.

秦雷. 清漪园中的曼陀罗坛城建筑治镜阁研究 [C]. 中国紫禁城学会论文集，2007.

贺艳. 圆明园图像史料辨析 [C]. 圆明园学刊第七期 —— 纪念圆明园建园 300 周年特刊，2008.

郭黛姮. 样式房、样式雷与圆明园 [C]. 中国紫禁城学会论文集，2010.

张威. 雷金玉参建的"海淀园庭工程"是圆明园 [C]. 圆明园学刊第十三期，2012.

张凤梧，王其亨. 样式雷圆明园图档研究概述 [C]. 圆明园学刊第十四期 —— "纪念圆明园罹劫 152 周年暨世界遗产视野中的中国圆明园遗址"学术讨论会专刊，2013.

学位论文

赵晓峰. 禅与清代皇家园林 —— 兼论中国古典园林艺术的禅学渊涵 [D]. 天津：天津大学，2003.

王晶. 绿丝临池弄清荫，麋鹿野鸭相为友 —— 清南苑研究 [D]. 天津：天津大学，2004.

崔山. 期万类之义和，思大化之周浃 —— 康熙造园思想研究 [D]. 天津：天津大学，2004.

张威. 同治光绪朝西苑与颐和园工程设计研究 [D]. 天津：天津大学，2005.

张龙. 济运疏名泉，延寿创刹宇 —— 乾隆时期清漪园山水格局分析及建筑布局初探 [D]. 天津：天津大学，2006.

庄岳. 数典宁须述古则，行时偶以志今游 —— 中国古代园林创作的解释学传统 [D]. 天津：天津大学，2006.

殷亮. 宜静原同明静理，此山近接彼山青 —— 清代皇家园林静宜园、静明园研究 [D]. 天津：天津大学，2006.

卓悦. "样式雷"家具部分图档的整理与研究 [D]. 北京：北京林业大学，2006.

梁月花. 样式雷营造建筑中的室内装修与家具陈设研究 [D]. 北京：北京林业大学，

2006.

李铮. 平地起蓬瀛，城市而林壑 —— 北京西苑历史变迁研究 [D]. 天津：天津大学，2007.

赵君. 圆明园盛期植物景观研究 [D]. 北京：北京林业大学，2009.

赵雯雯. 从图样到空间 —— 清代紫禁城内廷建筑室内空间设计研究 [D]. 北京：清华大学，2009.

王劲韬. 中国皇家园林叠山研究 [D]. 北京：清华大学，2009.

张凤梧. 样式雷圆明园图档综合研究 [D]. 天津：天津大学，2010.

王裔婷. 基于透视还原的圆明园四十景图造景设计研究 —— 以天然图画为例 [D]. 重庆：重庆大学，2011.

杨菁. 静宜园、静明园及相关样式雷图档综合研究 [D]. 天津：天津大学，2011.

常清华. 清代官式建筑研究史初探 [D]. 天津：天津大学，2012.

谭虎. 谁道江南风景佳，移天缩地在君怀 圆明园山形水系和植物恢复研究 [D]. 天津：天津大学，2012.

姜贝. 圆明园布局规划及其结构研究 [D]. 天津：天津大学，2012.

商祥波. 镜春园与鸣鹤园保护及再利用研究 [D]. 北京：北京建筑工程学院，2012.

梁爽. 乾隆时期圆明园荷景研究 [D]. 武汉：华中农业大学，2012.

李媛. 香山寺研究及其复原设计 [D]. 北京：北方工业大学，2013.

孙婧. 香山静宜园掇山研究 [D]. 北京：北方工业大学，2013.

冀凯. 北海万佛楼复原研究 [D]. 天津：天津大学，2014.

马岩. 浅论北海园林艺术理法 [D]. 北京：北京林业大学，2014.

马兴剑. 清世宗与圆明园 [D]. 沈阳：辽宁大学，2014.

雷彤娜. 清漪园赅春园的园林创作与园林文化 [D]. 天津：天津大学，2015.

刘仁皓. 万方安和九咏解读 —— 档案、图样与烫样中的室内空间 [D]. 北京：清华大学，2015.

李梦月. 圆明园四十景植物景观恢复研究 [D]. 北京：北京林业大学，2015.

王磊. 清代右卫满城变迁研究 [D]. 呼和浩特：内蒙古师范大学，2015.

张冬冬. 清漪园布局及选景析要 [D]. 北京：北京林业大学，2016.

王欢. 清代宫苑则例中的装饰作制度研究 [D]. 北京林业大学，2016.

徐龙龙. 颐和园须弥灵境综合研究 [D]. 天津：天津大学，2016.

徐丹. 清代西苑样式雷图档研究 [D]. 天津大学，2016.

王一兰. 圆明园植物景观现状与历史盛期的对比研究 [D]. 北京：北京林业大学，2017.

肖芳芳. 清代乾隆朝北海营缮活动研究 [D]. 天津：天津大学，2017.

郭奥林.清代乾隆朝圆明园营建活动研究 [D].天津：天津大学，2018.

李茜.工匠与清代皇家建筑 [D].长沙：湖南师范大学，2018.

尹佳欢.北海漪澜堂研究 [D].天津：天津大学，2019.

刘雅.基于圆明园景御制墨的建筑景观复原研究 —— 以九州清晏西路建筑群为例 [D].合肥：安徽农业大学，2019.

胡楠.北京皇家园林植物种类考证及植物造景研究 [D].北京：北京林业大学，2019.

林舒琪.圆明园现状植物调查与九州景区植物原真性研究 [D].北京：北京林业大学，2020.

郭奕瑶.清乾隆时期圆明园写仿江南私家园林创作手法研究 [D].北京：北京建筑大学，2020.

孙佳丰.从皇家御苑到城市公园 —— 论北海公园文化空间的传承与变迁 [D].北京：中央民族大学，2020.


报纸

张克群.中南海的海晏堂 [N].北京晚报，2020-5-10（14）.


网络

人民网.清代的阅兵：规模盛大 参加的人数可多至两万以上 [OL].2015[2015-07-16].http：//culture.people.com.cn/n/2015/0716/c172318-27315295.html.

样子收藏网.中国古建筑世家"样式雷"，样式雷族谱谱系 [OL].http：//www.hues.com.cn/gujianzhu/gjzdt/show/?N_ID=8801.

# 后 记

中国古典园林源远流长，作为华夏文明厚重史书中的重要章节，其持久不竭的生命力为后世留下了内涵丰富、影响深远的宝贵文化遗产。皇家园林是中国古典园林乃至世界园林史上一颗璀璨的明珠，清代北京皇家园林更是这颗明珠上最亮丽的一抹色彩，几代帝王的宏构与赓续经营，在康乾盛世尤为其续写了文脉相承的华美篇章，伟大的造园成就、先人的创造精神和非凡的中国智慧至今仍令人惊叹。服务统治阶级帝后们的样式雷家族几代匠人成就斐然，使样式房事业一跃达到了巅峰，造就了无数里程碑式的辉煌亮点，是一个时代建筑技艺发展的黄金时期。

由北京市公园管理中心统筹，各单位共同参与开展的"北京皇家园林'样式雷'图档研究"课题研究具有积极的现实意义，旨在推动古建的复原与保护、北京皇家园林文化内涵的挖掘与阐释。"让园林文物活起来"，"让园林文物说话"，"让园林历史说话"，立足文物背后所承载的文化价值，追溯文物本源，探寻历史脉络，还原真实的历史时空坐标。只有了解过去，尊重历史，从中汲取养分，才能认识现在，观照未来。从古建看园林，从园林看城市，从城市看规划，样式雷图档所蕴含的丰富信息对城市规划、现代建筑规划与装修设计、园林植物配植等方面都能提供有益的启示。

据不完全统计，国内外现存样式雷皇家园林图档、烫样的收藏单位有13家，包括国家图书馆、中国第一历史档案馆、故宫博物院、清华大学、中国文化遗产研究院、中国科学院图书馆、中国人民大学古籍特藏阅览室、中国国家博物馆、中国园林博物馆、台北故宫博物院、台湾大学图书馆、日本东京大学东洋文化研究所、法国巴黎吉美博物馆。留存至今众多的样式雷图档是样式雷家族杰出成就的最好例证。解读这些图档，需要梳理清代由盛转衰的历史脉络，重点聚焦样式雷皇家园林图档的研究，剖析皇家园林文化的内核，探究图档与皇家园林文化的关系，这亦是后续研究的重点。

本书在撰写过程中得到了建筑、园林、文史等诸多学科名家、院校及同行相关论著的启发和指引，具体书目已列入参考文献。在研究过程中，得到了许多专家、领导的指导与支持。感谢国家图书馆提供书中80余幅样式雷图档的图像文件，感谢北京市公园管理中心所属各家单位的同事对课题研究和本书编著的辛勤付出，再次一并致以深深的谢意。

编者

2021年8月

# 图书在版编目（CIP）数据

北京皇家园林样式雷图档选编 ／ 北京市公园管理中
心，中国园林博物馆编著 ． —— 北京 ：学苑出版社，
2021.12

ISBN 978-7-5077-6346-1

Ⅰ．①北… Ⅱ．①北… ②中… Ⅲ．①古典园林－园
林设计－北京－图集 Ⅳ．① TU986.62-64

中国版本图书馆 CIP 数据核字（2021）第 267070 号


**责任编辑**：战葆红

**出版发行**：学苑出版社

**社　　址**：北京市丰台区南方庄 2 号院 1 号楼

**邮政编码**：100079

**网　　址**：www.book001.com

**电子信箱**：xueyuanpress@163.com

**联系电话**：010-67601101（销售部） 67603091（总编室）

**印 刷 厂**：河北赛文印刷有限公司

**开本尺寸**：889×1194　1/16

**印　　张**：27.25

**字　　数**：550 千字

**版　　次**：2022 年 1 月第 1 版

**印　　次**：2022 年 1 月第 1 次印刷

**定　　价**：800.00 元